数学の
かんどころ ⑩

常微分方程式

内藤敏機 著

共立出版

編集委員会

飯高　茂　（学習院大学）
中村　滋　（東京海洋大学名誉教授）
岡部　恒治　（埼玉大学）
桑田　孝泰　（東海大学）

本文イラスト

飯高　順

「数学のかんどころ」
刊行にあたって

　数学は過去，現在，未来にわたって不変の真理を扱うものであるから，誰でも容易に理解できてよいはずだが，実際には数学の本を読んで細部まで理解することは至難の業である．線形代数の入門書として数学の基本を扱う場合でも著者の個性が色濃くでるし，読者はさまざまな学習経験をもち，学習目的もそれぞれ違うので，自分にあった数学書を見出すことは難しい．山は1つでも登山道はいろいろあるが，登山者にとって自分に適した道を見つけることは簡単でないのと同じである．失敗をくり返した結果，最適の道を見つけ登頂に成功すればよいが，無理した結果諦めることもあるであろう．

　数学の本は通読すら難しいことがあるが，そのかわり最後まで読み通し深く理解したときの感動は非常に深い．鋭い喜びで全身が包まれるような幸福感にひたれるであろう．

　本シリーズの著者はみな数学者として生き，また数学を教えてきた．その結果えられた数学理解の要点（極意と言ってもよい）を伝えるように努めて書いているので読者は数学のかんどころをつかむことができるであろう．

　本シリーズは，共立出版から昭和50年代に刊行された，数学ワンポイント双書の21世紀版を意図して企画された．ワンポイント双書の精神を継承し，ページ数を抑え，テーマをしぼり，手軽に読める本になるように留意した．分厚い専門のテキストを辛抱強く読み通すことも意味があるが，薄く，安価な本を気軽に手に取り通読して自分の心にふれる個所を見つけるような読み方も現代的で悪くない．それによって数学を学ぶコツが分かればこれは大きい収穫で一生の財産と言

えるであろう．

　「これさえ摑めば数学は少しも怖くない，そう信じて進むといいですよ」と読者ひとりびとりを励ましたいと切に思う次第である．

編集委員会と著者一同を代表して

飯高　茂

はじめに

　本書は，求積法，単独線形微分方程式，解の存在一意性に関する基礎定理，連立線形微分方程式の基礎的理論について書かれた常微分方程式の入門書である．理工学の緒分野の典型的な応用例題を通じて，微分方程式の表す意味を理解できるように努めた．第3章までは初学者向けで，それ以後次第に一般論になる．最初は第4章をとばして読んでも，第5章以降の理解に支障をきたさない．微積分，線形代数の基本事項は予備知識として仮定したが，必要な事項の解説もまとめて付録としてつけた．

　本書にあるような内容は，ガリレオに始まる近代自然科学の夜明け以後，ニュートン，ベルヌーイ家族，オイラーやそれに続く学者達により，19世紀までに完成したものである．先人たちの偉大な文化遺産の恩恵を改めて感じる．たとえば複素指数関数に関するオイラーの公式があればこそである．

　求積法や線形微分方程式を扱う上でのかんどころは次の2点に要約できる．まず第一点は未知関数の変数変換により，階数の低い微分方程式に変換する階数降下法を用いて，原則的には単独線形微分方程式が解けるということである．第二点は実係数線形微分方程式も複素数を用いて全体像が理解できるという点である．実係数の場合，単独の線形微分方程式の解空間も連立線形微分方程式の解空間も，実線形空間の複素化となっており，複素化は実解と複素解の

関係を与える枠組みである．

　本書に含まれている内容は微分方程式論の初歩にすぎないが，丁寧に扱ってみた結果，思わぬ紙数を費やした．しかし上記のかんどころを踏まえて読んでいただければ，自然に理解できると信ずる．微分方程式論のなんとなく解りにくい部分を本書で補っていただければ幸いである．

2012年2月　調布にて

内藤　敏機

目 次

第1章　微分方程式の具体例 ……………………………… 1
　1.1　1階の微分方程式　2
　1.2　2階の微分方程式　10

第2章　求積法 …………………………………………… 19
　2.1　原始関数・不定積分　20
　2.2　自励形，変数分離形，同次形　23
　2.3　全微分方程式　30
　2.4　練習問題　42

第3章　線形微分方程式（1階と2階） …………………… 43
　3.1　1階線形微分方程式　44
　3.2　ベルヌーイの微分方程式　48
　3.3　2階線形微分方程式　50
　3.4　応用例題　77
　3.5　練習問題　85

第4章　高階線形微分方程式 ……………………………… 87
　4.1　微分多項式　88
　4.2　同次方程式の解の一般分解定理　94
　4.3　同次方程式の解の基底　98

4.4 非同次方程式の解の分解　104
4.5 初期値問題　115
4.6 練習問題　125

第5章　基礎定理 …………………………………… **127**
5.1 連立方程式への変換　128
5.2 逐次近似法　130
5.3 解析的線形微分方程式　146

第6章　連立線形微分方程式 …………………………… **157**
6.1 基本解と定数変化法　158
6.2 定数係数連立線形微分方程式　170
6.3 複素基本行列のスペクトル分解　176
6.4 実基本行列のスペクトル分解　179
6.5 連成振動方程式への応用　198

第7章　付録 ……………………………………………… **203**
7.1 代数学に関する補足　204
7.2 解析学に関する補足　207
7.3 線形代数に関する補足　215

問題の略解　229
あとがき・参考図書　245
索引　251

第 1 章

微分方程式の具体例

　微分方程式の表す意味をつかむために，数理科学における微分方程式の典型的な例題を紹介する．現実問題では，様々な現象を微分方程式で記述し，現象がどのように変化するかを探る．1階の微分方程式として，数量の時間発展を記述する場合をあげた．たとえば落体の速度の増加，人口の増加，元素の崩壊，温度の上昇下降，直流回路の電圧，電流変化等である．2階の微分方程式として，振動現象を記述する場合をあげた．振り子の振動，バネの振動，交流回路の電流変化などいずれも2階線形微分方程式であらわされる．また二つのバネを組み合わせた連成振動は連立微分方程式で記述される．以下の有名な例題は，いずれも偉大な先人達による数百年に渡る研究成果である．

1.1　1階の微分方程式

未知関数とその1階の導関数で表される微分方程式を**1階の微分方程式**という.

🌳 一定の増加

物体が重力により落下するとき，空気抵抗がなければ等しい高さから同時に落とした物体はその重さによらず一定の加速度 g で落下する（ガリレイ）．落下する速さを $v(t)$ とすると，

$$\frac{dv}{dt} = g$$

が成り立つ．したがって $t=0$ における速さを v_0 とおくと，$v(t) = gt + v_0$ である.

🌳 定率の増加あるいは減少

(1) 18世紀英国のマルサスは著作の人口論で，25年間で人口は2倍に増加すると推定している．最初の人口が p_0 ならば，t 年

図 **1-1**　ガリレオ・ガリレイ (Galileo Galilei, 1564-1642)

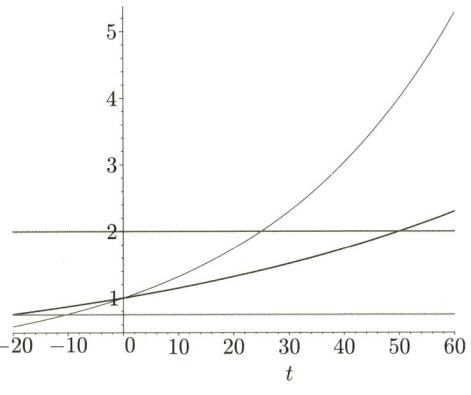

図 1-2　$p = 2^{t/25}$, $p = 2^{t/50}$ $p = 2$, $p = 0.75$
($-20 \leq t \leq 60$) のグラフ

後の人口 $p(t)$ は次のようになる.

$$p(t) = p_0 2^{t/25}.$$

したがって $p = p(t)$ は次の微分方程式を満たす.

$$\frac{dp}{dt} = \frac{\log 2}{25} p. \tag{1.1}$$

または $\left(\dfrac{dp}{dt}\right)/p(t) = \dfrac{\log 2}{25}$. この式を改めて解釈する. 時刻 t から $t + \Delta t$ までの Δt 時間内の $p(t)$ の増分 $\Delta p(t) = p(t + \Delta t) - p(t)$ を単位時間当たりに換算した値は, $\dfrac{\Delta p(t)}{\Delta t}$ である. その値を $p(t)$ で割った値 $\left(\dfrac{\Delta p(t)}{\Delta t}\right)/p(t)$ は一人当たりの単位時間における増加能力を表している. $\Delta t \to 0$ のときの極限値である $\left(\dfrac{dp}{dt}\right)/p(t)$ は時刻 t における瞬間増加度ともいえる値である. (1.1) はこの値が総人口が変化しても一定であることを表している. このことは

$$\frac{p'(t)}{p(t)} = \frac{d}{dt} \log p(t)$$

と表され, $p'(t)/p(t)$ を $p(t)$ の**対数微分**という.

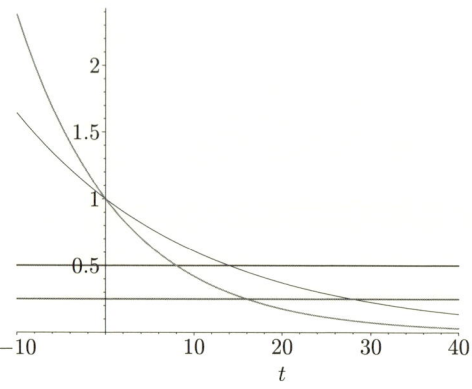

図 1-3　$N = (1/2)^{t/14}$, $N = (1/2)^{t/28}$, $N = 1/2$, $N = 1/4$
$(-10 \leq t \leq 60)$ のグラフ

(2) 前世紀初頭，元素の崩壊現象が発見され，ラザフォード等により原子核の実験，理論研究が進展した．重い原子核の中には不安定なもの（放射性同位体）があり，放射線を出して自然に壊れ（崩壊という），より安定な原子核に変わる．崩壊して個数が半分になるまでの時間（半減期）は，放射性同位体に固有な数である．

たとえば質量数（原子核を構成する陽子と中性子の個数）131 のヨウ素は半減期 8 日でキセノン 131 に変わる．最初のヨウ素の個数が N_0 ならば，t 日後の個数 $N(t)$ は次のようになる．

$$N(t) = N_0 \left(\frac{1}{2}\right)^{t/8}.$$

となり，したがって $N = N(t)$ は次の微分方程式を満たす．

$$\frac{dN}{dt} = -\frac{\log 2}{8} N.$$

🌱 限度のある増加あるは減少

(1) 放置された冷たいミルクまたは熱いミルクは室温に近づく．

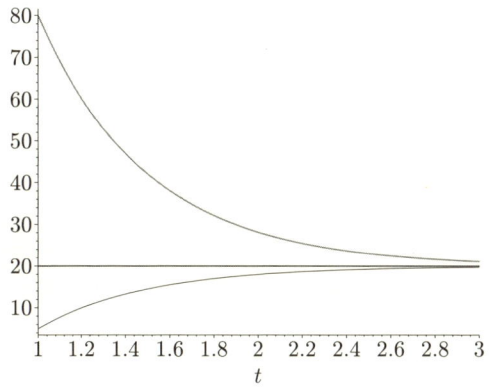

図 1-4　$T = 20 + (80-20)e^{-2(t-1)}$, $T = 20 + (5-20)e^{-2(t-1)}$, $T = 20\,(1 \leq t \leq 3)$ のグラフ

図 1-5　アイザック・ニュートン (Sir Issac Newton, 1643-1727)

その温度 T の時間変化率 $\dfrac{dT}{dt}$ は室温 S との差に比例する（ニュートンの法則）．比例定数を $k > 0$ とすると

$$\frac{dT}{dt} = k(S - T). \tag{1.2}$$

$t = t_0$ のときの温度を T_0 とすると，この方程式の解は，例 3.4 により，

$$T(t) = S + (T_0 - S)e^{-k(t-t_0)}.$$

すべての解は $t \to \infty$ のとき，S に収束する．

(2) R オームの抵抗と，静電容量 C ファラッドのコンデンサを，一定電圧 E ボルトに保たれる電池に直列につないだ回路で時刻 $t=0$ にスイッチを閉じた．その後，コンデンサに電荷が蓄積されて t 秒後のコンデンサの電圧が $V=V(t)$ ボルトになったとする．そのときコンデンサに蓄積されている電荷 Q は CV クーロンであり，回路を流れる電流は $I=Q'=CV'$ アンペアになる．したがって抵抗による電圧降下は $RI=RCV'$ になり，

$$RCV' + V = E \qquad (1.3)$$

が成り立つ．$V(0)=0$ とすれば，例 3.4 により

$$V(t) = E(1 - e^{-t/RC}).$$

あるいは R オームの抵抗と，インダクタンス L ヘンリーのコイルを，E ボルトの電池に直列につないだ回路で，時刻 $t=0$ にスイッチを閉じた．t 秒後の回路電流を $I=I(t)$ アンペアとする．コイルによる電圧降下は LI' であるから，

$$LI' + RI = E \qquad (1.4)$$

が成り立つ．$I(0)=0$ とすれば，例 3.4 により

$$I(t) = \frac{E}{R}(1 - e^{-t(R/L)}).$$

(3) 生物の個体数には住む環境により制限があるはずで，一定数 N を超えられないと想定する．個体数の増殖率は，$p(t)$ が 0 に近いときの値 a から，$p(t)$ が N に近づくにつれて 0 に近づく．そのような状態を表す増加率の例として，たとえば $a\left(1 - \dfrac{p(t)}{N}\right)$ が考えられる．このとき $p(t)$ の変化は

$$\frac{dp}{dt} = a\left(1 - \frac{p(t)}{N}\right)p(t) \qquad (1.5)$$

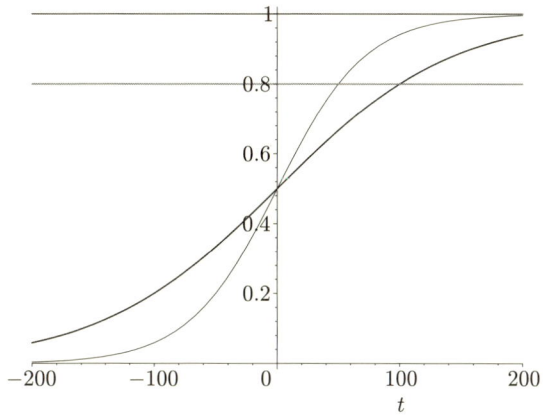

図 1-6 $p = 1/(1 + e^{-t \log 2/25})$, $p = 1/(1 + e^{-t \log 2/50})$ $p = 1$, $p = 0.8 (-200 \leq t \leq 200)$ のグラフ

で表される.これをフェアフルスト（またはベルハルスト）(**Verhulst**) のロジスティック方程式いう. $0 < p(t) < N$ を満たすこの微分方程式の解は, 次のように表される（例 2.1）.

$$p(t) = \frac{N}{1 + e^{-a(t-t_0)}}.$$

この関数のグラフは S 字形でシグモイドといわれる.

ロジスティック方程式はベルヌーイ (**Bernoulli**) の微分方程式といわれる次の方程式の範疇に入る.

$$\frac{dy}{dx} = p(t)y + q(t)y^n$$

右辺が未知関数 $y = y(t)$ の 2 次式で表される微分方程式

$$\frac{dy}{dt} = a(t) + b(t)y + c(t)y^2$$

はリッカチ (**Ricatti**) の微分方程式という.ベルヌーイの方程式は求積法で解けるが，リッカチの微分方程式は, 一般に, 求積法では一般解を求めることができない.

(4) 雨滴が落ちるとき，空気抵抗をうける.空気抵抗力は，ほぼ

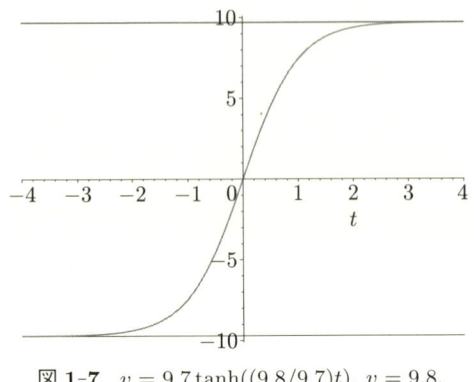

図 1-7　$v = 9.7\tanh((9.8/9.7)t)$, $v = 9.8$, $v = -9.8$ $(-4 \leq t \leq 4)$ のグラフ

速さの2乗に比例する．したがって雨滴の質量を m とすると，ニュートンの運動方程式は次のようになる．

$$m\frac{dv}{dt} = mg - kv^2.$$

これはロジスティック方程式と同等の方程式である．雨滴は空気の抵抗をうけ，地表に達するまでに $mg - kv^2 = 0$ で決まる終端速度，すなわち

$$v_\infty = \sqrt{\frac{mg}{k}}$$

に近づき，解は次のようになる（問題 2.2）．

$$v(t) = v_\infty \tanh\left(\frac{g}{v_\infty}t - c_0\right).$$

(5) 地中海に生息する魚を2種類にわけ，鰯等もっぱら餌食として食べられる魚（被食魚）と，鮫などそれらを餌として食べる魚（捕食魚）に分ける．時刻 t における被食魚の個体数を $x(t)$ とし，捕食魚の個体数を $y(t)$ とおく．被食魚は，捕食魚がいなければ広い地中海においてプランクトン食べ放題で一定の増殖率 a で増加する．しかし現実には捕食魚に食われて増加率 a は，$y(t)$ の一定の割合 b で減少する．すなわち

$$\frac{dx}{dt} = (a - by(t))x(t). \tag{1.6}$$

一方,捕食魚は,被食魚がいなければ一定の減少率 $-c$ で減少する.しかし被食魚を餌として減少率 $-c$ は,$x(t)$ の一定の割合 k で増加する.すなわち

$$\frac{dy}{dt} = (-c + kx(t))y(t). \tag{1.7}$$

ここで,$a, b, c, k > 0$ であり,捕食魚に対する餌の効果はあまり大きくないとして,$b > k$ とする.x, y に関する上記の 2 連立微分方程式をロトカ・ヴォルテラ (**Lotka-Volterra**) の微分方程式という.すべての t に対して

$$x(t) = \frac{c}{k}, \quad y(t) = \frac{a}{b}$$

とおくと,(1.6),(1.7) の両辺は 0 であるから,解である.このような解を**定常解**という.

その他の解,たとえば $x(t), y(t)$ が $a - by \neq 0$ を満たす解なら,$\frac{dy}{dx} = y'(t)/x'(t)$ が次のように表される.

$$\frac{dy}{dx} = \frac{(-c + kx)y}{(a - by)x}. \tag{1.8}$$

この方程式は次章で扱う変数分離系であり,

$$\frac{y^a}{e^{by}} \frac{x^c}{e^{kx}} = C \tag{1.9}$$

が成り立つ(問題 2.5).C は解に応じて定まる定数である.つまり,(1.9) の左辺の x, y を変数とする関数

$$f(x, y) = \frac{y^a}{e^{by}} \frac{x^c}{e^{kx}}$$

に,ロトカ・ヴォルテラ方程式の解 $x(t), y(t)$ を代入したとき,$f(x(t), y(t)) = C$(一定値)となる.$f(x, y) = C$ を満たす (x, y) を集めてできる xy 平面の曲線 L_C は第 1 象限において,

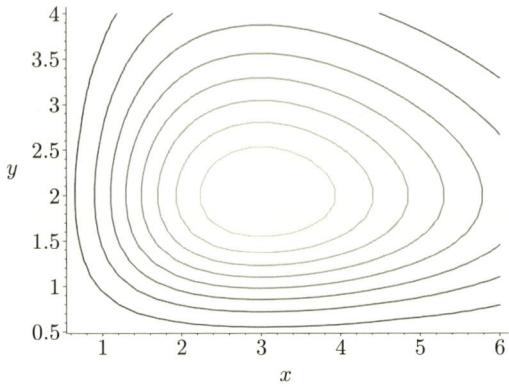

図 1-8　$f(x,y) = y^3 x^2 /(e^{2y} e^x)$ ($0 \leq x \leq 6, 0 \leq y \leq 4$) の等高線

$(x,y) = (c/k, a/b)$ の周りの閉曲線になる．解 $x(t), y(t)$ はこの曲線に沿って反時計周りに回転し，周期解である．

(1.8) の解は $f(x,y) = C$ を満たす陰関数として定まる．このような $f(x,y)$ を微分方程式の**第 1 積分**といい，第 1 積分が求まったことにより，微分方程式 (1.8) の解が得られたと考える．陰関数の方程式から，$y = y(x)$ あるいは $x = x(y)$ を求めることは別問題とするのである．

1.2　2 階の微分方程式

未知関数とその 1 階，2 階の導関数を用いて表される方程式を 2 階の微分方程式という．

落体の方程式

鉛直方向に座標軸をとり，下方を正の向きとして，落下物体の時刻 t における座標を $x(t)$ とし，速度を $v(t)$ とする．$v(t) = x'(t)$

であるから，

$$x''(t) = g$$

$x(t)$ に関しては 2 階の微分方程式である．その解は

$$x(t) = \frac{1}{2}gt^2 + c_1 t + c_0$$

である．c_0, c_1 は定数である．$x(0) = c_0, v(0) = c_1$ であるから，c_0 は時刻 $t = 0$ における物体の座標であり，c_1 は時刻 $t = 0$ における速度（初速度）である．

振動現象の方程式

この種の微分方程式の解については第 3.4 節で詳しく解析する．

(1) 単振り子

質量 m の錘を長さ ℓ の軽い棒につるしてできる振り子（単振子）の運動を考える．振り子の支点を原点 O とし，水平方向に x 軸，鉛直方向に y 軸をとる．時刻 t において振り子が y 軸の負の方向となす角を $\theta = \theta(t)$ とし，振り子の棒の支点方向への張力を $S(t)$ とする．錘の位置を $(x(t), y(t))$ とすると，運動方程式は，

$$\begin{cases} mx''(t) = -S(t)\sin\theta(t), \\ my''(t) = S(t)\cos\theta(t) - mg. \end{cases}$$

振り子の棒の長さ ℓ により

$$x(t) = \ell\sin\theta(t), \quad y(t) = -\ell\cos\theta(t)$$

と表されるから，

$$x' = \ell\theta'\cos\theta, \quad x'' = \ell\theta''\cos\theta - \ell(\theta')^2\sin\theta,$$
$$y' = \ell\theta'\sin\theta, \quad y'' = \ell\theta''\sin\theta + \ell(\theta')^2\cos\theta.$$

したがって運動方程式を θ を用いて表すと，

$$\begin{cases} m\ell\theta''\cos\theta - m\ell(\theta')^2\sin\theta = -S\sin\theta \\ m\ell\theta''\sin\theta + m\ell(\theta')^2\cos\theta = S\cos\theta - mg. \end{cases}$$

第 1 式を $\cos\theta$ 倍し，第 2 式を $\sin\theta$ 倍して和をとると，

$$m\ell\theta'' = -mg\sin\theta,$$

すなわち

$$\ell\theta'' = -g\sin\theta. \tag{1.10}$$

振り子の棒が十分長く $|\theta|$ が十分小さいとき，$\sin\theta$ は θ で近似され，次の近似微分方程式を得る

$$\ell\theta'' = -g\theta.$$

その解は $\omega = \sqrt{g/\ell}$ とおくと，任意定数 A, α を用いて

$$\theta(t) = A\sin(\omega t + \alpha)$$

と表される．A を振幅，ω を角振動数，$\omega t + \alpha$ を位相，α を初期位相という．また次の値 T を周期という．

$$T = \frac{2\pi}{\omega} = 2\pi\sqrt{\frac{\ell}{g}}$$

$|\theta|$ が小さいとき，単振り子の周期は錘の質量や振幅によらず棒の長さだけできまる（単振り子の等時性）．

(2) バネによる振動

質量 m の錘を上端を固定したバネの下端に吊るしたとき，

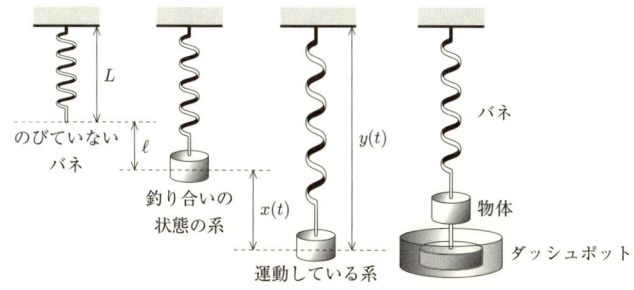

図 1-9 バネによる振動

バネが長さ ℓ だけ伸びて釣り合うとする．このとき錘には重力 mg とバネの伸びた長さ ℓ に比例するバネの復元力 $-k\ell$ がはたらき，釣り合いの式は $mg - k\ell = 0$ となる．k をバネの弾力定数という．バネの上端を原点とし，下方を正の向きとして，錘の時刻 t における位置を $y(t)$ とする．錘をつけないときのバネの長さを L とすると，錘には力

$$mg - k(y(t) - L) = k\ell - k(y(t) - L) = -k(y(t) - \ell - L)$$

が働き，運動方程式は $my''(t) = -k(y(t) - \ell - L)$ となる．$x(t) = y(t) - \ell - L$ とおくと，

$$mx''(t) = -kx(t).$$

次に油等の粘性を利用して運動を制動する装置（ダッシュポットという）をバネにつなげて，錘に速度 $x'(t)$ に比例する粘性減衰力 $-ax'(t)$ が働くとする．このとき

$$mx''(t) = -kx(t) - ax'(t).$$

バネの上端を固定せず，強制的に振動させ，変位 $h \sin \Omega t$, $(h > 0, \Omega > 0)$ を与える．このときバネの伸びは $y(t) - L - h \sin \Omega t$ だから，錘に加わる力は

$$mg - k(y(t) - L - h\sin\Omega t) - ay'(t)$$
$$= -k(y(t) - \ell - L - h\sin\Omega t) - ay'(t)$$

となる．したがって次の 2 階線形微分方程式を得る．

$$mx''(t) = -kx(t) - ax'(t) + kh\sin\Omega t. \tag{1.11}$$

(3) RLC 直列回路

R オームの抵抗，インダクタンス L ヘンリーのコイル，静電容量 C ファラッドのコンデンサと交流電源を直列に接続した回路を時刻 t_0 で閉じると，電流 $I = I(t), (t > t_0)$ アンペアが流れるとする．時刻 t において，抵抗による電圧降下 E_R ボルトは電流 I に比例し，$E_R = RI$ である．コイルは電流の変化を妨げ，コイルによる電圧降下 E_L は $E_L = LI'$ である．コンデンサは電荷を蓄える働きをし，コンデンサによる電圧降下を E_C とすると，その時点で蓄えられている電荷 Q クーロンは $Q = CE_C$ である．ゆえに $E_C = Q/C$ と表され，回路に流れる電流は $I = Q'$ で与えられるから

$$E_C = \frac{1}{C}\int_{t_0}^{t} I\,dt.$$

電源の起電力を $E = E(t)$ とおくと，電圧降下の総和は起電力

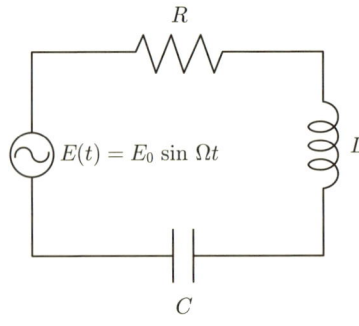

図 1-10　RLC 直列回路

に等しく，$E_R + E_L + E_C = E(t)$ であるから，

$$RI + LI' + \frac{1}{C}\int_{t_0}^{t} I dt = E(t)$$

が成り立つ．したがってコンデンサに蓄えられている電荷 $Q(t)$ は次の微分方程式を満たす．

$$RQ' + LQ'' + \frac{1}{C}Q = E(t),$$

あるいは微分して，$RQ'' + LQ''' + Q'/C = E'(t)$．$Q' = I$ であるから，電流 $I(t)$ は次の微分方程式を満たす．

$$RI' + LI'' + \frac{1}{C}I = E'(t).$$

電源電圧が $E(t) = E_0 \sin \Omega t$ の場合（正弦波電圧）には，

$$LI'' + RI' + \frac{1}{C}I = E_0 \Omega \cos \Omega t.$$

電気回路の場合には，Ω を角周波数，$f = \Omega/2\pi$ を周波数，$T = 1/f$ を周期という．

(4) 連成振動

質量 m_1 の錘を上端を固定したバネ S_1 の下端につるし，m_1 の錘の下にバネ S_2 をつるし，S_2 の下端に質量 m_2 の錘をつるした振動系を考える．バネ S_1, S_2 が伸びていないときの長さを L_1, L_2 とし，系が釣り合いの状態にあるときの S_1, S_2 の伸びを ℓ_1, ℓ_2 とおく．このとき，錘 m_1 に働く力は，重力 $m_1 g$ と S_1 の張力 $k_1 \ell_1$ と S_2 の張力 $k_2 \ell_2$ であり，これらが釣り合っているから，$m_1 g + k_2 \ell_2 = k_1 \ell_1$．また錘 m_2 に働く力は，重力 $m_2 g$ と S_2 の張力 $k_2 \ell_2$ であり，これらが釣り合っているから，$m_2 g = k_2 \ell_2$．

S_1 の上端を原点とし，下方を正の向きとして，時刻 t における m_1 の錘の位置を $y_1(t)$，m_2 の錘の位置を $y_2(t)$ とおく．このときの m_1 の錘に働く力は

$$m_1 g - k_1(y_1(t) - L_1) + k_2(y_2(t) - y_1(t) - L_2)$$
$$= k_1 \ell_1 - k_2 \ell_2 - k_1(y_1(t) - L_1) + k_2(y_2(t) - y_1(t) - L_2)$$
$$= -k_1(y_1(t) - L_1 - \ell_1) + k_2(y_2(t) - L_2 - \ell_2 - y_1(t)),$$

また m_2 の錘に働く力は

$$m_2 g - k_2(y_2(t) - y_1(t) - L_2)$$
$$= k_2 \ell_2 - k_2(y_2(t) - y_1(t) - L_2)$$
$$= -k_2(y_2(t) - L_2 - \ell_2 - y_1(t)).$$

ところで

$$y_2 - L_2 - \ell_2 - y_1 = y_2 - (L_1 + \ell_1 + L_2 + \ell_2)$$
$$- (y_1 - (L_1 + \ell_1))$$

であるから,

$$x_1(t) = y_1(t) - (L_1 + \ell_1),$$
$$x_2(t) = y_2(t) - (L_1 + \ell_1 + L_2 + \ell_2)$$

とおくと，錘 m_1, m_2 の運動方程式は次のようになる．

$$\begin{cases} m_1 x_1''(t) = -k_1 x_1(t) + k_2(x_2(t) - x_1(t)) \\ m_2 x_2''(t) = -k_2(x_2(t) - x_1(t)). \end{cases} \quad (1.12)$$

この方程式の解については，第 6.5 節で解析する．

🌿 懸垂線の方程式

　鎖，糸などをつるしたときにできる曲線を懸垂線 (Catenary) という．鎖の両端を同じ水平面に固定してつるしたときにできる曲線の最低点を原点 O にとり，水平方向を x 軸，垂直方向を y 軸とし，鎖の描く曲線の方程式を $y = f(x)$ とする．O から曲線上の点

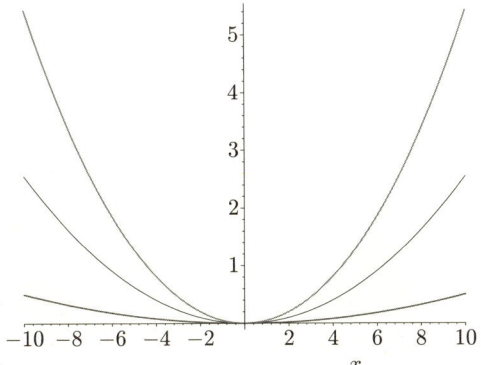

図 1-11 $y = (\cosh(0.1x) - 1)/0.1$, $y = (\cosh(0.05x) - 1)/0.05$, $y = (\cosh(0.01x) - 1)/0.01$, $(-10 \leq x \leq 10)$ のグラフ

P$(x, f(x))$, $x > 0$, までの曲線の長さを s とすると,

$$s = \int_0^x \sqrt{1 + f'(\xi)^2} d\xi. \tag{1.13}$$

鎖の O から P までの部分には鎖の張力と重力が作用する．この力の釣り合いを考える．P に働く鎖の張力は，$y = f(x)$ の接線方向に P を引き上げる方向に作用する．その大きさを T とし，接線の仰角（水平方向となす角）を θ とおく．また O に働く張力は x 軸の負の方向に作用する．その大きさを S とする．このとき水平方向の力の釣り合いは $T\cos\theta = S$ で表され，垂直方向の力の釣り合いは $T\sin\theta = g\sigma s$ で表される．g は重力定数．σ は鎖の単位の長さあたりの質量である．したがって

$$\tan\theta = \frac{g\sigma}{S} s. \tag{1.14}$$

$\tan\theta = f'(x)$ により $\alpha = \dfrac{g\sigma}{S}$ とおくと，(1.13), (1.14) から

$$f'(x) = \alpha \int_0^x \sqrt{1 + f'(\xi)^2} d\xi. \tag{1.15}$$

両辺を微分して

図 1-12　左，ヨハン・ベルヌーイ（Johann Bernoulli, 1667-1748），
　　　　　右，ヤコブ・ベルヌーイ（Jakob Bernoulli, 1654-1705）

$$f''(x) = \alpha\sqrt{1 + f'(x)^2}. \qquad (1.16)$$

その解は問題 2.3 の解答にあるように

$$f(x) = \frac{1}{\alpha}(\cosh(\alpha x) - 1).$$

この問題は次のような変分問題として古来有名である．鎖の左端の座標を $(b, f(b))$ とおくと，鎖の全長 L は

$$L = \int_b^a \sqrt{1 + f'(\xi)^2} d\xi.$$

である．鎖の形状は，この長さ一定の条件の下で，鎖の重力による位置エネルギー

$$U = \int_b^a f(\xi)\sigma\sqrt{1 + f'(\xi)^2} d\xi$$

の値が最小になる $f(x)$ のグラフである．あるいは $U/\sigma L$ は，重心の高さであるから，重心の位置がもっとも低くなる形である（ヨハン・ベルヌーイ，ヤコブ・ベルヌーイ）．これは条件付き極値問題で，微積分の教科書にあるラグランジュ未定乗数を拡張した解法があるが，本書の程度を超えるので解説は省く．

第2章

求積法

　微分の逆演算である不定積分の計算は，一番簡単な微分方程式の解法とみなされる．複雑な微分方程式を，未知関数や独立変数の変数変換などの方法により変形して，最後は不定積分を求める問題に帰着させる方法が求積法である．この方法が適用できる方程式は1階自励系，変数分離形，ベルヌーイの方程式，同次形，全微分形が主なものである．求積法により解析的に解ける微分方程式の範囲は限られている．たとえばリッカチの微分方程式は一般的には求積法では解けないことが分かっている．

2.1 原始関数・不定積分

関数 $y = y(t)$ とその n 階までの導関数 $y', y'', \cdots, y^{(n)}$ および独立変数 t の関係としてあらわされる方程式 $f(t, y, y' \cdots, y^{(n)}) = 0$ を（常）微分方程式という．ある区間 I で定義された関数 $y = \phi(t)$ を代入して

$$f(t, \phi(t), \phi'(t), \cdots, \phi^{(n)}(t)) = 0 \quad (t \in I)$$

が成り立つとき，関数 $y = \phi(t)$ は微分方程式の**解**であるといい，I をこの解の**定義域**という．n 階の導関数に関して解かれた次の形式で表されている場合は正規形の微分方程式であるという．

$$y^{(n)} = g(t, y, y', \cdots, y^{(n-1)}).$$

これから調べるように微分方程式の解は一般に無数に存在し，n 階の微分方程式の解は通常 n 個の任意定数を含んだ形であらわされる．このような解を**一般解**という．なお本書では関数の独立変数には文字 t または x を宛てる．

関係式

$$\frac{dy}{dx} = f(x) \tag{2.1}$$

を満たす $y = y(x)$ を求めることは，微分方程式を解くことである．$f(x)$ がある区間 I で定義されているとき，微分して $f(x)$ になる関数 $F(x)$ を $f(x)$ の**原始関数**または**不定積分**といい，

$$F(x) = \int f(x) dx$$

と表す．このとき，任意の定数 C に対して $\frac{d}{dx}(F(x) + C) = F'(x) = f(x)$ であるから，$F(x) + C$ も原始関数である．逆に $G(x)$ が区間 I で $G'(x) = f(x)$ ならば，$G(x) - F(x)$ は定数 C であるから，

$G(x) = F(x) + C$ と表される.原始関数は一つに定まらず,任意定数 C を含み無数にある.

$f(x)$ が区間 I において連続ならば,原始関数が存在する.つまり (2.1) の解が存在する.これは微積分の基本定理であるが,少し復習してみよう.I の 2 点 a, b をとり,$a < b$ とする.点列 Δ : $a = t_0 < t_1 < \cdots < t_n$ をとって,小区間 $I_j = [t_{j-1}, t_j], j = 1, \cdots, n$ を作り,各小区間から点 $s_j \in I_j$ をとり

$$R(f, \Delta) = \sum_{j=1}^{n} f(s_j)(t_j - t_{j-1})$$

とおく.Δ の幅 $|\Delta| = \max_{1 \leq j \leq n} |t_j - t_{j-1}|$ が 0 に収束するとき,$R(f, \Delta)$ は収束することが証明される.その値を $f(x)$ の $[a, b]$ におけるリーマン積分といい

$$\int_a^b f(t)dt = \lim_{|\Delta| \to 0} R(f, \Delta) \qquad (2.2)$$

と表す.b を変数 x に変えて

$$S(x) = \int_a^x f(t)dt$$

により $S(x)$ を定義すると,$f(x)$ が連続関数ならば,$S'(x) = f(x)$,$x \in I$(微積分の基本定理).つまり $S(x)$ は $f(x)$ の一つの原始関数である.ゆえに

$$\int f(x)dx = \int_a^x f(t)dt + C$$

と表される.ただし,この公式は原始関数の存在を保証しているだけであり,普通は個々の $f(x)$ に対して不定積分を (2.2) により計算するわけではない.具体的に求めることは別問題である.求積法で解ける微分方程式とは,いろいろな手段で変形して最終的に (2.1) の形にできる方程式ということである.最終的には原始関数をどのようにして計算するかという問題が残る.よく知られている

主な原始関数を掲げておこう．任意定数 C は省略する．

- $\int x^\alpha dx = \dfrac{x^{\alpha+1}}{\alpha+1}$ $(\alpha \neq -1)$
- $\int \dfrac{1}{x} dx = \log|x|$ $(x \neq 1)$　$\log|x|$ は $|x|$ の自然対数を表す．
- $\int \dfrac{1}{1+x^2} dx = \mathrm{Tan}^{-1} x$
- $\int \dfrac{1}{\sqrt{1-x^2}} dx = \mathrm{Sin}^{-1} x,$ $(|x| < 1)$
- $\int \dfrac{1}{\sqrt{x^2-1}} dx = \log|x + \sqrt{x^2-1}|$ $(|x| > 1)$
- $\int \dfrac{1}{\sqrt{x^2+1}} dx = \log(x + \sqrt{x^2+1}) = \sinh^{-1} x$
- $\int e^x dx = e^x$
- $\int a^x dx = \dfrac{a^x}{\log a}$ $(a > 0, a \neq 1)$
- $\int \sin x dx = -\cos x$
- $\int \cos x dx = \sin x$
- $\int \dfrac{1}{\sin^2 x} dx = -\cot x$
- $\int \dfrac{1}{\cos^2 x} dx = \tan x$
- $\int \tan x dx = -\log|\cos x|$
- $\int \cot x dx = \log|\sin x|$

なお，関数 $x = \cosh(t) = (e^t + e^{-t})/2$ は $t \in [0, \infty)$ の範囲で単調増加である．その逆関数を $t = \cosh^{-1}(x), x \in [1, \infty)$ で表すと，

$$\log|x + \sqrt{x^2-1}| = \begin{cases} \cosh^{-1} x & x \geq 1 \text{ のとき} \\ -\cosh^{-1} |x| & x \leq -1 \text{ のとき} \end{cases}$$

2.2 自励形,変数分離形,同次形

微分方程式を変数変換などにより変形して,不定積分の計算に持ち込み解を求めることができる場合は限られている.その内の典型的な場合を挙げる.

🍂 自励方程式

$$\frac{dy}{dx} = g(y)$$

のように,右辺の関数が独立変数 x に依存しない場合,**自励的な微分方程式**であるという.$g(y_0) = 0$ である値 y_0 があるとき,すべての x に対して値 y_0 をとる関数,

$$y(x) \equiv y_0$$

は解である.これを**定常解**という.他方,解 $y(x)$ がある区間 I で,$g(y(x)) \neq 0$ を満たしているとすると,$\dfrac{dy}{dx} \neq 0$.逆関数の定理により,$y(x) = y$ の逆関数 $x = x(y)$ が存在し

$$\frac{dx}{dy} = \frac{1}{\dfrac{dy}{dx}} = \frac{1}{g(y)}.$$

ゆえに

$$x(y) = \int \frac{1}{g(y)} dy.$$

右辺の不定積分を $G(y)$ とおくと,$x = G(y)$ であるから,$y = G^{-1}(x)$ として解が与えられる.

例 2.1

フェアフルストのロジスティック方程式

$$\frac{dp}{dt} = a\left(1 - \frac{p(t)}{N}\right)p(t) \tag{2.3}$$

の解を求めよ．

[証明] $p(t)$ がフェアフルストのロジスティック方程式の解であるとき，

$$y(s) = \frac{p(s/a)}{N}$$

とおくと，

$$\frac{dy}{ds} = \frac{1}{N}p'(s/a)\frac{1}{a} = \frac{1}{aN}a\left(1 - \frac{p(s/a)}{N}\right)p(s/a) = (1-y)y.$$

$y(s) \equiv 0, y(s) \equiv 1$ は定常解である．その他の解は

$$\frac{ds}{dy} = \frac{1}{y(1-y)} = \frac{1}{y} - \frac{1}{y-1}$$

より，c_0 を任意定数として

$$s = c_0 + \log|y| - \log|y-1| = c_0 + \log\left|\frac{y}{y-1}\right|$$

のように求められる．したがって

$$\frac{y}{y-1} = \mp e^{s-c_0}$$

と表される．複号 $\mp$ は，$0 < y < 1$ のとき $-$ を表し，$y < 0$ または $y > 1$ のとき $+$ を表す．この式から

$$y = \begin{cases} \dfrac{1}{1 + e^{-(s-c_0)}} & 0 < y < 1 \text{ のとき} \\ \dfrac{1}{1 - e^{-(s-c_0)}} & y < 0 \text{ または } y > 1 \text{ のとき} \end{cases}$$

$0 < y < 1$ のとき $y = y(s)$ のグラフは $s = c_0$ で $1/2$ の値をとる S

字形の単調増加曲線（シグノイド）で，

$$\lim_{s \to -\infty} y(s) = 0, \quad \lim_{s \to \infty} y(s) = 1.$$

$y < 0$ のとき $y = y(s)$ のグラフは $s < c_0$ の範囲にあり，単調減少で $\lim_{s \to -\infty} y(s) = 0$, $\lim_{s \to c_0-} y(s) = -\infty$.

$y > 0$ のとき $y = y(s)$ のグラフは $s > c_0$ の範囲にあり，単調減少で $\lim_{s \to c_0+} y(s) = \infty$, $\lim_{s \to \infty} y(s) = 1$.

$0 < y < 1$ の場合がフェアフルストの方程式の解に対応し，

$$p(t) = Ny(at) = \frac{N}{1 + e^{-(at-c_0)}}.$$

証明終わり

問題 2.2

次の雨滴の落下方程式の解を求めよ．

$$m\frac{dv}{dt} = mg - kv^2.$$

問題 2.3

懸垂線の方程式（2.2.3）の解を求めよ．

特殊な 2 階微分方程式

次の形式の微分方程式は，たとえば単振り子の方程式（1.10）を例とし，応用上重要である．

$$y'' = f(y)$$

両辺に y' をかけて

$$\int y'(t) y''(t) dt = \int f(y(t)) y'(t) dt$$

であるから，置換積分により

$$\frac{(y')^2}{2} = \int f(y)dy.$$

右辺を $F(y)$ とおくと，$y' = \pm\sqrt{2F(y)}$ であるから，自励系に帰着される．

単振り子の方程式の場合には

$$\frac{\ell}{2}(\theta')^2 - g\cos\theta = c \tag{2.4}$$

が成り立つ．$\theta(t)$ を解析的に表すには楕円関数の知識が必要になるので，それは省略する．(2.4) の左辺は運動エネルギーと位置エネルギーの和が一定であることを表している．$\ell = 1$ の場合，θ の値を x 軸にとり，θ' の値を y 軸にとった xy 平面で

$$\frac{y^2}{2} - 9.8\cos x = 9.8k, \quad k = -1/2, 0, 1/2, 1, 3/2, 2$$

の等高線群は図 2-1 のようになる．t が増加するとき，$(\theta(t), \theta'(t))$ はこの等高線上を移動し，x 軸の上側では左から右に，x 軸の下側では右から左に移動する．

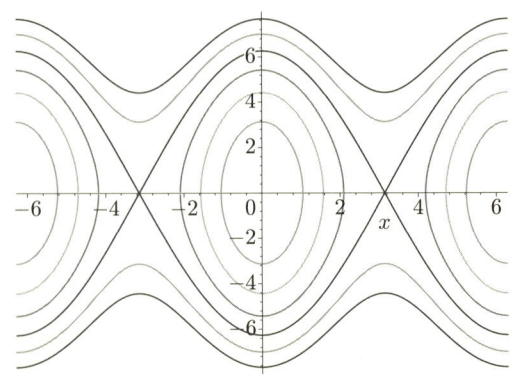

図 **2-1** $y^2/2 - 9.8\cos x = 9.8k$
$\left(k = -\frac{1}{2}, 0, \frac{1}{2}, 1, \frac{3}{2}, 2 |x| \leq 2\pi, |y| \leq 2\pi\right)$ の等高線

変数分離系

次の形式の微分方程式を**変数分離形**という．

$$\frac{dy}{dx} = f(x)g(y). \tag{2.5}$$

右辺が x の関数と y の関数の積に分離できる場合である．形式的には $\dfrac{dy}{dx}$ を dy 割る dx とみなして，(2.5) を

$$\frac{dy}{g(y)} = f(x)dx$$

のように変形し，両辺の不定積分

$$\int \frac{dy}{g(y)} = \int f(x)dx$$

を計算すると思えばよい．

ここでは $f(x), g(y)$ はある区間で定義された連続関数であるとする．$g(y_0) = 0$ である y_0 がある場合は $y(x) \equiv y_0$ は定常解である．

定理 2.4

$f(x), g(y)$ が連続関数で，$g(y) \neq 0$ とし，

$$G(y) = \int \frac{1}{g(y)}dy, \ F(x) = \int f(x)dx$$

とおく．このとき，$y = y(x)$ が (2.5) の解ならば，

$$G(y(x)) = F(x)$$

が成り立ち，逆も成り立つ．

[証明] $y(x)$ が $g(y(x)) \neq 0$ であるような解であるとする．このとき

$$\frac{1}{g(y(x))} \frac{dy(x)}{dx} = f(x)$$

が成り立つ．ゆえに

$$\int \frac{1}{g(y(x))} \frac{dy(x)}{dx} dx = \int f(x) dx.$$

左辺を置換積分により書き換えると

$$\int \frac{1}{g(y)} dy = \int f(x) dx$$

左辺を $G(y)$, 右辺を $F(x)$ とおくと,

$$G(y) = F(x) \tag{2.6}$$

つまり $g(y(x)) \neq 0$ である解は関係式 (2.6) を満たす．逆に関係式 (2.6) が成り立つとする．$G'(y) = 1/g(y) \neq 0$ であるから, $z = G(y)$ の逆関数 $y = G^{-1}(z)$ が定まり, $dy/dz = g(y)$ が成り立つ．ゆえに $z = F(x)$ を代入して定まる関数 $y = y(x) = G^{-1}(F(x))$ は

$$\frac{dy}{dx} = \frac{dy}{dz}\frac{dz}{dx} = g(y)f(x)$$

を満たす． 証明終わり

問題 2.5

ロトカ・ヴォルテラ方程式から導き出された次の微分方程式を解け．

$$\frac{dy}{dx} = \frac{(-c+kx)y}{(a-by)x}.$$

ただし, $xy(-c+kx)(a-by) \neq 0$ とする．

同次形

たとえば,

$$\frac{dy}{dx} = \frac{-x+y}{x+y} \tag{2.7}$$

は

$$\frac{dy}{dx} = \frac{-1 + y/x}{1 + y/x}$$

と書き換えると，右辺は y/x の関数である．このように

$$\frac{dy}{dx} = f\left(\frac{y}{x}\right).$$

の形の微分方程式は**同次形**であるという．この方程式の解 $y = y(x)$ に対して，$z(x) = y(x)/x$ とおくと，$y(x) = xz(x)$ と表される．方程式に代入すると

$$z + x\frac{dz}{dx} = f(z).$$

これは変数分離形の方程式であるから，解くことができる．

例 1 (2.7) において，$y = xz$ とおくと，

$$z + x\frac{dz}{dx} = \frac{-x + xz}{x + xz} = \frac{-1 + z}{1 + z},$$

$$x\frac{dz}{dx} = \frac{-1 + z}{1 + z} - z = -\frac{1 + z^2}{1 + z}.$$

これは変数分離形である．

$$\int \frac{1 + z}{1 + z^2} dz = -\int \frac{dx}{x}$$

の両辺を計算して

$$\mathrm{Tan}^{-1} z + \frac{1}{2} \log(1 + z^2) = -\log|x| + C,$$

$$\mathrm{Tan}^{-1} \frac{y}{x} + \frac{1}{2} \log\left(1 + \left(\frac{y}{x}\right)^2\right) + \log|x| = C,$$

すなわち

$$\mathrm{Tan}^{-1} \frac{y}{x} + \frac{1}{2} \log\left(x^2 + y^2\right) = C.$$

例 2
$$\frac{dy}{dx} = \frac{-x + y + 1}{x + y - 3} \tag{2.8}$$

は同次形ではない．しかし，定数 a, b をとり，変数変換

$$x = t + a, \quad y = u + b$$

により，

$$u(t) = y(t + a) - b$$

に関する方程式に変換すると次のようになる．

$$\begin{aligned}\frac{du}{dt} &= y'(t+a) = \frac{-(t+a) + y(t+a) + 1}{t + a + y(t+a) - 3} \\ &= \frac{-t + u(t) - a + b + 1}{t + u(t) + a + b - 3}.\end{aligned}$$

したがって，$-a + b + 1 = 0, \ a + b - 3 = 0$ のように a, b をとれば（すなわち $a = 2, \ b = 1$）

$$\frac{du}{dt} = \frac{-t + u}{t + u}.$$

例 1 により，

$$\mathrm{Tan}^{-1} \frac{u}{t} + \frac{1}{2} \log\left(t^2 + u^2\right) = C.$$

したがって

$$\mathrm{Tan}^{-1} \frac{y-1}{x-2} + \frac{1}{2} \log\left((x-2)^2 + (y-1)^2\right) = C.$$

2.3 全微分方程式

関数 $z = f(x, y)$ は，$(x, y) \to (a, b)$ のとき，高位の無限小記号 o を用いて

$$f(x,y) - f(a,b)$$
$$= \alpha(x-a) + \beta(y-b) + o\left(\sqrt{(x-a)^2 + (y-b)^2}\right)$$

が成り立つような α, β が存在するとき，(a,b) で**全微分可能**であるといい，$dz = \alpha dx + \beta dy$ という記号で表す．このとき $f(x,y)$ は (a,b) で偏微分可能で $f_x(a,b) = \alpha, f_y(a,b) = \beta$ である．逆に $f_x(x,y), f_y(x,y)$ がある開集合で存在し連続ならば，その開集合の各点で $f(x,y)$ は全微分可能である．

🌱 2 変数の場合

この節で扱う関数，導関数，偏導関数はすべて連続であると仮定する．次のような方程式を**全微分方程式**という．

$$dz = X(x,y)dx + Y(x,y)dy \tag{2.9}$$

関数 $z = F(x,y)$ の偏導関数 $F_x(x,y) = \dfrac{\partial F}{\partial x}(x,y)$, $F_y(x,y) = \dfrac{\partial F}{\partial y}(x,y)$ が存在して

$$F_x(x,y) = X(x,y), \quad F_y(x,y) = Y(x,y)$$

である場合，すなわち

$$\nabla F(x,y) = (F_x(x,y), F_y(x,y)) = (X(x,y), Y(x,y))$$

である場合，(2.9) は**完全積分可能**であるといい，$z = F(x,y)$ をその**解**あるいは**積分**という．$(X(x,y), Y(x,y))$ を**勾配**とする関数 $F(x,y)$ が解である．力学用語で表せば，$-F(x,y)$ あるいは $F(x,y)$ は力 $(X(x,y), Y(x,y))$ のポテンシャルである．

(2.9) の解 $F(x,y)$ が存在するとする．条件

$$(X(x,y), Y(x,y)) \neq (0,0) \tag{2.10}$$

が成り立っている場合,
$$(F_x(x,y), F_y(x,y)) \neq (0,0)$$
が成り立つ．したがって陰関数定理により，条件
$$F(x,y) = C \quad (\text{定数})$$
を満たす陰関数が定まる．たとえば，ある点 (a,b) で $Y(a,b) \neq 0$ とする．$F(a,b) = C$ とおくと $\phi(a) = b$, $F(x, \phi(x)) = C$ であるような関数 $y = \phi(x)$ が $x = a$ を含むある区間で定まり，
$$\frac{d\phi}{dx} = -\frac{F_x(x, \phi(x))}{F_y(x, \phi(x))} = -\frac{X(x, \phi(x))}{Y(x, \phi(x))}$$
が成り立つ．つまり，完全積分可能ならば，方程式 $F(x,y) = C$ から定まる陰関数は微分方程式
$$\frac{dy}{dx} = -\frac{X(x,y)}{Y(x,y)} \qquad (2.11)$$
の解である．逆に $y = y(x)$ がこの方程式の解ならば，$F(x, y(x)) = C$ も成り立つ．

$X(a,b) \neq 0$ の場合は x と y の役割を入れ替えて，
$$\frac{dx}{dy} = -\frac{Y(x,y)}{X(x,y)} \qquad (2.12)$$
の解が $F(x,y) = C$ により定まる．

(2.11), (2.12) をまとめて
$$X(x,y)dx + Y(x,y)dy = 0 \qquad (2.13)$$
で表す．$F_x(x,y) = X(x,y), F_y(x,y) = Y(x,y)$ であるような $F(x,y)$ が存在するとき，つまり (2.9) が完全積分可能であるとき，(2.13) は**完全微分方程式**といわれ，$F(x,y)$ をその積分という．

(2.9) が完全積分可能で $F(x,y)$ が積分であるとする．このとき

$$F(b,d) - F(a,c) = F(b,d) - F(b,c) + F(b,c) - F(a,c)$$

と変形すると

$$F(b,d) - F(b,c) = \int_c^d F_y(b,y)dy = \int_c^d Y(b,y)dy,$$

$$F(b,c) - F(a,c) = \int_a^b F_x(x,c)dx = \int_a^b X(x,c)dx.$$

xy 平面に点

$$\mathrm{A}(a,c), \mathrm{B}(b,c), \mathrm{C}(a,d), \mathrm{D}(b,d)$$

をとる．A, B, D の順に 3 点を結ぶ折れ線を $[\mathrm{A},\mathrm{B},\mathrm{D}]$ と表し，

$$\int_{[\mathrm{A},\mathrm{B},\mathrm{D}]} Xdx + Ydy = \int_a^b X(x,c)dx + \int_c^d Y(b,y)dy \quad (2.14)$$

のように定義する．この積分を積分路 $[A,B,D]$ に沿った微分形式 $X(x,y)dx + Y(x,y)dy$ の**線積分**という．このように線積分を定義し，$F(a,c) = F_0$ とおくと，

$$F(b,d) = F_0 + \int_{[A,B,D]} Xdx + Ydy.$$

同様に

$$F(b,d) - F(a,c) = F(b,d) - F(a,d) + F(a,d) - F(a,c)$$

と変形して，

$$\int_{[\mathrm{A},\mathrm{C},\mathrm{D}]} Xdx + Ydy = \int_a^b X(x,d)dx + \int_c^d Y(a,y)dy \quad (2.15)$$

と定義すると，次の式を得る．

$$F(b,d) = F_0 + \int_{[\mathrm{A},\mathrm{C},\mathrm{D}]} Xdx + Ydy.$$

したがって完全積分可能ならば，この二つの線積分が一致する．

この二つの線積分の関係を面積分で表す次の定理は，グリーンの

定理の特別な場合である．

補題 2.6

上のように線積分を定めるとき

$$\int_{[A,B,D]} Xdx + Ydy - \int_{[A,C,D]} Xdx + Ydy$$
$$= \int_c^d \int_a^b ((Y_x(x,y) - X_y(x,y))dxdy.$$

[証明] (2.14) から (2.15) を引く．このときの右辺を調べると

$$\int_a^b X(x,c)dx - \int_a^b X(x,d)dx = \int_a^b \int_d^c X_y(x,y)dydx$$
$$= -\int_c^d \int_a^b X_y(x,y)dxdy,$$

$$\int_c^d Y(b,y)dy - \int_c^d Y(a,y)dy = \int_c^d \int_a^b Y_x(x,y)dxdy.$$

ゆえに補題 2.6 が成り立つ． 証明終わり

1 変数連続関数 $f(t)$ に対して

$$\lim_{b \to a} \frac{1}{b-a} \int_a^b f(t)dt = f(a)$$

であるが，多変数関数に対しても同様のことが成り立つ．
xy 平面の矩形

$$\mathrm{K} = \{(x,y) : a \leq x \leq b, c \leq y \leq d\} \tag{2.16}$$

に対して，その面積を $m(\mathrm{K}) = (b-a)(d-c)$ とおく．

補題 2.7

関数 $f(x,y)$ が定義域 D で連続であるとし，$(x_0, y_0) \in \mathrm{D}$ と

する.（2.16）のような矩形 K を, $(x_0, y_0) \in K \subset D, m(K) \neq 0$ のようにとると,

$$\lim_{\substack{b-a \to 0 \\ d-c \to 0}} \frac{1}{m(K)} \int_c^d \int_a^b f(x,y) dx dy = f(x_0, y_0) \quad (2.17)$$

[証明] (2.17) の左辺の 2 重積分を $I(K)$ とおく.

$$f(x_0, y_0) = \frac{1}{m(K)} \int_c^d \int_a^b f(x_0, y_0) dx dy$$

と表されるから,

$$\left| \frac{I(K)}{m(K)} - f(x_0, y_0) \right| = \frac{1}{m(K)} \left| \int_c^d \int_a^b (f(x,y) - f(x_0, y_0)) dx dy \right|$$
$$\leq \frac{1}{m(K)} \int_c^d \int_a^b |f(x,y) - f(x_0, y_0)| dx dy.$$

$f(x, y)$ は連続であるから, 任意の $\epsilon > 0$ に対して,

$$|x - x_0| \leq \delta, |y - y_0| \leq \delta \implies |f(x,y) - f(x_0, y_0)| < \epsilon$$

であるような $\delta > 0$ がある. ゆえに $|b-a| < \delta, |d-c| < \delta$ なら,

$$\int_c^d \int_a^b |f(x,y) - f(x_0, y_0)| dx dy \leq \int_c^d \int_a^b \epsilon dx dy = m(K)\epsilon$$

であるから, $|I(K)/m(K) - f(x_0, y_0)| \leq \epsilon$ であり, (2.17) が成り立つ.　　　　　　　　　　　　　　　　　　　　　　証明終わり

定理 2.8

$X(x, y), Y(x, y)$ が連続な偏導関数をもつとする.
（ⅰ）全微分方程式（2.9）が完全積分可能であるならば,

$$X_y(x, y) = Y_x(x, y) \quad (2.18)$$

（ⅱ）$X(x, y), Y(x, y)$ が (a, c) を含むある矩形 $K = \{(x, y) :$

$|x-a|<\alpha, |y-c|<\beta$ で定義され，(2.18) が成り立つならば，全微分方程式 (2.9) は完全積分可能であり，解 $F(x,y)$ は任意定数 C を用いて次のように与えられる．

$$F(x,y) = \int_a^x X(s,c)ds + \int_c^y Y(x,t)dt + C. \qquad (2.19)$$

[証明] （ⅰ）(x_0, y_0) を $X(x,y), Y(x,y)$ の定義域 D の点とし，(2.16) の矩形 K を，$(x_0, y_0) \in K \subset D, m(K) \neq 0$ のようにとる．積分 $F(x,y)$ が存在すれば，線積分 (2.14) と (2.15) が一致する．補題 2.6 により，

$$\int_c^d \int_a^b ((Y_x(x,y) - X_y(x,y))dxdy = 0,$$

ゆえに

$$\frac{1}{m(K)} \int_c^d \int_a^b ((Y_x(x,y) - X_y(x,y))dxdy = 0$$

が成り立つ．$b-a \to 0, d-c \to 0$ のとき，補題 2.7 により左辺は $Y_x(x_0,y_0) - X_y(x_0,y_0)$ に収束する．ゆえに $Y_x(x_0,y_0) - X_y(x_0,y_0) = 0$．$(x_0, y_0)$ は D の一般の点であるから，(2.18) が成り立つ．

（ⅱ）逆に $F(x,y)$ が (2.19) で定義されるとする．$X_x = Y_y$ ならば，補題 2.6 により (2.19) で定義される $F(x,y)$ は次のようにも表される．

$$F(x,y) = \int_c^y Y(a,t)dt + \int_a^x X(s,y)ds + C. \qquad (2.20)$$

(2.19) より，$F_y(x,y) = Y(x,y)$ であり，(2.20) より，$F_x(x,y) = X(x,y)$ である．

[別証明] 次のように計算してもよい．

$$F(x,y) = \int_a^x X(s,y)ds + G(y)$$

とおくと，$F_x(x,y) = X(x,y)$ は成り立つ．また $X_y = Y_x$ により

$$F_y(x,y) = \int_a^x X_y(s,y)ds + G'(y)$$
$$= \int_a^x Y_x(s,y)ds + G'(y)$$
$$= Y(x,y) - Y(a,y) + G'(y)$$

であるから，$F_y(x,y) = Y(x,y)$ である条件は

$$Y(x,y) = Y(x,y) - Y(a,y) + G'(y),$$

すなわち，$G'(y) = Y(a,y)$ である．ゆえに

$$F(x,y) = \int_a^x X(s,y)ds + \int_c^y Y(a,t)dt + C$$

は積分である． 証明終わり

上の定理の (2) では，(x,y) の領域を K に限定してあり，いわば局所的な結果である．K の代わりに，たとえば，境界を含まない三角形領域，円領域においても同様に定理を証明できる．しかし，領域を一般化するためには，領域の位相的な性質を考える難しさが伴い，本書ではこれ以上扱えない．詳しくは，解析学の専門書を参照されたい．

(2.13) は完全微分方程式でないが，両辺に関数 $\lambda(x,y)$ をかけた

$$\lambda(x,y)X(x,y)dx + \lambda(x,y)Y(x,y)dy = 0$$

が完全微分方程式になる場合がある．このような $\lambda(x,y)$ を**積分因数**という．たとえば

$$(x^2y - y^2 + 2x)dx + (x^3 - xy - 1)dy = 0$$

は完全微分方程式ではないが，

$$e^{xy}(x^2y - y^2 + 2x)dx + e^{xy}(x^3 - xy - 1)dy = 0$$

は完全微分方程式である（2.4 節 練習問題 4.）

$\lambda(x,y)$ が積分因数である条件は

$$\frac{\partial}{\partial y}(\lambda(x,y)X(x,y)) = \frac{\partial}{\partial x}(\lambda(x,y)Y(x,y))$$

であるから，$\lambda(x,y)$ に関する偏微分方程式が得られる．$\lambda(x,y)$ を求めることは一般には容易でなく，本書ではこれ以上立ち入らない．

例1　　$(4x^3 - 2y^2 - 2xy)dx + (-4xy - x^2 + 3)dy = 0$

は完全微分方程式である．実際

$$\frac{\partial}{\partial y}(4x^3 - 2y^2 - 2xy) = -4y - 2x = \frac{\partial}{\partial x}(-4xy - x^2 + 3).$$

$a = c = 0$ として，定理 2.8 を適用すると，積分 $F(x,y)$ は任意定数を C として，次のように計算される．

$$\begin{aligned}F(x,y) &= \int_0^x X(s,0)ds + \int_0^y Y(x,t)dt + C \\ &= \int_0^x 4s^3 ds + \int_0^y (-4xt - x^2 + 3)dt + C \\ &= x^4 - 2xy^2 - x^2 y + 3y + C.\end{aligned}$$

あるいは，同じ内容であるが次のように計算してもよい．

$$F(x,y) = \int_0^x X(s,y)ds + G(y) = x^4 - 2xy^2 - x^2 y + G(y)$$

とおくと，$F_x(x,y) = X(x,y)$ は成り立つ．このとき条件 $F_y(x,y) = -4xy - x^2 + 3$ は次のようになる．

$$-4xy - x^2 + G'(y) = -4xy - x^2 + 3.$$

ゆえに $G'(y) = 3$ であるから，$G(y) = 3y + C$ となり，$F(x,y) = x^4 - 2xy^2 - x^2 y + 3y + C$.

3変数の場合

3変数の全微分方程式

$$dw = X(x,y,z)dx + Y(x,y,z)dy + Z(x,y,z)dz \quad (2.21)$$

の場合にも，同様の結果が成り立つ．$w = F(x,y,z)$ は

$$F_x = X, \quad F_y = Y, \quad F_z = Z$$

が成り立つとき，解または積分という．

定理 2.9

$X(x,y,z), Y(x,y,z), Z(x,y,z)$ が連続な偏導関数をもつとする．

（i）全微分方程式（2.21）が完全積分可能であるならば，

$$X_y = Y_x, \quad X_z = Z_x, \quad Y_z = Z_y. \quad (2.22)$$

（ii）$X(x,y,z), Y(x,y,z), Z(x,y,z)$ が

$$|x-a| < \alpha, |y-b| < \beta, |z-c| < \gamma$$

を満たす (x,y,z) の領域で連続な偏導関数をもち，(2.22)が成り立つならば，(2.21)は完全積分可能で，積分 $F(x,y,z)$ は C を任意定数として次のように与えられる．

$$F(x,y,z) = \int_a^x X(r,b,c)dr + \int_b^y Y(x,s,c)ds \\ + \int_c^z Z(x,y,t)dt + C. \quad (2.23)$$

[証明]（i）(2.21)の積分 $F(x,y,z)$ を一つとる．固定した z_0 に対し

$$F_x(x,y,z_0) = X(x,y,z_0), F_y(x,y,z_0) = Y(x,y,z_0)$$

が成り立つから，$u = F(x,y,z_0)$ は $du = X(x,y,z_0)dx + Y(x,y,z_0)dy$ の積分である．定理2.8,(1) により，$X_y(x,y,z_0) = Y_x(x,y,z_0)$ である．z_0 は任意の値であるから，$X_y = Y_x$ が任意の (x,y,z) において成り立つ．同様に，(2.22) の他の等式も成り立つ．

(ii) $A(a,b,c)$ と $P(x,y,z)$ を結ぶ積分路 Γ をとり，線積分

$$w = \int_\Gamma X dx + Y dy + Z dz$$

により，解 $w = F(x,y,z)$ を構成する．積分路 Γ として，x,y,z 軸に平行な線分をつないだ折れ線を考える．たとえば，A から出発して最初は x 軸にそって $B(x,b,c)$ に到達し，その後 y 軸に平行に進行して $C(x,y,c)$ に達し，さらに z 軸に平行に進行して $P(x,y,z)$ に達する積分路を $\Gamma[x,y,z]$ と表す．もし $F(x,y,z)$ が積分であるとすると，

$$F(x,y,z) - F(a,b,c) = \int_{\Gamma[x,y,z]} X dx + Y dy + Z dz$$

が成り立つ．$F(a,b,c) = C$ とおくと，(2.23) のように表される．逆にこのように定義される $F(x,y,z)$ が積分であることを示す．A から x 軸，z 軸，y 軸の順に平行に進み P に達する積分路を $\Gamma(x,z,y)$ と表すと，

$$\int_{\Gamma[x,y,z]} X dx + Y dy + Z dz = \int_{\Gamma[x,z,y]} X dx + Y dy + Z dz$$

が成り立つ．実際，左辺を F，右辺を G と表すと

$$F = \int_a^x X(r,b,c)dr + \int_b^y Y(x,s,c)ds + \int_c^z Z(x,y,t)dt.$$
$$G = \int_a^x X(r,b,c)dr + \int_c^z Z(x,b,t)dt + \int_b^y Y(x,s,z)ds.$$

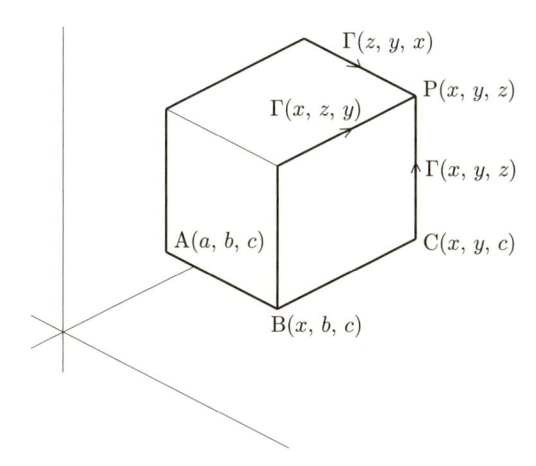

図 2-2　積分路

いま $Y_z = Z_y$ であるから，補題 2.6 により，

$$\int_b^y Y(x,s,c)ds + \int_c^z Z(x,y,t)dt$$
$$= \int_c^z Z(x,b,t)dt + \int_b^y Y(x,s,z)ds.$$

したがって $F = G$ である．同様にして

$$\int_{\Gamma[x,z,y]} Xdx + Ydy + Zdz = \int_{\Gamma[z,x,y]} Xdx + Ydy + Zdz$$
$$= \int_{\Gamma[z,y,x]} Xdx + Ydy + Zdz.$$

最後の積分を H とおくと，

$$H = \int_c^z Z(a,b,t)dt + \int_b^y Y(a,s,z)ds + \int_a^x X(r,y,z)dr$$

であり，$G = H$ が成り立つ．容易に $F_z = Z, G_y = Y, H_x = X$ であることを確かめられるから，$F_x = X, F_y = Y, F_z = Z$ が成り立つ．　　　　　　　　　　　　　　　　　　　　　　　　　証明終わり

2.4 練習問題

1. 次の微分方程式を解け．

   (1) $\dfrac{dy}{dx} = (y-1)^2$ (2) $\dfrac{dy}{dx} = (y-2)(y+1)$

   (3) $\dfrac{dy}{dx} = \dfrac{\sqrt{y^2+1}}{y}$ $(y \neq 0)$ (4) $\dfrac{dy}{dx} = \tan y$ $(|y| < \pi/2)$

2. 次の微分方程式を解け．

   (1) $\dfrac{dy}{dx} = x(1-y)$ (2) $\dfrac{dy}{dx} = \dfrac{xy}{x-1}$

   (3) $\dfrac{dy}{dx} = (1-x^2)(1+y^2)$ (4) $\dfrac{dy}{dx} = (1-y^2)(1+x^2)$

   (5) $x\dfrac{dy}{dx} - y = xy$ (6) $\dfrac{dy}{dx} = (y+x)^2$

   (7) $e^{-x}\dfrac{dy}{dx} = (1+x)y^2$ (8) $\dfrac{dy}{dx} = \dfrac{\sqrt{1-y^2}}{1+x^2}$

3. 次の微分方程式を解け．

   (1) $\dfrac{dy}{dx} = \dfrac{x+3y}{3x+y}$ (2) $\dfrac{dy}{dx} = \dfrac{x-y}{x+2y}$

   (3) $\dfrac{dy}{dx} = \dfrac{y(x-y)}{x^2}$ (4) $\dfrac{dy}{dx} = \dfrac{y^2-2x^2}{x^2}$

   (5) $\dfrac{dy}{dx} = -\dfrac{xy}{x^2+y^2}$ (6) $\dfrac{dy}{dx} = \dfrac{x^2+2xy-2y^2}{2x^2-3xy}$

4. 次の微分方程式を解け．

   (1) $(2x+4y+5)dx + (4x-2y+6)dy = 0$

   (2) $(x^4 + 8x^3y + 3y^4)dx + (2x^4 + 12xy^3 - y^2)dy = 0$

   (3) $(x^2y - y^2 + 2x)e^{xy}dx + (x^3 - xy - 1)e^{xy}dy = 0$

   (4) $dz = (y\cos(xy) + \sin(x-y))dx + (x\cos(xy) - \sin(x-y))dy$

   (5) $dw = (3x^2 + 2xy - 2)dx + (x^2 + z^2 + 3)dy + (2yz - 1)dz$

   (6) $dw = (\sin(y-z) - y\sin(x-z))dx$
   $\quad\quad\quad + (x\cos(y-z) + \cos(x-z))dy$
   $\quad\quad\quad + (-x\cos(y-z) + y\sin(x-z))dz$

第3章

線形微分方程式（1階と2階）

　本章の内容は，第1章の例題にもたびたび登場する1階と2階の定数係数単独線形微分方程式の解法である．未知関数の変数変換による階数降下法により，1階の方程式は単なる不定積分の計算に帰着され，2階の方程式は1階の方程式に帰着される．これが**かんどころ**である．1階の微分方程式では係数が実数ならば，解も実数値関数の範囲内に収まる．これに対して2階の微分方程式では係数が実数であっても，複素数値関数の解が現れる場合がある．2次方程式の解が実数の範囲に収まらないことと関連している．係数を複素数まで拡大しても，形式的計算は実数の場合と同様であり，しかも見通しがよい．ここでは最初に複素係数の場合を扱い，その後に実数係数の場合の特殊性を導き出す．**かんどころ**は複素微分方程式の実部と虚部に注目することと，実線形空間の複素化である．

3.1　1階線形微分方程式

未知関数とその n 階までの導関数の 1 次式により

$$y^{(n)} + a_{n-1}(t)y^{(n-1)} + \cdots + a_1(t)y'(t) + a_0(t)y = f(t)$$

の形式で表される微分方程式を（単独の）n 階線形微分方程式という．$f(t)=0$ の場合は同次形あるいは斉次形であるといい，そうでない場合には非同次形，非斉次形であるという．振動の方程式など具体的問題からの用語として，右辺の関数 $f(t)$ を外力項あるいは強制項という．

1 階同次線形微分方程式

$$\frac{dx}{dt} = a(t)x \tag{3.1}$$

は次のように解ける．

形式的に $\dfrac{dx}{x} = a(t)dt$ と変形して両辺の不定積分をとると

$$\log|x| + c_1 = \int a(t)dt$$

である．したがって

$$|x| = e^{-c_1}e^{\int a(t)dt}.$$

$a(t)$ の原始関数の一つを $\alpha(t)$ とおくと，積分定数 c_2 を用いて $\int a(t)dt = \alpha(t) + c_2$ と表される．したがって $|x| = e^{\alpha(t)+c_2-c_1} = e^{c_2-c_1}e^{\alpha(t)}$ と表され，$x>0$ の場合は $x = e^{c_2-c_1}e^{\alpha(t)}$，$x<0$ の場合は $-x = e^{c_2-c_1}e^{\alpha(t)}$．まとめて $x = \pm e^{c_2-c_1}e^{\alpha(t)}$ と表される．改めて $\pm e^{c_2-c_1} = c$ とおくと，

$$x = ce^{\alpha(t)}. \tag{3.2}$$

c は任意の定数である．$c=0$ の場合は $x(t) \equiv 0$ である解を表す．

この解法により正しい結果が得られるが，x で割るとき，$x \neq 0$ と仮定する必要がある．この点を回避するには，$x(t)$ が解であるとして，$u(t) = x(t)e^{-\alpha(t)}$ とおく．このとき $x(t) = u(t)e^{\alpha(t)}$ と表され，方程式 (3.1) に代入すると，

$$u'(t)e^{\alpha(t)} + u(t)a(t)e^{\alpha(t)} = a(t)u(t)e^{\alpha(t)}.$$

したがって $u'(t)e^{\alpha(t)} = 0$ より，$u'(t) = 0$ であるから，$u(t) = c$（定数）となり，解は (3.2) のようになる．従属変数 x から u への変数変換 $u(t) = x(t)e^{-\alpha(t)}$ により，古い従属変数 x を新しい従属変数 u により $x = ue^{\alpha(t)}$ と表すと見る．このとき変数変換 $x = ue^{\alpha(t)}$ により，(3.1) が $u' = 0$ に変換されるという．

同様に

$$\frac{dx}{dt} = a(t)x + f(t) \tag{3.3}$$

の場合は，変数変換 $x = ue^{\alpha(t)}$ により

$$u'(t)e^{\alpha(t)} + u(t)a(t)e^{\alpha(t)} = a(t)u(t)e^{\alpha(t)} + f(t),$$

すなわち $u'e^{\alpha(t)} = f(t)$，1 階の方程式 (3.3) が

$$u' = e^{-\alpha t}f(t)$$

に変換される．このとき $u = \int e^{-\alpha(t)}f(t)dt$ と表され，

$$x = e^{\alpha(t)}\int e^{-\alpha(t)}f(t)dt.$$

$e^{-\alpha(t)}f(t)$ の原始関数の一つを $F(t)$ とすると，c を定数として，

$$x = e^{\alpha(t)}(c + F(t)).$$

たとえば，区間内に 1 点 τ をとり，$\alpha(t), F(t)$ として

$$\alpha(t) = \int_\tau^t a(r)dr, \quad F(t) = \int_\tau^t e^{-\int_\tau^s a(r)dr}f(s)ds$$

ととる．このとき，

$$\begin{aligned}
x &= e^{\int_\tau^t a(r)dr}\left(c + \int_\tau^t e^{-\int_\tau^s a(r)dr} f(s)ds\right) \\
&= ce^{\int_\tau^t a(r)dr} + e^{\int_\tau^t a(r)dr}\int_\tau^t e^{-\int_\tau^s a(r)dr} f(s)ds \\
&= ce^{\int_\tau^t a(r)dr} + \int_\tau^t e^{\int_\tau^t a(r)dr - \int_\tau^s a(r)dr} f(s)ds \\
&= ce^{\int_\tau^t a(r)dr} + \int_\tau^t e^{\int_s^t a(r)dr} f(s)ds.
\end{aligned}$$

定理 3.1

$a(t), f(t)$ がある区間 I で連続な関数ならば，微分方程式

$$x' = a(t)x + f(t)$$

の解は，次のように表される．

$$x = e^{\int a(t)dt} \int e^{-\int a(t)dt} f(t)dt. \tag{3.4}$$

あるいは I の定点 τ をとると，c を任意定数として

$$x = ce^{\int_\tau^t a(r)dr} + \int_\tau^t e^{\int_s^t a(r)dr} f(s)ds. \tag{3.5}$$

(3.5) のように表すと，$x(\tau) = c$. ゆえに，次の系が成り立つ．

系 3.2

初期条件 $x(\tau) = \xi$ を満たす $x' = a(t)x + f(t)$ の解は

$$x = \xi e^{\int_\tau^t a(r)dr} + \int_\tau^t e^{\int_s^t a(r)dr} f(s)ds. \tag{3.6}$$

変数変換 $x = ue^{\alpha(t)}$ により，x に関する方程式 (3.3) を u に関する方程式 $u'e^{\alpha(t)} = f(t)$ に変換して解く方法を定数変化法による

解法という．(3.4), (3.5), (3.6) を定数変化法の公式と総称する．

$a(t)$ が定数 λ の場合には $\alpha(t) = e^{\lambda(t-\tau)}$ ととれるから，次の定理が成り立つ．

定理 3.3

$f(t)$ がある区間 I で連続な関数ならば，微分方程式

$$x' = \lambda x + f(t)$$

の解は，次のように表される．

$$x = e^{\lambda t} \int e^{-\lambda t} f(t) dt. \tag{3.7}$$

初期条件 $x(\tau) = \xi$ を満たす解は

$$x = \xi e^{\lambda(t-\tau)} + \int_\tau^t e^{\lambda(t-s)} f(s) ds. \tag{3.8}$$

例 3.4

(1.2) の初期条件 $T(t_0) = T_0$ を満たす解と，(1.3) の初期条件 $V(0) = 0$ を満たす解と，(1.4) の初期条件 $I(0) = 0$ を満たす解を求めよ．

[解] 方程式 (1.2)，すなわち $\dfrac{dT}{dt} = k(S-T)$ は，$\dfrac{dT}{dt} = -kT + kS$ であるから，一般解は任意定数 c を用いて

$$T(t) = e^{-kt} \int e^{kt} kS dt = e^{-kt}(e^{kt}S + c) = S + e^{-kt}c$$

で与えられる．初期条件 $T(t_0) = T_0$ より，$T_0 = S + e^{-kt_0}c$. ゆえに $c = (T_0 - S)e^{kt_0}$ であるから，$T(t) = S + (T_0 - S)e^{-k(t-t_0)}$.
方程式 (1.3)，すなわち $RCV' + V = E$ は，

$$V' = -\frac{1}{RC}V + \frac{E}{RC}$$

であるから，$V(0) = 0$ を満たす解は

$$V(t) = \int_0^t e^{-(1/RC)(t-s)} \frac{E}{RC} ds = E(1 - e^{-t/RC}).$$

あるいは方程式を $V' = (-1/RC)(V - E)$ と書き換え，$U = V - E$ とおくと，$U' = (-1/RC)U$, $U(0) = -E$. したがって $U = -Ee^{-t/RC}$ であるから，$V = U + E = E(1 - e^{-t/RC})$.

方程式 (1.4)，すなわち $LI' + RI = E$ は，

$$I' = -\frac{R}{L}I + \frac{E}{L}$$

であるから，$I(0) = 0$ を満たす解は

$$I(t) = \int_0^t e^{-(R/L)(t-s)} \frac{E}{L} ds = \frac{E}{R}(1 - e^{-t(R/L)}).$$

3.2 ベルヌーイの微分方程式

次の微分方程式をベルヌーイの微分方程式という．

$$y' + p(t)y = q(t)y^n.$$

ここで n は定数である．$n = 0, 1$ のときは1階線形微分方程式である．そうでない場合は線形微分方程式ではないが，変数変換により線形微分方程式に変換される．

$n \neq 0, 1$ とする．$y(t) \equiv 0$ は解である．$y(t) \neq 0$ の場合，

$$y^{-n}y' + p(t)y^{1-n} = q(t)$$

と書き直される．$(y^{1-n})' = (1-n)y^{-n}y'$ に着目して，$z(t) = y(t)^{1-n}$ とおくと，

$$z' + (1-n)p(t)z = (1-n)q(t)$$

となる．これは1階線形微分方程式であるから，解くことができ，$y(t)^{1-n} = z(t)$ により，$y(t)$ を求めることができる．

例1 次の微分方程式を解く．

$$y' + 2ty = ty^2.$$

$z = y^{-1}$ とおくと $z' - 2tz = -t$．任意定数 c を用いて

$$z = e^{\int 2t dt} \int e^{-\int 2t dt}(-t)dt = e^{t^2} \int e^{-t^2}(-t)dt$$
$$= e^{t^2}\left(\frac{1}{2}e^{-t^2} + c\right) = \frac{1}{2} + ce^{t^2}.$$

ゆえに $y = 2/(1 + 2ce^{t^2})$ のように初等関数で表される．

しかし右辺が

$$y' + 2ty = t^2 y^2$$

の場合には，$z = y^{-1}$ とおくと $z' - 2tz = -t^2$．したがって

$$z = e^{\int 2t dt} \int e^{-\int 2t dt}(-t^2)dt = -e^{t^2} \int e^{-t^2} t^2 dt.$$

部分積分により

$$\int e^{-t^2} t^2 dt = -\frac{1}{2}e^{-t^2}t + \int \frac{1}{2}e^{-t^2} dt.$$

e^{-t^2} の不定積分は初等関数では表されない．その代わり

$$\mathrm{Erf}(t) = \frac{2}{\sqrt{\pi}} \int_0^t e^{-s^2} ds$$

とおき，ガウスの誤差関数という．任意定数 c を用いて

$$z = \frac{1}{2}t - \frac{\sqrt{\pi}}{4}e^{t^2}\operatorname{Erf}(t) + ce^{t^2},$$
$$y = \frac{4}{2t - e^{t^2}\sqrt{\pi}\operatorname{Erf}(t) + 4ce^{t^2}}.$$

3.3　2階線形微分方程式

定数係数の 2 階線形微分方程式

$$y'' + ay' + by = f(t) \tag{3.9}$$

と，同次形の方程式

$$x'' + ax' + bx = 0 \tag{3.10}$$

は，変数変換により 1 階の微分方程式に変換できる（**階数降下法**）．先に $a, b, f(t)$ は複素数として扱うと見通しよく計算でき，その後，実数である場合は実線形空間の複素化として整理する．

🍂 予備的準備

本題に入る前に複素数，複素数関数ついて最小限の準備をしておく．

複素数関数の微積分

実変数 t の複素数値関数 $z = z(t)$ は，その実部，虚部をそれぞれ $\Re z(t) = x(t), \Im z(t) = y(t)$ とおくと，$x(t), y(t)$ は実数値関数で $z(t) = x(t) + iy(t)$ と表される（$i^2 = -1$）．$x(t), y(t)$ が微分可能であるとき $z(t)$ は微分可能であるとし，

$$\frac{dz}{dt} = \frac{dx}{dt} + i\frac{dy}{dt}$$

のように計算する．同様に $x(t), y(t)$ が積分可能であるとき，

$$\int z(t)dt = \int x(t)dt + i \int y(t)dt$$

のように計算する．実数関数と同様の微分，積分公式が成り立つ．
λ, μ が複素数定数，$z(t), w(t)$ が複素関数のとき

- $\dfrac{d}{dt}(\lambda z(t) + \mu w(t)) = \lambda \dfrac{dz}{dt} + \mu \dfrac{dw}{dt}$
- $\dfrac{d}{dt}(z(t)w(t)) = \dfrac{dz}{dt}w + z\dfrac{dw}{dt}$
- $z(t) \neq 0$ のとき $\dfrac{d}{dt}\dfrac{w(t)}{z(t)} = \dfrac{w'(t)z(t) - w(t)z'(t)}{z(t)^2}$
- $\int(\lambda z(t) + \mu w(t))dt = \lambda \int z(t)dt + \mu \int w(t)dt$
- $\int_a^b z'(t)dt = z(b) - z(a)$
- $z(t)$ が連続ならば，$\dfrac{d}{dt}\int_a^t z(s)ds = z(t)$
- $\int z'(t)w(t)dt = z(t)w(t) - \int z(t)w'(t)dt$（部分積分）
- $t = t(s)$ が実変数関数のとき $\int z(t)dt = \int z(t(s))t'(s)ds$（置換積分）

複素指数関数

2階の方程式を解く前に，λ が複素数，t が実数の場合の指数関数 $e^{\lambda t}$ を定義し，微分法公式を導く．複素数 $z = x + iy, x, y \in \mathbb{R}$ に対して形式的に

$$e^z = e^{x+iy} = e^x e^{iy}.$$

とおく．指数関数のマクローリン展開 $e^t = \sum_{n=0}^{\infty} t^n/n!$ により，収束性を度外視して形式的に計算すると，

図 3-1 レオンハルト・オイラー (Leonhard Euler, 1707-1783)

$$e^{iy} = \sum_{n=0}^{\infty} \frac{(iy)^n}{n!}$$
$$= 1 + iy - \frac{y^2}{2!} - i\frac{y^3}{3!} + \frac{y^4}{4!} + i\frac{y^5}{5!} + \cdots$$
$$= \left(1 - \frac{y^2}{2!} + \frac{y^4}{4!} + \cdots\right) + i\left(y - \frac{y^3}{3!} + \frac{y^5}{5!} + \cdots\right).$$

すなわち,次のオイラーの公式を得る.

$$e^{iy} = \cos y + i \sin y$$

以上の予備的考察に基づき改めて

$$e^z = e^{x+iy} = e^x (\cos y + i \sin y)$$

と定義する.この定義より,次の諸性質が成り立つことを確かめることができる.

- $$|e^{x+iy}| = e^x, \quad \arg e^{x+iy} = y.$$
  すなわち e^{x+iy} に対応する複素平面の点は,原点からの距離が e^x で,正の実軸となす角 (偏角) が y であるような点である.
- 任意の複素数 z に対して $e^z \neq 0$.

3.3 2階線形微分方程式

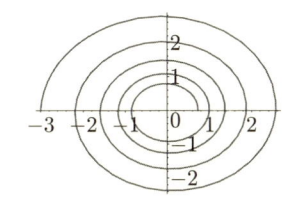

図 3-2 $z = e^{(0.1+2i)t}$
$(-\pi \leq t \leq 3.5\pi)$

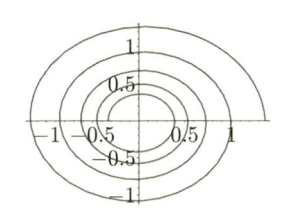

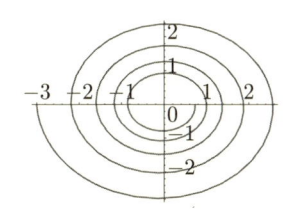

図 3-3 $z = e^{(0.1-2i)t}$
$(-\pi \leq t \leq 3.5\pi)$

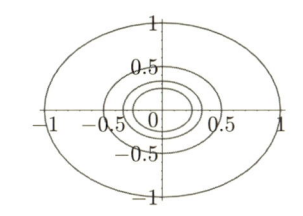

図 3-4 $z = e^{(-0.1+2i)t}$
$(-\pi \leq t \leq 3.5\pi)$

図 3-5 $z = e^{it},\ z = (1/2)e^{it},$
$z = (1/3)e^{it}, z = (1/4)e^{it}$
$(-\pi \leq t \leq 2\pi)$

- 任意の複素数 z_1, z_2 に対して $e^{z_1}e^{z_2} = e^{z_1+z_2}$.
- $\overline{e^z} = e^{\bar{z}}$. ($\bar{z} = x - iy$ は $z = x + iy$ の共役複素数)

$\lambda = a + ib$, 実数 t に対して

$$e^{\lambda t} = e^{at}\left(\cos bt + i \sin bt\right). \tag{3.11}$$

$b = 0$ のときは $e^{\lambda t} = e^{at}$ は実数の指数関数である. $b \neq 0$ のとき, 複素平面において $z = e^{\lambda t}$ は, t が $-\infty$ から $+\infty$ まで増大するとき, 次のような軌跡を描く.

- $a \neq 0$ とする. このとき $b > 0$ ならば z は正の向きに原点の周りを回る螺旋を描く. $b < 0$ ならば負の向きに原点の周りを回る螺旋を描く.
  - $a > 0$ ならば, z はその螺旋に沿って $t \to -\infty$ のとき原点に収束し, $t \to +\infty$ のとき無限に遠ざかる.
  - $a < 0$ ならば, z はその螺旋に沿って $t \to +\infty$ のとき原点に収束し, $t \to -\infty$ のとき無限に遠ざかる.
- $a = 0$ のときは, z は原点を中心とする半径 1 の円 (単位円)

を描く．$b>0$ ならば，z は単位円上を正の向きに回転する．$b<0$ ならば，z は単位円上を負の向きに回転する．

(3.11) において $\lambda = i\theta,\ \theta \in \mathbb{R},\ t = \pm n,\ n = 0, 1, 2, \cdots$ の場合

$$e^{in\theta} = \cos n\theta + i \sin n\theta.$$

$(e^{i\theta})^n = e^{in\theta}$ により，次のドゥ・モアヴル (de Moivre) の公式が成り立つ．

$$(\cos\theta + i\sin\theta)^n = \cos n\theta + i \sin n\theta.$$

λ が複素数，t が実数のとき，次の微分公式が成り立つ．

$$\frac{d}{dt}e^{\lambda t} = \lambda e^{\lambda t}. \tag{3.12}$$

問題 3.5

(3.12) が成り立つことを確かめよ．

複素数係数同次方程式

一般の 2 階非同次線形微分方程式

$$y'' + a(t)y' + b(t)y = f(t) \tag{3.13}$$

の場合は，1 階の場合に類似する一般解公式はない．しかし，$a(t)$, $b(t)$ が定数の場合（定数係数の場合という）は，階数降下法により 1 階の定数係数線形微分方程式に変換され，解く事ができる．

まず同次方程式 (3.10) の場合，指数関数解 $x = ce^{\lambda t}$ があるかどうか調べてみる．$c = 0$ ならば，自明解 $x(t) \equiv 0$ を表す．$x(t)$ が非自明解とすると，$c \neq 0$ である．(3.10) に $x = ce^{\lambda t}$ を代入して $ce^{\lambda t}(\lambda^2 + a\lambda + b) = 0$ を得る．$ce^{\lambda t} \neq 0$ であるから

$$\lambda^2 + a\lambda + b = 0. \qquad (3.14)$$

逆に λ がこの 2 次方程式の解ならば，任意の c に対して，$x = ce^{\lambda t}$ は (3.10) の解である．λ の 2 次方程式 (3.14) を微分方程式 (3.10) の**特性方程式**という．その解を**特性値**といい，

$$\Delta(\lambda) = \lambda^2 + a\lambda + b$$

を**特性多項式**という．a, b が実数でも，特性値が複素数になることはあり得る．上記の論法は a, b が複素数でもそのまま通用する．本節では a, b は複素数として，一般論を解説する．

a, b が複素数のとき (3.14) の解は

$$\lambda = \frac{-a \pm \sqrt{a^2 - 4b}}{2}$$

で与えられる．解を λ_1, λ_2 とおくと，

$$\lambda_1 + \lambda_2 = -a, \quad \lambda_1 \lambda_2 = b.$$

$a^2 - 4b = 0$ ならば，解は $\lambda = -a/2$ のみで重複解である．$a^2 - 4b \neq 0$ の場合には異なる二つの解になる．$a^2 - 4b < 0$ あるいは $a^2 - 4b$ が虚数の場合には解も虚数である．虚数の平方解については付録の第 7.1 節に解説がある．

定理 3.6

a, b を複素定数とし，(3.14) の解を λ_1, λ_2 とする．このとき (3.10) の一般解 $x(t)$ は，任意複素定数 c_1, c_2 を用いて次のように表される．

- $\lambda_1 \neq \lambda_2$ の場合，

$$x(t) = c_1 e^{\lambda_1 t} + c_2 e^{\lambda_2 t}.$$

- $\lambda_1 = \lambda_2$ の場合，

$$x(t) = (c_1 + c_2 t)e^{\lambda_1 t}.$$

[証明] (3.14) の解を λ_1, λ_2 とする．$x(t) = c_1 e^{\lambda_1 t}, x(t) = c_2 e^{\lambda_2 t}$ は解であるが，問題はそれ以外の解の有無を調べることである．一つの特性値 λ_1 をとり，変数変換 $x = u e^{\lambda_1 t}$ により，u に関する方程式に変換する．

$$x' = u' e^{\lambda_1 t} + u \lambda_1 e^{\lambda_1 t},$$
$$x'' = u'' e^{\lambda_1 t} + 2 u' \lambda_1 e^{\lambda_1 t} + u \lambda_1^2 e^{\lambda_1 t}$$

であるから，(3.10) に $x = u e^{\lambda_1 t}$ を代入すると，

$$e^{\lambda_1 t}(u'' + u'(2\lambda_1 + a) + \Delta(\lambda_1) u) = 0.$$

$\Delta(\lambda_1) = 0$ であり，$\lambda_1 + \lambda_2 = -a$ であるから，

$$u'' + (\lambda_1 - \lambda_2) u' = 0.$$

x に関する 2 階線形微分方程式が，u' に関する 1 階線形微分方程式に変換された（階数降下法）．1 階の解法を用いて $u'(t)$ が求まり，さらに積分して $u(t)$ を求め，$x(t) = u(t) e^{\lambda_1 t}$ により，解 $x(t)$ が得られる．ここで $\lambda_1 \neq \lambda_2$ の場合と $\lambda_1 = \lambda_2$ の場合に分かれる．

- $\lambda_1 \neq \lambda_2$ の場合，$u(t) = \dfrac{c_2}{\lambda_2 - \lambda_1} e^{(\lambda_2 - \lambda_1)t} + c_1$．定数 $\dfrac{c_2}{\lambda_2 - \lambda_1}$ を改めて c_2 と書き直して，

$$x(t) = c_1 e^{\lambda_1 t} + c_2 e^{\lambda_2 t}. \tag{3.15}$$

- $\lambda_1 = \lambda_2$ の場合，$u'' = 0$ より，$u(t) = c_1 + c_2 t$．ゆえに

$$x(t) = (c_1 + c_2 t) e^{\lambda_1 t}.$$

証明終わり

定理 3.6 で与えられる解 $x(t)$ のうち，$c_1 = 1, c_2 = 0$ とおいてできる解を $\phi_1(t)$ とし，$c_1 = 0, c_2 = 1$ とおいてできる解を $\phi_2(t)$ とおく．ϕ_1, ϕ_2 を (3.10) の標準的な基本解といい，次のようになる．

- $\lambda_1 \neq \lambda_2$ の場合，

$$\phi_1(t) = e^{\lambda_1 t}, \quad \phi_2(t) = e^{\lambda_2 t}.$$

- $\lambda_1 = \lambda_2$ の場合，

$$\phi_1(t) = e^{\lambda_1 t}, \quad \phi_2(t) = te^{\lambda_1 t}.$$

定理 3.6 により，次のことがわかった．

- $\phi_1(t), \phi_2(t)$ を上で定義した (3.10) の解とするとき，一般解 $x(t)$ は，任意定数 c_1, c_2 を用いて，次のように表される．

$$x(t) = c_1 \phi_1(t) + c_2 \phi_2(t). \tag{3.16}$$

係数 c_1, c_2 は個々の解 $x(t)$ に応じて一意的に定まる．このことを確かめよう．(3.16) が成り立つとすると，両辺を微分して

$$x'(t) = c_1 \phi_1'(t) + c_2 \phi_2'(t).$$

したがって

$$\begin{bmatrix} \phi_1(t) & \phi_2(t) \\ \phi_1'(t) & \phi_2'(t) \end{bmatrix} \begin{bmatrix} c_1 \\ c_2 \end{bmatrix} = \begin{bmatrix} x(t) \\ x'(t) \end{bmatrix}. \tag{3.17}$$

左辺の行列の行列式を $W(\phi_1, \phi_2)(t)$ とおき，$\phi_1(t), \phi_2(t)$ のロンスキー（**Wronski**）行列式またはロンスキアン（**Wronskian**）という：

$$W(\phi_1, \phi_2)(t) = \begin{vmatrix} \phi_1(t) & \phi_2(t) \\ \phi_1'(t) & \phi_2'(t) \end{vmatrix} = \phi_1(t)\phi_2'(t) - \phi_1'(t)\phi_2(t).$$

この値を計算してみると次のようになる．

- $\phi_1(t) = e^{\lambda_1 t}, \phi_2(t) = e^{\lambda_2 t}, \lambda_1 \neq \lambda_2,$ である場合，

$$W(\phi_1,\phi_2)(t) = (\lambda_2 - \lambda_1)e^{(\lambda_1+\lambda_2)t} = \pm\sqrt{a^2-4b}e^{-at}.$$

- $\phi_1(t) = e^{\lambda_1 t}, \phi_2(t) = te^{\lambda_1 t}$ である場合,

$$W(\phi_1,\phi_2)(t) = e^{2\lambda_1 t} = e^{-at}.$$

いずれの場合にも,すべての t に対して

$$W(\phi_1,\phi_2)(t) = W(\phi_1,\phi_2)(0)e^{-at} \neq 0. \tag{3.18}$$

問題 3.7

$W(\phi_1,\phi_2)(t)$ に関する上の結果を確かめよ.

いずれの場合にも,$W(\phi_1,\phi_2)(t) \neq 0$ であるから,(3.17) の左辺の行列は正則行列である.したがって (3.17) の解 c_1, c_2 は唯一つで,次のようになる.

$$\begin{bmatrix} c_1 \\ c_2 \end{bmatrix} = \frac{1}{W(\phi_1,\phi_2)(t)} \begin{bmatrix} \phi_2'(t) & -\phi_2(t) \\ -\phi_1'(t) & \phi_1(t) \end{bmatrix} \begin{bmatrix} x(t) \\ x'(t) \end{bmatrix}.$$

したがって,c_1, c_2 は解に応じて一意的に定まる.

命題 3.8

同次方程式の任意の解 $x(t)$ は標準的な基本解を用いて

$$x(t) = c_1\phi_1(t) + c_2\phi_2(t)$$

と表され,c_1, c_2 は $x(t)$ に対して一意的に定まる.

たとえば,$t = \tau$ のとき初期条件

$$x(\tau) = \xi_0, \quad x'(\tau) = \xi_1$$

を満たす解 $x(t)$ は次のようになる.

- $\lambda_1 \neq \lambda_2$ のとき

$$x(t) = e^{\lambda_1(t-\tau)} \frac{\lambda_2 \xi_0 - \xi_1}{\lambda_2 - \lambda_1} + e^{\lambda_2(t-\tau)} \frac{-\lambda_1 \xi_0 + \xi_1}{\lambda_2 - \lambda_1}. \quad (3.19)$$

- $\lambda_1 = \lambda_2$ のとき

$$x(t) = e^{\lambda_1(t-\tau)}(\xi_0 + (-\lambda_1 \xi_0 + \xi_1)(t-\tau)). \quad (3.20)$$

問題 3.9

(3.19),(3.20) を確かめよ.

先に進む前に,今までの結果を線形代数学の用語を用いて整理しよう.

2 回連続微分可能な関数 x に対して,$u(t) = x''(t) + ax'(t) + bx(t)$ で定義される関数 u は連続関数である.関数 x を関数 u に写す写像を $\mathcal{L}$ で表す:

$$(\mathcal{L}x)(t) = x''(t) + ax'(t) + bx(t). \quad (3.21)$$

関数を関数に写す写像を **作用素**(または **演算子**)という.2 回連続微分可能な関数 $x_1, x_2, \cdots, x_k$ の複素数 $c_1, c_2, \cdots, c_k$ による 1 次結合 $x = \sum_{j=1}^{k} c_j x_j$ とは,すべての t に対して

$$x(t) = c_1 x_1(t) + c_2 x_2(t) + \cdots + c_k x_k(t)$$

で定義される関数である.次の関係式が成り立つことを容易に確かめられる.

$$\mathcal{L}(c_1 x_1 + c_2 x_2) = c_1 \mathcal{L} x_1 + c_2 \mathcal{L} x_2.$$

このように 1 次結合の演算を保つ作用素を **線形作用素** という.$x(t)$ が (3.10) の解であることは,$\mathcal{L}x = 0$ と表される.次のことを容

易に確かめられる．

命題 3.10
x_1, x_2 が同次方程式（3.10）の解ならば，複素数 c_1, c_2 による 1 次結合 $x = c_1 x_1 + c_2 x_2$ も（3.10）の解である．

ゆえに（3.10）の解の集合を $\mathcal{T}$ とおくと，$\mathcal{T}$ は複素線形空間である．命題 3.8 により，$\mathcal{T}$ の任意の元 x が ϕ_1, ϕ_2 の一次結合で一意的に表される．すなわち，$\{\phi_1, \phi_2\}$ は $\mathcal{T}$ を生成し，1 次独立である（関数の 1 次独立性については第 7.3 節を参照）．$\{\phi_1, \phi_2\}$ は $\mathcal{T}$ の基底であり，$\mathcal{T}$ は 2 次元であることになる．複素線形空間としての $\mathcal{T}$ の次元を $\dim_{\mathbb{C}} \mathcal{T}$ で表す．

定理 3.11
同次形の微分方程式（3.10），すなわち
$$x'' + ax' + bx = 0$$
の複素関数解の集合 $\mathcal{T}$ は複素線形空間であり，$\dim_{\mathbb{C}} \mathcal{T} = 2$．

$\mathcal{T}$ の基底は（3.10）の**基本解**を構成する，あるいは単に基本解という．標準的な基本解 $\{\phi_1, \phi_2\}$ は一つの基本解である．

解の組 $\{x_1, x_2\}$ が基本解であるかどうか判定するには，ロンスキアンを計算すればよい．次の定理が成り立つ．

定理 3.12
x_1, x_2 が（3.10）の解であるとき，
$$W(x_1, x_2)(t) = W(x_1, x_2)(0) e^{-at}. \tag{3.22}$$

$W(x_1, x_2)(0) \neq 0$ ならば，$\{x_1, x_2\}$ は 1 次独立であり，

$W(x_1, x_2)(0) = 0$ ならば，$\{x_1, x_2\}$ は 1 次従属である．

[証明] $\{x_1, x_2\}$ は，標準的な基本解を用いて

$$x_1 = c_{11}\phi_1 + c_{21}\phi_2, \quad x_2 = c_{12}\phi_1 + c_{22}\phi_2$$

のように表現される．導関数を計算して

$$\begin{bmatrix} x_1(t) & x_2(t) \\ x_1'(t) & x_2'(t) \end{bmatrix} = \begin{bmatrix} \phi_1(t) & \phi_2(t) \\ \phi_1'(t) & \phi_2'(t) \end{bmatrix} \begin{bmatrix} c_{11} & c_{12} \\ c_{21} & c_{22} \end{bmatrix}.$$

が成り立つ．したがって c_{ij} を (i,j) 成分とする 2 次正方行列を C とおくと，(3.18) により，

$$W(x_1, x_2)(t) = W(\phi_1, \phi_2)(t)|C| = W(\phi_1, \phi_2)(0)e^{-at}|C|.$$

$W(x_1, x_2)(0) = W(\phi_1, \phi_2)(0)|C|$ であるから，(3.22) が成り立つ．$W(\phi_1, \phi_2)(0) \neq 0$ であるから，$W(x_1, x_2)(0) \neq 0 \iff |C| \neq 0$．$\phi_1, \phi_2$ は $\mathcal{T}$ は 1 次独立であるから，$\{x_1, x_2\}$ の 1 次独立性と，C の正則性は同値であり，C の正則性と $|C| \neq 0$ は同値である．ゆえに $W(x_1, x_2)(0) \neq 0$ は $\{x_1, x_2\}$ が 1 次独立である必要十分条件である． 証明終わり

問題 3.13

(3.10) の任意の解 x_1, x_2 に対して

$$\frac{d}{dt}W(x_1, x_2)(t) = -aW(x_1, x_2)(t)$$

であることを証明し，

$$W(x_1, x_2)(t) = W(x_1, x_2)(\tau)e^{-a(t-\tau)}$$

(アーベル（**Abel**）の等式）と表されることを示せ．

🌿 複素係数非同次方程式

非同次方程式 (3.9) の場合も，特性値 λ をとり，変数変換 $y(t) = v(t)e^{\lambda t}$ により，

$$v'' + (2\lambda + a)v' = e^{-\lambda t}f(t)$$

を得る．v' に関する一階線形微分方程式であるから，これを解くことができ，一般解を求められる．しかしここでは，基本解 x_1, x_2 を用いた**定数変化法**により (3.9) の一般解を探す方法を紹介する．次の定理は，(3.9) の解に対する**定数変化法の公式**を述べたものである．

定理 3.14

x_1, x_2 を同次方程式 $x'' + ax' + bx = 0$ の基本解とすると，非同次方程式 $y'' + ay' + by = f(t)$ の一般解 y は，次のように表される．

$$\begin{aligned}y(t) &= x_1(t)\int \frac{-x_2(t)f(t)}{W(x_1,x_2)(t)}dt \\&\quad + x_2(t)\int \frac{x_1(t)f(t)}{W(x_1,x_2)(t)}dt.\end{aligned} \quad (3.23)$$

あるいは $f(t)$ の定義区間内に定点 τ をとり，任意定数 c_1, c_2 を用いて

$$\begin{aligned}y(t) &= \int_\tau^t f(s)\frac{x_1(s)x_2(t) - x_2(s)x_1(t)}{W(x_1,x_2)(s)}ds \\&\quad + c_1 x_1(t) + c_2 x_2(t).\end{aligned} \quad (3.24)$$

[証明] 2 階の場合も定数変化法の変換のヒントは (3.17) である．つまり $y(t)$ が (3.9) の解であるとして，

$$y(t) = u_1(t)x_1(t) + u_2(t)x_2(t) \qquad (3.25)$$
$$y'(t) = u_1(t)x_1'(t) + u_2(t)x_2'(t) \qquad (3.26)$$

により，$u_1(t), u_2(t)$ を定義する（定数変化法）．定理 3.12 により $W(x_1, x_2)(t) \neq 0$ であるから，$u_1(t), u_2(t)$ が定まる．さらに $y(t)$, $x_1(t), x_2(t)$ が C^2 級であるから，$u_1(t), u_2(t)$ は C^1 級であることもわかる．(3.25) の両辺を微分して

$$y' = u_1'x_1 + u_2'x_2 + u_1x_1' + u_2x_2'.$$

この式と，(3.26) との辺々の差をとると，

$$0 = u_1'x_1 + u_2'x_2.$$

(3.26) の両辺を微分して

$$y'' = u_1'x_1' + u_2'x_2' + u_1x_1'' + u_2x_2''. \qquad (3.27)$$

(3.21) の作用素 $\mathcal{L}$ を用いて，(3.25)，(3.26)，(3.27) により

$$\mathcal{L}y = u_1'x_1' + u_2'x_2' + u_1\mathcal{L}x_1 + u_2\mathcal{L}x_2$$

と表される．$(\mathcal{L}y)(t) = f(t), (\mathcal{L}x_1)(t) = (\mathcal{L}x_2)(t) = 0$ であるから，

$$f = u_1'x_1' + u_2'x_2'.$$

したがって $u_1'(t), u_2'(t)$ に関する連立方程式

$$\begin{cases} u_1'(t)x_1(t) + u_2'(t)x_2(t) = 0 \\ u_1'(t)x_1'(t) + u_2'(t)x_2'(t) = f(t) \end{cases} \qquad (3.28)$$

が成り立つ．$W(x_1, x_2)(t) \neq 0$ であるから，この方程式の解は

$$u_1'(t) = \frac{-x_2(t)f(t)}{W(x_1, x_2)(t)}, \quad u_2'(t) = \frac{x_1(t)f(t)}{W(x_1, x_2)(t)}.$$

積分して

$$u_1(t) = \int \frac{-x_2(t)f(t)}{W(x_1, x_2)(t)} dt, \quad u_2(t) = \int \frac{x_1(t)f(t)}{W(x_1, x_2)(t)} dt.$$

ゆえに $y(t) = u_1(t)x_1(t) + u_2(t)x_2(t)$ は (3.23) のようになる.

また定点 τ をとり，右辺を定積分で表すと

$$u_1(t) = c_1 + \int_\tau^t \frac{-x_2(s)f(s)}{W(x_1, x_2)(s)} ds,$$
$$u_2(t) = c_2 + \int_\tau^t \frac{x_1(s)f(s)}{W(x_1, x_2)(s)} ds.$$

このとき，$y(t) = u_1(t)x_1(t) + u_2(t)x_2(t)$ は (3.24) のようになる.

証明終わり

(3.24) において $c_1 = c_2 = 0$ とおいて得られる関数を

$$\psi_\tau(t) = \int_\tau^t f(s) \frac{x_1(s)x_2(t) - x_2(s)x_1(t)}{W(x_1, x_2)(s)} ds \tag{3.29}$$

とおく. $y = \psi_\tau(t)$ は非同次方程式 $y'' + ay' + by = f(t)$ の一つの解であり，(3.24) は非同次方程式の一般解が，$\psi_\tau(t)$ と同次方程式の一般解 $x = c_1 x_1(t) + c_2 x_2(t)$ の和で表されることを示している.

問題 3.15

$\psi_\tau(t)$ は次の初期条件を満たすことを示せ.

$$\psi_\tau(\tau) = \psi'_\tau(\tau) = 0. \tag{3.30}$$

非同次方程式の初期値問題の解は，$\psi_\tau(t)$ により，次のように表される.

定理 3.16

初期条件

$$y(\tau) = \xi, \ y'(\tau) = \eta \tag{3.31}$$

を満たす (3.9) の解は ξ, η 毎に唯一つ存在し，(3.24) において，c_1, c_2 の値に次の値を代入した解である．

$$\begin{bmatrix} c_1 \\ c_2 \end{bmatrix} = \begin{bmatrix} x_1(\tau) & x_2(\tau) \\ x_1'(\tau) & x_2'(\tau) \end{bmatrix}^{-1} \begin{bmatrix} \xi \\ \eta \end{bmatrix}$$
$$= \frac{1}{W(x_1, x_2)(\tau)} \begin{bmatrix} x_2'(\tau)\xi - x_2(\tau)\eta \\ -x_1'(\tau)\xi + x_1(\tau)\eta \end{bmatrix}.$$

[証明] (3.29) のように定義される $\psi_\tau(t)$ は，初期条件 (3.30) を満たす．したがって (3.24) で与えられる (3.9) の解 $y(t)$ が初期条件 (3.31) を満たすとすれば，

$$c_1 x_1(\tau) + c_2 x_2(\tau) = \xi, \quad c_1 x_1'(\tau) + c_2 x_2'(\tau) = \eta$$

が成り立ち，その解 c_1, c_2 は上のように与えられる． 証明終わり

$\psi_\tau(t)$ は初期条件 $y(\tau) = y'(\tau) = 0$ を満たす解であるから，基底 $\{x_1, x_2\}$ のとり方に依存しない．$\psi_\tau(t)$ を標準的な基底 $\{\phi_1, \phi_2\}$ を用いて実際に計算すると，次のようになる．

命題 3.17

- $\lambda_1 \neq \lambda_2$ である場合，
$$\psi_\tau(t) = \int_\tau^t \frac{e^{\lambda_1(t-s)} - e^{\lambda_2(t-s)}}{\lambda_1 - \lambda_2} f(s) ds.$$
- $\lambda_1 = \lambda_2$ である場合，
$$\psi_\tau(t) = \int_\tau^t (t-s) e^{\lambda_1(t-s)} f(s) ds.$$

問題 3.18

$\psi_\tau(t)$ に関する上の式を確かめよ．

実際に $\psi_\tau(t)$ を計算するのは面倒な場合もある．実は非同次方程式の一般解は，以下のように $\psi_\tau(t)$ を用いなくとも表すことができる．(3.21) のように定義した線形作用素 $\mathcal{L}$ を用いると，$y(t)$ が (3.9) の解であることは，$\mathcal{L}y = f$ と表される．線形作用素一般の性質から次の定理（重ね合せの原理）が成り立つ．

定理 3.19

(i) $y = \psi(t)$ を非同次方程式 (3.9) の一つの解とする．このとき非同次方程式 (3.9) の任意の解 $y(t)$ に対して，$x(t) = y(t) - \psi(t)$ は同次方程式 (3.10) の解である．また逆に同次方程式 (3.10) の任意の解 $x(t)$ に対して，$y(t) = \psi(t) + x(t)$ は非同次方程式 (3.9) の解である．つまり標語的に次のように表される．

$$\text{非同次方程式の一般解} = \psi + \text{同次方程式の一般解}$$

(ii) y_1 が強制項が f_1 である非同次方程式 (3.9) の解であり，y_2 が強制項が f_2 である非同次方程式 (3.9) の解であるならば，複素数 c_1, c_2 による 1 次結合

$$y = c_1 y_1 + y_2 x_2$$

は，強制項が $c_1 f_1 + c_2 f_2$ である非同次方程式 (3.9) の解である．

[証明] (i) $y = \psi(t)$ を非同次方程式 (3.9) の一つの解とすると，

$$\psi'' + a\psi' + b\psi = f(t). \tag{3.32}$$

(3.9) と (3.32) とにおいて辺々の差をとると，$x = y - \psi$ が (3.10) を満たすことがわかる．また (3.10) と (3.32) とにおいて辺々の和をとると，$y = \psi + x$ が (3.9) を満たすことがわかる．

(ii) $\mathcal{L}y_1 = f_1, \mathcal{L}y_2 = f_2$ ならば，$\mathcal{L}$ が線形作用素であるから，

$$\mathcal{L}(c_1 y_1 + c_2 y_2) = c_1 f_1 + c_2 f_2$$

である．ゆえに (2) が成り立つ． 証明終わり

定理 3.19 により，非同次方程式の一つの解 ψ が何らかの方法でみつかれば，一般解は同次方程式の解を用いて表される．

同次方程式の解の集合を $\mathcal{T}$ で表し，非同次方程式の解の集合を $\mathcal{U}$ で表す．上の定理により，非同次方程式の解 ψ が何らかの方法で求まると，非同次方程式の一般解の集合 $\mathcal{U}$ は

$$\mathcal{U} = \psi + \mathcal{T} = \{\psi + x : x \in \mathcal{T}\}.$$

と表される．一般解に対して，ψ を**特殊解**と呼ぶ．たとえば $\psi_\tau(t)$ は特殊解である．

特殊解の計算

強制項 $f(t)$ に応じて，次のような場合には特殊解の形式 $\psi(t)$ があらかじめ想定できる．
(1) $f(t)$ が多項式の場合．
(2) $f(t)$ が指数関数と多項式の積である場合．
(3) $f(t)$ が三角関数と多項式の積である場合．
(4) $f(t)$ が上記の関数の 1 次結合である場合．

それぞれの場合について調べてみよう．
(1) $f(t)$ が n 次多項式ならば，非同次方程式は次のような多項式解 $\psi(t)$ を持つ．
- $b \neq 0$ のとき $\psi(t) = P(t)$，$P(t)$ は n 次多項式．
- $b = 0, a \neq 0$ のとき $\psi(t) = t\tilde{P}(t)$，$\tilde{P}(t)$ は n 次多項式．
- $b = a = 0$ のとき $\psi(t) = t^2 \widehat{P}(t)$，$\widehat{P}(t)$ は n 次多項式．

最初に $b \neq 0$ の場合を考える．n 次多項式解

$$\psi(t) = \sum_{k=0}^{n} A_k t^k = A_0 + A_1 t + \cdots + A_n t^n \quad (A_n \neq 0)$$

が非同次方程式の解ならば，

$$\begin{aligned}
f(t) &= \psi''(t) + a\psi'(t) + b\psi(t) \\
&= \sum_{k=2}^{n} k(k-1) A_k t^{k-2} + a \sum_{k=1}^{n} k A_k t^{k-1} + b \sum_{k=0}^{n} A_k t^k \\
&= \sum_{j=0}^{n-2} (j+2)(j+1) A_{j+2} t^j \\
&\quad + a \sum_{j=0}^{n-1} (j+1) A_{j+1} t^j + b \sum_{j=0}^{n} A_j t^j \\
&= b A_n t^n + (b A_{n-1} + a n A_n) t^{n-1} \\
&\quad + \sum_{j=0}^{n-2} (b A_j + a(j+1) A_{j+1} + (j+2)(j+1) A_{j+2}) t^j
\end{aligned}$$

が成り立つ．$b A_n \neq 0$ であるから $f(t)$ は n 次多項式である．逆に n 次多項式 $f(t) = \sum_{k=0}^{n} B_k t^k \ (B_n \neq 0)$ より，漸化式

$$b A_n = B_n, b A_{n-1} + a n A_n = B_{n-1},$$
$$b A_j + a(j+1) A_{j+1} + (j+2)(j+1) A_{j+2} = B_j,$$
$$j = n-2, \cdots, 0$$

により，$A_n, A_{n-1}, \cdots, A_0$ が決まり，これを係数とする多項式 $\psi(t)$ は非同次方程式の解である．

次に $b = 0, a \neq 0$ の場合には，非同次方程式は

$$y'' + ay' = f(t)$$

となり，y' に関する1階の方程式である．上と同様に $y' = \sum_{k=0}^{n} A_k t^k \ (A_n \neq 0)$ であるような特殊解がある．したがっ

て

$$y(t) = \sum_{k=0}^{n} \frac{A_k}{k+1} t^{k+1} = t \sum_{k=0}^{n} \frac{A_k}{k+1} t^k$$

のように表される特殊解がある．

$b = a = 0$ の場合には非同次方程式は $y'' = f(t)$ になり，$t^2 \times (n\text{次多項式})$ のような多項式解がある．

(2) 強制項が $f(t) = g(t)e^{\rho t}$, $g(t)$ は n 次多項式，の場合には次のような特殊解がある．

- $\Delta(\rho) = \rho^2 + a\rho + b \neq 0$, すなわち ρ が特性値でない場合, $\psi(t) = P(t)e^{\rho t}$, $P(t)$ は n 次多項式．
- $\Delta(\rho) = 0, 2\rho + a \neq 0$, 特性値が異なり, ρ が一方の特性値である場合, $\psi(t) = t\widetilde{P}(t)e^{\rho t}$, $\widetilde{P}(t)$ は n 次多項式．
- $\Delta(\rho) = 0, 2\rho + a = 0$, 特性値が重解であり, ρ がその特性値である場合. $\psi(t) = t^2 \widehat{P}(t)e^{\rho t}$, $\widehat{P}(t)$ は n 次多項式．

実際，非同次方程式の解を $y(t) = u(t)e^{\rho t}$ とおくと，

$$(u'' + (2\rho + a)u' + (\rho^2 + a\rho + b)u)e^{\rho t} = e^{\rho t} g(t)$$

すなわち次が成り立つ．

$$u'' + (2\rho + a)u' + (\rho^2 + a\rho + b)u = g(t)$$

前項より，上に分類した $u(t) = P(t)$ の多項式解がある．

(3) 75 ページ例 2, 76 ページ例 3 参照．
(4) 定理 3.19 の (ii) による．

🌳 実数係数同次方程式

a, b が実数の場合の (3.9), (3.10) の実関数解を考える．

a, b が実数の場合，(3.10) の複素関数解 $x(t)$ に対して，その実部

を $u(t)$,虚部を $v(t)$ とおくと,$u(t), v(t)$ は (3.10) の実関数解である.実際 $x(t) = u(t) + iv(t)$ と表して,方程式に代入すると

$$u'' + au' + bu + i(v'' + av' + bv) = 0.$$

a, b が実数であるから,$u'' + au' + bu, v'' + av' + bv$ は実数関数であり,$u'' + au' + bu = 0, v'' + av' + bv = 0$ である.逆に u, v が (3.10) の実関数解ならば,$x = u + iv$ は (3.10) の複素関数解である.したがって (3.10) の実関数解の集合を $\mathcal{S}$ で表すと,

$$\mathcal{T} = \mathcal{S} + i\mathcal{S} = \{u + iv : u, v \in \mathcal{S}\} \tag{3.33}$$

と表される.

$\mathcal{S}$ の元 u_1, u_2 の実数係数 a_1, a_2 による 1 次結合 $a_1 u_1 + a_2 u_2$ は $\mathcal{S}$ の元であり,$\mathcal{S}$ は実数体上の線形空間,すなわち実線形空間である.(3.33) が成り立つ場合に $\mathcal{T}$ は $\mathcal{S}$ の**複素化**であるという.(3.33) により (3.10) の複素一般解の実部が (3.10) の実解であり,逆に (3.10) の実一般解 $u(t), v(t)$ から (3.10) の複素解が構成される.したがって (3.10) の複素一般解の実部が実一般解を与える.

定理 3.20

a, b が実数の場合,同次形の微分方程式 (3.10),すなわち

$$x'' + ax' + bx = 0$$

の実関数解の集合 $\mathcal{S}$ は実線形空間であり,$\dim_{\mathbb{R}} \mathcal{S} = 2$.$\mathcal{S}$ の基底は $\mathcal{T}$ の基底である.

[証明] $u_1, u_2, \cdots, u_k$ が $\mathcal{S}$ において 1 次独立であるとする.複素数 $c_j = a_j + ib_j, 1 \leq j \leq k$ により,$\sum_{j=1}^{k} c_j u_j = 0$ であるとすると

$$\sum_{j=1}^k a_j u_j + i\sum_{j=1}^k b_j u_j = 0.$$

このとき $\sum_{j=1}^k a_j u_j = 0, \sum_{j=1}^k b_j u_j = 0$ であるから，$1 \leq j \leq k$ に対して $a_j = b_j = 0$，すなわち $c_j = 0$ である．ゆえに $u_1, u_2, \cdots, u_k$ は $\mathcal{T}$ においても1次独立で，これより $k \leq \dim_{\mathbb{C}} \mathcal{T} = 2$ であり，ゆえに $\dim_{\mathbb{R}} \mathcal{S} \leq 2$. が成り立つ．

次に $u_1, u_2, \cdots, u_k, k \leq 2$ が $\mathcal{S}$ の基底とする．このとき $\mathcal{T}$ の任意の元 x は $x = u + iv, u, v \in \mathcal{S}$ と表され，実数 $a_j, b_j, 1 \leq j \leq k$ により $u = \sum_{j=1}^k a_j u_j$, $v = \sum_{j=1}^k b_j u_j$ のように表される．ゆえに

$$x = \sum_{j=1}^k (a_j + ib_j) u_j$$

と表される．したがって $u_1, u_2, \cdots, u_k$ は $\mathcal{T}$ の基底でもある．以上により，$\dim_{\mathbb{R}} \mathcal{S} = \dim_{\mathbb{C}} \mathcal{T} = 2$ であり，$\mathcal{S}$ の基底は $\mathcal{T}$ の基底でもある． 証明終わり

a, b が実数で，特性方程式 $\Delta(\lambda) = \lambda^2 + a\lambda + b = 0$ の解が虚数である場合は，$a^2 - 4b < 0$ の場合である．

$$\alpha = \frac{-a}{2}, \quad \omega = \frac{\sqrt{4b - a^2}}{2} \tag{3.34}$$

とおくと，特性値は

$$\lambda_1 = \alpha + i\omega, \quad \lambda_2 = \alpha - i\omega = \overline{\lambda_1}$$

のように表される．

定理 3.21

a, b が実数で，特性方程式 $\Delta(\lambda) = \lambda^2 + a\lambda + b = 0$ の解が虚数である場合，α, ω を (3.34) のようにとる．このとき

$$u(t) = e^{\alpha t}\cos\omega t, \ v(t) = e^{\alpha t}\sin\omega t \qquad (3.35)$$

は $\mathcal{S}$ の基底である.

[証明] $\phi_1(t) = e^{\lambda_1 t}, \phi_2(t) = e^{\lambda_2 t}$ は $\mathcal{T}$ の基底で, $\phi_1 = u + iv, \phi_2 = u - iv$ と表される. したがって u, v も $\mathcal{T}$ の基底であり, $\mathbb{C}$ 上 1 次独立である. $\mathbb{C}$ 上 1 次独立ならば $\mathbb{R}$ 上 1 次独立である. $u, v \in \mathcal{S}$ で $\dim_{\mathbb{R}} \mathcal{S} = 2$ であるから, u, v は $\mathcal{S}$ の基底である. 　　証明終わり

問題 3.22

(3.35) の $u(t), v(t)$ に対して, 次式を証明せよ.

$$W(u, v)(t) = \omega e^{\alpha t}.$$

系 3.23

a, b が実数の場合, 特性値を λ_1, λ_2 とすると, 同次方程式 (3.10) の実関数一般解 $x(t)$ は, 実数の任意定数 a_1, a_2, A, θ (ただし $A \geq 0$) を用いて次のように表される.

(1) λ_1, λ_2 が異なる実数のときは,

$$x(t) = a_1 e^{\lambda_1 t} + a_2 e^{\lambda_2 t}.$$

(2) λ_1, λ_2 が異なる虚数のときは, $\Re\lambda_1 = \alpha, \Im\lambda_1 = \omega$ とおくと,

$$x(t) = e^{\alpha t}(a_1 \cos\omega t + a_2 \sin\omega t). \qquad (3.36)$$

あるいは

$$x(t) = A e^{\alpha t} \sin(\omega t + \theta).$$

(3) $\lambda_1 = \lambda_2$ のときは,

$$x(t) = (a_1 + a_2 t)e^{\lambda_1 t}.$$

[証明] 特性値 λ_1, λ_2 が実数のときは,標準的な基本解 $\phi_1(t)$,$\phi_2(t)$ は実数解である.したがって (1),(3) が成り立つ.特性値が虚数のときは,(3.35) の $u(t), v(t)$ を用いて (3.36) のように表される.(3.36) の右辺は $\Im((a_2 + ia_1)e^{\alpha t + i\omega t})$ に等しい.$(a_1, a_2) \neq (0,0)$ のときは

$$A = |a_2 + ia_1| = \sqrt{a_2^2 + a_1^2}, \quad \theta = \arg(a_2 + ia_1)$$

とおけば $a_2 + ia_1 = Ae^{i\theta}$ であるから,

$$(a_2 + ia_1)e^{\alpha t + i\omega t} = Ae^{\alpha t + i(\omega t + \theta)}.$$

ゆえに

$$x(t) = Ae^{\alpha t} \sin(\omega t + \theta).$$

この式で $A = 0$ とおけば,$x(t) = 0$ となり,$a_1 = a_2 = 0$ の場合の解を表している. 証明終わり

🌳 実数係数非同次方程式

次に非同次方程式の解について調べよう.$u(t), v(t)$ を実関数とし,強制項が複素関数で次のように表される非同次方程式を考える.

$$z'' + az' + bz = u(t) + iv(t). \tag{3.37}$$

複素関数解 $z(t)$ に対して,$\Re z(t) = x(t), \Im z(t) = y(t)$ とおくと,

$$x'' + ax' + bx + i(y'' + ay' + by) = u(t) + iv(t).$$

両辺の実部と虚部を比較する.a, b が実数であるから,

$$x'' + ax' + bx = u(t), \qquad (3.38)$$

$$y'' + ay' + by = v(t). \qquad (3.39)$$

逆に (3.38), (3.39) が成り立つならば, $z = x + iy$ とおくと, (3.37) が成り立つ. 以上を次のようにまとめることができる.

定理 3.24

a, b は実数とし, (3.37) の解の複素解の集合を $\mathcal{Z}$, (3.38) の解の実解の集合を $\mathcal{X}$, (3.39) の解の実解の集合を $\mathcal{Y}$ とおくと

$$\mathcal{Z} = \mathcal{X} + i\mathcal{Y} = \{x + iy : x \in \mathcal{X}, y \in \mathcal{Y}\}.$$

この定理により, (3.37) の複素一般解の, 実部をとれば (3.38) の実一般解が得られ, 虚部をとれば (3.39) の実一般解が得られる.

例 1 とくに $v = 0$ のとき

$$z'' + az' + bz = u(t) \qquad (3.40)$$

の複素一般解の実部をとれば, 実一般解が得られる. たとえば. $a^2 - 4b < 0$ のとき, $\alpha = -a/2, \omega = \sqrt{4b - a^2}/2 \neq 0$ とおくと, 特性値は $\lambda_1 = \alpha + i\omega, \lambda_2 = \alpha - i\omega$ であり, (3.40) の複素一般解 $z(t)$ は, 複素数の任意定数 c_1, c_2 を用いて,

$$z(t) = \psi_\tau(t) + c_1 e^{\lambda_1 t} + c_2 e^{\lambda_2 t}.$$

命題 3.17 により,

$$\begin{aligned}\psi_\tau(t) &= \int_\tau^t u(s) \frac{e^{\lambda_1(t-s)} - e^{\lambda_2(t-s)}}{\lambda_1 - \lambda_2} ds \\ &= \int_\tau^t u(s) \frac{2ie^{\alpha(t-s)} \sin \omega(t-s)}{2i\omega} ds\end{aligned}$$

$$= \frac{1}{\omega}\int_\tau^t u(s)e^{\alpha(t-s)}\sin\omega(t-s)ds.$$

$u(s)$ が実数のとき，$\psi_\tau(t)$ は実数である．したがって $x(t) = \Re z(t)$ は，実数の任意定数 $a_1, a_2, A \geq 0, \theta$ を用いて

$$x(t) = \frac{1}{\omega}\int_\tau^t u(s)e^{\alpha(t-s)}\sin\omega(t-s)ds$$
$$+ e^{\alpha t}(a_1\cos\omega t + a_2\sin\omega t)$$
$$= \frac{1}{\omega}\int_\tau^t u(s)e^{\alpha(t-s)}\sin\omega(t-s)ds + Ae^{\alpha t}\sin(\omega t + \theta).$$

例 2 $v(t)$ が実 n 次多項式のとき

$$x'' + ax' + bx = e^{\hat\alpha t}v(t)\sin\hat\omega t \tag{3.41}$$

の実特殊解 $\phi(t)$ を計算してみよう．$\rho = \hat\alpha + i\hat\omega$ とおくと，(3.41) の右辺は $\Im e^{\rho t}v(t)$ に等しい．

$$z'' + az' + bz = e^{\rho t}v(t)$$

の特殊解 $\psi(t)$ については，すでに 67 ページの特殊解の計算において調べてある．$\phi(t) = \Im\psi(t)$ が (3.41) の特殊解である．

○ $\Delta(\rho) = \rho^2 + a\rho + b \neq 0$ のときは，複素 n 次多項式 $P(t)$ により，$\psi(t) = e^{\rho t}P(t)$．$\Re P(t) = Q(t), \Im P(t) = R(t)$ とおくと，

$$\phi(t) = \Im(e^{\rho t}P(t)) = e^{\alpha t}(Q(t)\sin\omega t + R(t)\cos\omega t).$$

$Q(t), R(t)$ は実多項式で，$\max\{\deg Q(t), \deg R(t)\} = n$.

○ $\Delta(\rho) = 0, 2\rho + a \neq 0$ のときは，

$$\phi(t) = te^{\alpha t}(\widetilde Q(t)\sin\omega t + \widetilde R(t)\cos\omega t)$$

$\widetilde Q(t), \widetilde R(t)$ は実多項式で，$\max\{\deg\widetilde Q(t), \deg\widetilde R(t)\} = n$.

◦ $\Delta(\rho) = 0, 2\rho + a = 0$ のときは,
$$\phi(t) = t^2 e^{\alpha t}(\widehat{Q}(t) \sin \omega t + \widehat{R}(t) \cos \omega t)$$
$\widehat{Q}(t), \widehat{R}(t)$ は実多項式で, $\max\{\deg \widehat{Q}(t), \deg \widehat{R}(t)\} = n$.

◦ たとえば
$$x'' + x' + x = -(t^2 + 4t + 3)\sin t$$
は特殊解として
$$\phi(t) = (2 - 2t)\sin t + (1 + t^2)\cos t$$
を持ち，一般解は，実任意定数 $A \geq 0, \theta$ により
$$x(t) = \phi(t) + Ae^{-t/2}\sin((\sqrt{3}/2)t + \theta).$$

例 3 $u(t)$ が実 n 次多項式のとき
$$x'' + ax' + bx = e^{\alpha t}u(t)\cos \omega t$$
の実特殊解 $\phi(t)$ も例 2 と同じ形式である．

例 4 たとえば
$$x'' + x' + x = (-14t - 5t^2)\sin t + 3t\cos t$$
は特殊解
$$\phi(t) = (10 - 7t)\sin t + (5 - 6t + 5t^2)\cos t$$
を持ち，一般解は
$$x(t) = \phi(t) + Ae^{-t/2}\sin((\sqrt{3}/2)t + \theta).$$

3.4 応用例題

🌿 単振り子

単振り子の近似方程式

$$\ell\theta'' = -g\theta$$

の特性方程式は $\ell\lambda^2 + g = 0$ であるから，解 $\theta(t)$ は，

$$\theta(t) = A\sin(t\sqrt{g/\ell} + \alpha).$$

周期 T は，$T = 2\pi\sqrt{\ell/g}$ で与えられる．

🌿 自由振動

垂直バネにつられた錘の平衡状態からの変位 $x(t)$ の方程式

$$mx'' = -kx$$

の解を求める．特性方程式は

$$\Delta(\lambda) = m\lambda^2 + k = 0$$

である．

$$\omega_0 = \sqrt{\frac{k}{m}}$$

とおくと，特性指数は $\lambda = \pm i\omega_0$ であり，一般解は

$$x(t) = c_1 \cos\omega_0 t + c_2 \sin\omega_0 t = A\sin(\omega_0 t + \theta)$$

のように与えられる．c_1, c_2, A, θ は任意定数である．バネにつけられた錘は周期 $T_0 = 2\pi/\omega_0$ の反復運動，すなわち振動する．単位時

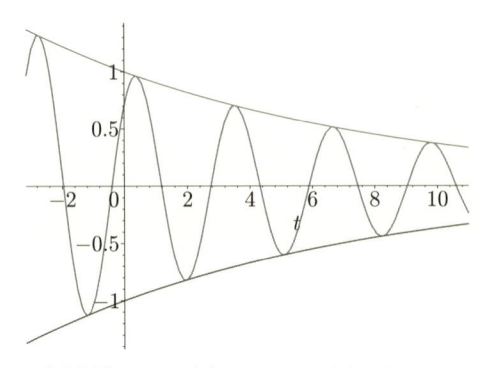

図 3-6 減衰振動 $x = e^{-0.1t}\sin(2t+\pi/4)$, $(-pi \leq t \leq 3.5\pi)$

間の振動回数,すなわち**振動数**は $f_0 = \omega_0/2\pi$ であり,振動は永久に続く.

現実には減衰作用があるために,時間の経過とともに振動は衰弱し静止状態に収束する.錘を減衰装置(ダンパー)につなげたとき,速度に比例する粘性減衰力を考えると,方程式は

$$mx'' + ax' + kx = 0 \tag{3.42}$$

である $(a > 0)$. その特性方程式は $m\lambda^2 + a\lambda + k = 0$ である.したがって特性値は

$$\lambda = \frac{-a \pm \sqrt{a^2 - 4mk}}{2m} = -\frac{a}{2m} \pm \sqrt{\left(\frac{a}{2m}\right)^2 - \omega_0^2} =: \lambda_\pm$$

である.$a > 0$ のとき,$\lambda_\pm$ の実部は負であるから,$x(t)$ は時間がたつにつれ 0 に近づき,錘は平衡点に近づく.$a > 0$ の値に応じて,次のように様子が異なる.

$(a/2m)^2 - \omega_0^2 = 0$ となる $a > 0$ の値を a_c で表し**臨界減衰係数**という.また $\zeta = a/a_c$ を**減衰比**という.すなわち

$$a_c = 2m\omega_0 = 2\sqrt{mk}, \quad \zeta = \frac{a}{a_c} = \frac{a}{2\sqrt{mk}}.$$

- $0 < a < a_c$ のときは,$0 < \zeta < 1$ であり,

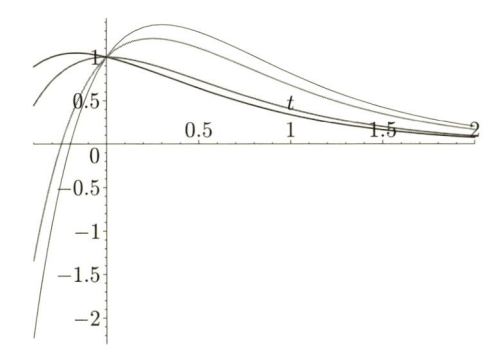

図 **3-7** 臨界減衰 $x = (1+c_1 t)e^{-0.1t}$ $(c_1 = 1.5, 2, 4, 5, \ -0.4 \leq t \leq 2)$

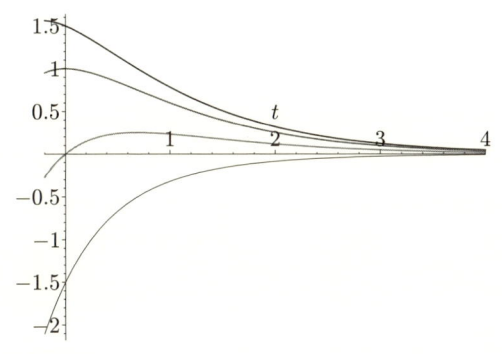

図 **3-8** 過減衰 $x = c_1 e^{-t} - e^{-2t}$ $(c_1 = 2.5, 2, 1, -0.5, \ -0.4 \leq t \leq 4)$

$$\alpha = \frac{a}{2m} = \frac{a}{a_c}\frac{a_c}{2m} = \zeta\omega_0,$$

$$\omega = \sqrt{\omega_0^2 - \alpha^2} = \omega_0\sqrt{1-\zeta^2}$$

とおくと，$\lambda_\pm = -\alpha \pm i\omega$ であるから，

$$x(t) = Ae^{-\alpha t}\sin(\omega t + \phi) = Ae^{-\zeta\omega_0 t}\sin(\omega_0\sqrt{1-\zeta^2}\,t + \phi).$$

$x(t)$ は振動しながら，0 に収束する．この運動を減衰振動あるいは不足減衰という．$T_0 = 2\pi/\omega_0, f_0 = w_0/2pi$ に対し，

$$T = \frac{2\pi}{\omega} = \frac{T_0}{\sqrt{1-\zeta^2}}, \quad f = \frac{\omega}{2\pi} = f_0\sqrt{1-\zeta^2}$$

をそれぞれ減衰固有周期，減衰固有振動数という．
- $a = a_c$ のときは，$\zeta = 1$ のであり，
$$\lambda_\pm = -a_c/2m = -\omega_0$$
となり，
$$x(t) = (c_0 + c_1 t)e^{-\omega_0 t}.$$
t がある値より大きいとき，$x(t)$ は単調減少または単調増加で 0 に収束する．この運動を **臨界減衰** という．
- $a > a_c$ のときは，$\zeta > 1$ であり，$\lambda_\pm < 0$ となり，
$$x(t) = c_1 e^{\lambda_+ t} + c_2 e^{\lambda_- t} = e^{\lambda_+ t}(c_1 + c_2 e^{(\lambda_- - \lambda_+)t}).$$

t がある値より大きいとき，$x(t)$ は指数関数的に単調減少または単調増加で 0 に収束する．この運動を **過減衰** という．

🍂 強制振動

バネに励振力が加わった場合の方程式 (1.11)，すなわち
$$mx''(t) + ax'(t) + kx(t) = F\sin\beta t. \tag{3.43}$$
において ($F = kh$, $\beta = \Omega$)
$$0 < a < 2\sqrt{mk} = a_c \quad \text{すなわち} \quad 0 < \zeta < 1$$
の場合の解を調べる．

$e^{i\beta t} = \cos(\beta t) + i\sin(\beta t)$ であるから，
$$mz''(t) + az'(t) + kz(t) = Fe^{i\beta t}$$
の解 $z(t)$ が求まれば，$\Im z(t)$ が (3.43) の実解である．正規化して

$$z''(t) + (a/m)z'(t) + (k/m)z(t) = (F/m)e^{i\beta t}.$$

$\omega = \sqrt{\omega_0^2 - \alpha^2}$ とおき，特性値 $\lambda_\pm$ を $\lambda_1 = -\alpha + i\omega, \lambda_2 = -\alpha - i\omega$ と表す．(3.23) により，解を求める．基本解

$$z_1(t) = e^{\lambda_1 t}, \quad z_2(t) = e^{\lambda_2 t}$$

のロンスキアンは

$$W(z_1(t), z_2(t)) = (\lambda_2 - \lambda_1)e^{(\lambda_1+\lambda_2)t} = -2i\omega e^{(\lambda_1+\lambda_2)t}$$

である．$f(t) = (F/m)e^{i\beta t}$ に対して

$$\frac{z_2(t)}{W(z_1, z_2)(t)} f(t) = \frac{F}{m} \frac{e^{(-\lambda_1+i\beta)t}}{-2i\omega},$$

$$\frac{z_1(t)}{W(z_1, z_2)(t)} f(t) = \frac{F}{m} \frac{e^{(-\lambda_2+i\beta)t}}{-2i\omega}$$

であるから，

$$z(t) = -e^{\lambda_1 t}\left(\frac{F}{m} \frac{e^{(-\lambda_1+i\beta)t}}{(-\lambda_1+i\beta)(-2i\omega)} + c_1\right)$$
$$+ e^{\lambda_2 t}\left(\frac{F}{m} \frac{e^{(-\lambda_2+i\beta)t}}{(-\lambda_2+i\beta)(-2i\omega)} + c_2\right).$$

いま

$$z(t) - (-c_1 e^{\lambda_1 t} + c_2 e^{\lambda_2 t}) = \frac{F}{m}\phi(t)$$

とおくと，

$$\phi(t) = \frac{1}{-2i\omega}\left(-\frac{e^{i\beta t}}{(-\lambda_1+i\beta)} + \frac{e^{i\beta t}}{(-\lambda_2+i\beta)}\right)$$
$$= e^{i\beta t} \frac{1}{(-\lambda_1+i\beta)(-\lambda_2+i\beta)}$$
$$= \frac{e^{i\beta t}}{\alpha^2 + \omega^2 - \beta^2 + 2i\alpha\beta}.$$

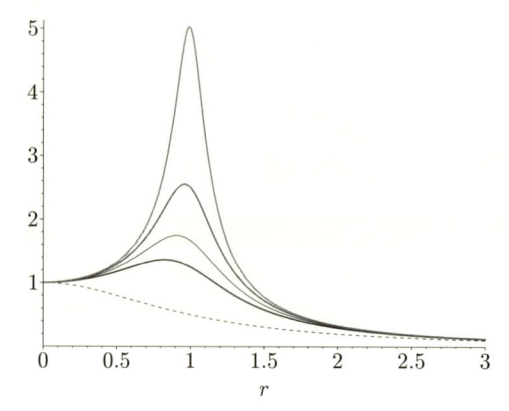

図 3-9 共振曲線 $D = 1/\sqrt{(1-r^2)^2 + 4\zeta^2\gamma^2}$,
($\zeta = 0.1, 0.2, 0.3, 0.4, 1.0$, $\gamma = \beta/\omega_0$, $0 \le \gamma \le 3$)

$\omega^2 = \omega_0^2 - \alpha^2$, $\alpha = \zeta\omega_0$ であるから,

$$\alpha^2 + \omega^2 = \omega_0^2, \quad \alpha\beta = \zeta\omega_0\beta,$$

$$\phi(t) = \frac{e^{i\beta t}}{\omega_0^2 - \beta^2 + 2i\zeta\omega_0\beta} = \frac{e^{i\beta t}}{\omega_0^2(1 - (\beta/\omega_0)^2 + 2i\zeta(\beta/\omega_0))}.$$

分母の複素数を極形式で表す. すなわち,

$$r = \omega_0^2\sqrt{(1 - (\beta/\omega_0)^2)^2 + 4\zeta^2(\beta/\omega_0)^2}$$

$$\theta = \arg(1 - (\beta/\omega_0)^2 + 2i\zeta(\beta/\omega_0))$$

とおくと,

$$\phi(t) = \frac{e^{i\beta t}}{re^{i\theta}} = \frac{e^{i(\beta t - \theta)}}{r}.$$

ゆえに

$$\Im\phi(t) = \frac{1}{r}\sin(\beta t - \theta).$$

であり, 一般解 $x(t) = \Im z(t)$ は

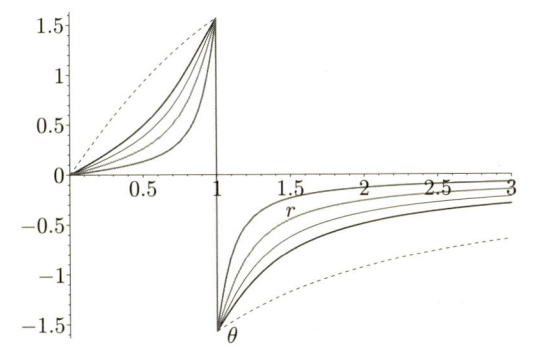

図 3-10 位相差曲線 $\theta = \mathrm{Tan}^{-1}(2\zeta\gamma/(1-\gamma^2))$,
($\zeta = 0.1, 0.2, 0.3, 0.4, 1.0,\ \gamma = \beta/\omega_0,\ 0 \leq \gamma \leq 3$)

$$x(t) = \frac{F}{mr}\sin(\beta t - \theta) + Ae^{-\alpha t}\sin(\omega t + \phi).$$

θ を $x(t)$ と励振力 $F\sin(\beta t)$ との位相差という．$\alpha > 0$ であるから，右辺第 2 項は時間がたつにつれ 0 に収束して第 1 項の振動項が残る．第 1 項の振幅 F/mr と，励振力が一定値 F であるときの錘の静止変位 F/k との比を D とおき応答増幅率という．

$$D = \frac{F/mr}{F/k} = \frac{k}{m}\frac{1}{r} = \frac{\omega_0^2}{r}$$
$$= \frac{1}{\sqrt{(1-(\beta/\omega_0)^2)^2 + 4\zeta^2(\beta/\omega_0)^2}}.$$

減衰比 ζ が小さく，$1 - 2\zeta^2 > 0$ とする．このとき

$$\beta = \beta_\zeta = \omega_0\sqrt{1-2\zeta^2}$$

において D は最大値

$$D_\zeta = \frac{1}{2\zeta\sqrt{1-\zeta^2}}$$

をとる．またそのときの位相差 θ は

$$\theta_\zeta = \arg(\zeta + i\sqrt{1-2\zeta^2}).$$

減衰比 ζ が 0 に近いとき，強制力の振動数 β が ω_0 の近くで D が最大値 D_ζ をとり，位相差は $\pi/2$ に近い．このような状態を共振という．$\lim_{\zeta \to 0} D_\zeta = \infty$ であるから，共振は非常に大きく現実にはバネが振り切れるであろう．

🍀 RLC 直列回路

定電圧電源の直列回路を流れる電流 I の方程式
$$LI'' + RI' + \frac{1}{C}I = 0$$
は (3.42) と同じ形式である．特性方程式 $L\lambda^2 + R\lambda + 1/C = 0$ の解は
$$\lambda = \frac{-R \pm \sqrt{R^2 - 4L/C}}{2L} = -\frac{R}{2L} \pm \sqrt{\left(\frac{R}{2L}\right)^2 - \frac{1}{LC}}.$$

上の例 2 の場合と同じように，$I(t)$ は 0 に近づく．たとえば
$$\omega_0 = \frac{1}{\sqrt{LC}}, \quad \alpha = \frac{R}{2L}$$
とおき，$\omega_0^2 > \alpha^2$ の場合に $\omega = \sqrt{\omega_0^2 - \alpha^2}$ とおくと，
$$I(t) = Ae^{-\alpha t}\sin(\omega t + \phi)$$
である．

3.5 練習問題

1. 次の微分方程式を解け.

(1) $\dfrac{dy}{dt} = -2y + 2$

(2) $\dfrac{dy}{dt} = -2y + 2t$

(3) $\dfrac{dy}{dt} = -2y + t^2$

(4) $\dfrac{dy}{dt} + 2y = t + t^2$

(5) $\dfrac{dy}{dt} + 2y = e^t + e^{-t}$

(6) $\dfrac{dy}{dt} + \dfrac{1}{2t}y = -5t + 3, \quad (t > 0)$

(7) $\dfrac{dy}{dt} + \dfrac{t}{1+t^2}y = \dfrac{1}{\sqrt{1+t^2}}$

(8) $\dfrac{dy}{dt} = \dfrac{2t}{t^2+1}y + 2t(t^2+1)$

(9) $\dfrac{dy}{dt} = \dfrac{2t}{1+t^2}y + (1+t^2)^2$

(10) $\dfrac{dy}{dt} = \dfrac{1}{1-t^2}y + \left(\dfrac{1+t}{1-t}\right)^{1/2}$

(11) $\dfrac{dy}{dt} - y = \sin t + \cos t$

(12) $\dfrac{dy}{dt} + y = (1+2t)e^t$

(13) $\dfrac{dy}{dt} + y = e^{-t}\cos 2t$

(14) $\dfrac{dy}{dt} + \dfrac{1}{1-t}y = (1-t)e^{-t}$

2. 次の微分方程式を解け.

(1) $\dfrac{dy}{dt} - y = -(t^2+1)y^2$

(2) $\dfrac{dy}{dt} + y = 2y^2 \sin t$

(3) $\dfrac{dy}{dt} + ty = ty^2$

(4) $\dfrac{dy}{dt} + \dfrac{y}{t} = t^2 y^2$

(5) $\dfrac{dy}{dt} + y = y^3$

(6) $\dfrac{dy}{dt} - y = 5y^3 \cos t$

3. 次の微分方程式を解け.

(1) $x'' + 5x' + 6x = 0$

(2) $x'' + x' - 2x = 0$

(3) $x'' + 6x' + 9x = 0$

(4) $x'' - 6x' + 9x = 0$

(5) $x'' + 2x' + 2x = 0$

(6) $x'' - 2x' + 2x = 0$

(7) $x'' + 3x = 0$

(8) $x'' - 3x = 0$

(9) $y'' + 4y' + 3y = 3t + 3$

(10) $y'' + 5y' - 14y = -14t^2 + 10t$

(11) $y'' + 2y' + 2y = 5\cos t$

(12) $y'' + y' - 2y = 10\sin 2t$

(13) $y'' + 2y' + 5y = 10t - 5\sin t$

(14) $y'' - 2y' + 5y = 10t - 5\cos t$

(15) $y'' + 4y' + 13y = 9e^{-2t}$

(16) $y'' - 4y = -4t - 16e^{-2t}$

(17) $y'' + 3y' + 2y = -3 + e^{-t}$

(18) $y'' + 4y' + 5y = 25t^2 + 4e^{-t}$

(19) $y'' + 2y' + 2y = 5\sin t + e^{-t}$

(20) $y'' + y' - 2y = e^{-t}(6t - 1)$

(21) $y'' + 3y' + 2y = 2te^{-t}$ (22) $y'' - 6y' + 9y = e^{3t}\cos t$

4. 次の微分方程式の ( ) 内の条件を満たす解を求めよ．

(1) $x'' + x' - 2x = 0$ $\quad (x(0) = 1, x'(0) = 1)$
(2) $x'' + 2x' + 5x = 0$ $\quad (x(0) = 1, x'(0) = 1)$
(3) $x'' + 2x' + x = 0$ $\quad (x(0) = 1, x'(0) = 1)$
(4) $x'' + 2x' + x = 0$ $\quad (x(1) = 1, x'(1) = 1)$
(5) $x'' + x' - 2x = 1 - 2t$ $\quad (x(0) = 0, x'(0) = 0)$
(6) $x'' + x' - 2x = 1 - 2t$ $\quad (x(0) = 1, x'(0) = 1)$
(7) $x'' + x' - 2x = 1 - 2t$ $\quad (x(1) = 0, x'(1) = 0)$
(8) $x'' + x' - 2x = 1 - 2t$ $\quad (x(0) = 0, x(1) = 0)$
(9) $x'' + x' - 2x = 1 - 2t$ $\quad (x'(0) = 0, x'(1) = 0)$
(10) $x'' + x' - 2x = 1 - 2t$ $\quad (x(0) = 0, x(1) = 1)$

第 4 章

高階線形微分方程式

　3階以上の線形微分方程式も2階の場合と同様に，階数降下法により階数をさげることにより個々の方程式は解ける．しかし基本解や非同次方程式の特殊解を一般的に記述するためには，工夫を要する．その一方法として，微分方程式を微分演算子を用いて表すと，結局微分多項式の因数分解と，その逆数の部分分数分解に帰着される．**かんどころ**は有理関数の不定積分の計算を想起することである．低階の場合と同様に複素係数の範囲で一般的に扱う方が見通しがよい．実係数の場合の特徴を調べるためには実線形空間の複素化がここでも有用である．非同次方程式に関する第4.4節，第4.5節が長い記述であるのは右辺の外力関数の微分可能性を仮定しないためで，何回でも微分可能と仮定すればもっと短くなる．

4.1 微分多項式

微分演算子

これから述べる演算子法は定数係数線形微分方程式の便利な解法である．微分可能な関数 f をその導関数 f' に写す対応を D で表す．すなわち $D(f) = f'$，あるいは各点 t での値で表すと $(D(f))(t) = f'(t)$ である．D を微分演算子または微分作用素という．D は線形作用素である，すなわち定数 a,b と関数 f,g に対して

$$D(af+bg) = aDf + bDg.$$

次に $D^2 f = D(Df), D^3 f = D(D^2)f, \cdots$，のように，$n = 2, 3, \cdots$ に対して D^n を順次定義する．すなわち n 回微分可能な関数に対して，$D^n f = f^{(n)}$ と定義する．そして多項式

$$\Delta(\lambda) = \lambda^n + a_{n-1}\lambda^{n-1} + \cdots + a_1\lambda + a_0 \qquad (4.1)$$

に対して，$\Delta(D)$ を

$$\begin{aligned}\Delta(D)f &= D^n f + a_{n-1}D^{n-1}f + \cdots + a_1 Df + a_0 f \\ &= f^{(n)} + a_{n-1}f^{(n-1)} + \cdots + a_1 f' + a_0 f\end{aligned}$$

により定義し，n 次の**微分多項式** という．このとき n 階の微分方程式

$$y^{(n)} + a_{n-1}y^{(n-1)} + \cdots + a_1 y' + a_0 y = f(t) \qquad (4.2)$$

は $\Delta(D)y = f$ のように表される．$\Delta(\lambda)$ を (4.2) の**特性多項式**，n 次方程式 $\Delta(\lambda) = 0$ を**特性方程式**，その解を**特性値**という．

微分多項式を考えるときは，その作用する関数が何回微分可能かに注意する必要がある．改めて，$f(t)$ の m 階までの導関数

$$f'(t), f''(t), \cdots, f^{(m)}(t)$$

が存在し $f^{(m)}(t)$ が連続であるとき，$f(t)$ は $\mathcal{C}^m$ 級の関数である，あるいは m 回連続微分可能であるという．$f^{(0)} = f$ とおくとき，$f^{(0)}(t), f'(t), \cdots, f^{(m-1)}(t)$ も連続である．連続関数は $\mathcal{C}^0$ 級であるという．またすべての階数の導関数が存在するときは，$\mathcal{C}^\infty$ 級であるという．f が $\mathcal{C}^m$ 級であることを，$f \in \mathcal{C}^m$ と表す場合もある．$k \geq m$ ならば $\mathcal{C}^k \subset \mathcal{C}^m$ である．

$F(\lambda)$ が m 次の多項式のとき，$F(D)f$ は $\mathcal{C}^m$ 級の関数 f に対して考えることとする．

微分多項式は普通の多項式と同じように足し算，掛け算ができる．すなわち多項式 $F(\lambda), G(\lambda)$ に対して，次の計算規則が成り立つ．$\deg F(\lambda) = m_1, \deg G(\lambda) = m_2$ とする．

- $aF(\lambda) + bG(\lambda) = H(\lambda)$ とおく．$m = \max\{m_1, m_2\}$ とするとき，$f \in \mathcal{C}^m$ ならば，$aF(D)f + bG(D)f = H(D)f$.
- $H(\lambda) = F(\lambda)G(\lambda)$ とおく．このとき $f \in \mathcal{C}^{m_1+m_2}$ ならば，$F(D)(G(D)f) = H(D)f$.
- $F(D)G(D)f = G(D)F(D)f$.
- 因数分解 $F(\lambda) = F_1(\lambda)F_2(\lambda)\cdots F_r(\lambda)$ が成り立つとき，
$$F(D)f = F_1(D)F_2(D)\cdots F_r(D)f.$$

解の存在，滑らかさ

定義 4.1

$F(D)y = f$ のとき，$y = \dfrac{1}{F(D)}f$ と書く．

たとえば，次のようになる．

- $y = \dfrac{1}{D}f$ は $Dy = f$ を表すから, $y' = f$ すなわち,
$$\frac{1}{D}f = \int f(t)dt.$$
不定積分は一つの任意定数を含むから, $\dfrac{1}{D}f$ も一つの任意定数を含む.
- $D^2 y = 0$ であるのは, $y(t)$ が t の 1 次式であるときであるから, $\dfrac{1}{D^2}0 = c_0 + c_1 t$ と表される. c_0, c_1 は任意定数である.

$F(\lambda) = F_1(\lambda)F_2(\lambda)$ であるとき, 微分方程式 $F(D)y = f$ は,
$$F_1(D)F_2(D)y = f$$
と表される. したがって
$$F_2(D)y = \frac{1}{F_1(D)}f$$
であるから,
$$y = \frac{1}{F_2(D)}\frac{1}{F_1(D)}f$$
である. あるいは $F_1(D)F_2(D) = F_2(D)F_1(D)$ であるから,
$$y = \frac{1}{F_1(D)}\frac{1}{F_2(D)}f.$$

$u = u(t)$ が微分可能であるとき, $(D-\lambda)(e^{\lambda t}u)$ は次の意味である.
$$(D-\lambda)(e^{\lambda t}u) = \frac{d}{dt}(e^{\lambda t}u(t)) - \lambda(e^{\lambda t}u(t)) \qquad (4.3)$$

容易に証明される次の補題は, 演算子法のかんどころである.

補題 4.2

$u(t)$ が微分可能であるとき,
$$(D-\lambda)(e^{\lambda t}u) = e^{\lambda t}Du. \qquad (4.4)$$

$k = 1, 2, \cdots$ に対して, $u(t)$ が k 回微分可能であるとき,

$$(D-\lambda)^k(e^{\lambda t}u) = e^{\lambda t}D^k u. \qquad (4.5)$$

[証明] (4.3) の右辺を計算して (4.4) を得る．以下同様にして

$$(D-\lambda)^2(e^{\lambda t}u) = (D-\lambda)(e^{\lambda t}D(u)) = e^{\lambda t}D(Du) = e^{\lambda t}D^2 u.$$

一般的に (4.5) が成り立つ． 証明終わり

命題 4.3

連続関数 $f(t)$ の定義区間に定点 τ をとり，$k = 1, 2, \cdots$ とする．

(i) $D^k g = f$ である関数 $g(t)$ は

$$g(t) = \int_\tau^t \frac{(t-s)^{k-1}}{(k-1)!}f(s)ds + \sum_{j=0}^{k-1}c_j t^j$$

のように与えられる．$c_0, c_1, \cdots, c_{k-1}$ は任意定数である．

(ii) $(D-\lambda)^k h = f$ である関数 $h(t)$ は

$$h(t) = \int_\tau^t \frac{(t-s)^{k-1}}{(k-1)!}e^{\lambda(t-s)}f(s)ds + e^{\lambda t}\sum_{j=0}^{k-1}c_j t^j$$

のように与えられる．$c_0, c_1, \cdots, c_{k-1}$ は任意定数である．

[証明] (i) $$g_1(t) = \int_\tau^t f(s)ds$$

と定義し，$k = 2, 3, \cdots$ に対して，$g_k(t)$ を k に関して順次に

$$g_k(t) = \int_\tau^t g_{k-1}(s)ds$$

とおく．このとき $Dg_1 = f, Dg_k = g_{k-1}$ であるから，$D^k g_k = f$ である．また

$$g_k(t) = \int_\tau^t \frac{(t-s)^{k-1}}{(k-1)!} f(s)ds \qquad (4.6)$$

が成り立つ．実際 $k=1$ のときは正しい．$k-1$ のとき正しいとすると，

$$g_k(t) = \int_\tau^t g_{k-1}(s)ds = \int_\tau^t \int_\tau^s \frac{(s-r)^{k-2}}{(k-2)!} f(r)drds$$

$$= \int_\tau^t \int_r^t \frac{(s-r)^{k-2}}{(k-2)!} ds f(r)dr$$

$$= \int_\tau^t \frac{(t-r)^{k-1}}{(k-1)!} f(r)dr.$$

以上により (4.6) がすべての $k=1,2,\cdots$ に対して成り立つ．

$D^k g = f$ ならば，$D^k(g - g_k) = 0$ であるから，$g(t) - g_k(t)$ は高々 $k-1$ 次の多項式である．ゆえに (i) が成り立つ．

(ii) $(D-\lambda)^k y = f(t)$ の解 $y = h(t)$ に対して $u(t) = e^{-\lambda t} h(t)$ とおく．$h(t)$ が $\mathcal{C}^k$ 級であるから，$u(t)$ も $\mathcal{C}^k$ 級である．$h = e^{\lambda t} u$ と表されるから，補題 4.2 を用いて

$$(D-\lambda)^k h = f(t) \iff e^{\lambda t} D^k u = f(t) \iff D^k u = e^{-\lambda t} f(t).$$

(i) により

$$u(t) = \int_\tau^t \frac{(t-s)^{k-1}}{(k-1)!} e^{-\lambda s} f(s)ds + \sum_{j=0}^{k-1} c_j t^j$$

と表されるから，$h(t) = e^{\lambda t} u(t)$ は (ii) のように表される．

証明終わり

命題 4.4

$f(t)$ が区間 I において $\mathcal{C}^k$ 級ならば，(4.2) の解 y は存在し，$\mathcal{C}^{k+n}$ 級である．また同次方程式

$$x^{(n)} + a_{n-1} x^{(n-1)} + \cdots + a_1 x' + a_0 x = 0 \qquad (4.7)$$

の解は $\mathcal{C}^\infty$ 級である.

[証明]　特性多項式の因数分解が $\Delta(\lambda) = \prod_{j=1}^{r} (\lambda - \lambda_j)^{m_j}$ であるとする. このとき (4.2) は

$$(D - \lambda_1)^{m_1} (D - \lambda_2)^{m_2} \cdots (D - \lambda_r)^{m_r} y = f$$

のように表される. 命題 4.3, (ii) を繰り返し用いて,

$$y = \frac{1}{(D - \lambda_r)^{m_r}} \frac{1}{(D - \lambda_{r-1})^{m_{r-1}}} \cdots \frac{1}{(D - \lambda_1)^{m_1}} f \qquad (4.8)$$

のように解 y を計算できる. ゆえに解は存在し $\mathcal{C}^{k+n}$ 級である.

次に (4.7) の右辺は $\mathcal{C}^\infty$ 級であるから, 解も $\mathcal{C}^\infty$ 級である. あるいは x が (4.7) の解ならば, $x^{(n)} = -(a_{n-1} x^{(n-1)} + \cdots + a_1 x' + a_0 x)$ と表される. 右辺の関数は 1 回連続微分可能であるから, $x^{(n+1)}$ が存在し

$$x^{(n+1)} = -(a_{n-1} x^{(n)} + \cdots + a_1 x'' + a_0 x')$$

が成り立ち, $x^{(n+1)}$ は連続である. 数学的帰納法により, $x \in \mathcal{C}^k$, $k = n, n+1, \cdots$ を証明できる.　　　　　　　　証明終わり

$f(t)$ が具体的に与えられたとき (4.8) により, 解をその都度計算することはできるが, 階数 $n = m_1 + \cdots + m_r$ が大きくなるにつれ, 計算の煩雑度が増す. また解の積分表示を得るだけで, 解の定性的性質が直ちにわかるわけではない. この難点を解消して, 解を低階のいくつかの方程式の解の和として表す次の定理が成り立つ.

定理 4.5

$1/\Delta(\lambda)$ の部分分数分解が

$$\frac{1}{\Delta(\lambda)} = \sum_{j=1}^{r}\sum_{k=1}^{m_j} \frac{h_{jk}}{(\lambda-\lambda_j)^k}$$

であるとする．このとき連続関数 $f(t)$ に対して $\Delta(D)y = f(t)$ の一般解は次のように表される．

$$y(t) = \sum_{j=1}^{r}\sum_{k=1}^{m_j} h_{jk} \int_{\tau}^{t} \frac{(t-s)^{k-1}}{(k-1)!} e^{\lambda_j(t-s)} f(s) ds$$
$$+ \sum_{j=1}^{r}\sum_{k=0}^{m_j-1} c_{jk} t^k e^{\lambda_j t}$$

τ は $f(t)$ の定義区間内の定点，

$$c_{jk}, j=1,\cdots,r, k=0,\cdots,m_j-1$$

は任意定数である．

以下の数節の準備の後で 111 ページに定理 4.5 の証明がある．$f(t)$ は連続であるが，微分微分可能性が仮定されていないので，紙数を費やしている．

4.2 同次方程式の解の一般分解定理

この節の内容は付録の定理 7.1 に掲載されている有理式の部分分数分解に基づく．多項式 $F(\lambda)$ に対して，微分方程式

$$F(D)x = 0$$

の解の集合を $\mathcal{N}(F(D))$ で表す．

$$\mathcal{N}(F(D)) = \{x \in \mathcal{C}^\infty : F(D)x = 0\}$$

これは $\mathcal{C}^\infty$ の部分空間である．いま

$$F(\lambda) = F_1(\lambda)F_2(\lambda)\cdots F_r(\lambda) \qquad (4.9)$$

と因数分解され，右辺の多項式はどの二つも互いに素であるとする．このとき定理 7.1 により，$\deg G_j(\lambda) < \deg F_j(\lambda)$ であり，

$$\frac{1}{F(\lambda)} = \sum_{j=1}^{r} \frac{G_j(\lambda)}{F_j(\lambda)} \qquad (4.10)$$

であるような多項式 $G_j(\lambda)$ が一意的に存在する．

命題 4.6

$F(\lambda)$ が（4.9）のように互いに素である多項式の積に因数分解され，（4.10）が成り立つとする．このとき次が成り立つ．

（i）
$$\mathcal{N}(F(D)) = \bigoplus_{j=1}^{r} \mathcal{N}(F_j(D)). \qquad (4.11)$$

（ii） $j = 1, \cdots, r$ に対して

$$G_j(D)\mathcal{N}(F_j(D)) = \mathcal{N}(F_j(D)). \qquad (4.12)$$

[証明]　（i）$\widehat{F}_j(\lambda) = F(\lambda)/F_j(\lambda), j = 1,\cdots,r$ とおくと，

$$1 = \sum_{j=1}^{r} G_j(\lambda)\widehat{F}_j(\lambda)$$

である．ゆえに関数 $x \in \mathcal{C}^\infty$ に対して，

$$x = \sum_{j=1}^{r} G_j(D)\widehat{F}_j(D)x \qquad (4.13)$$

が成り立つ．すなわち

$$x_j = G_j(D)\widehat{F}_j(D)x, \quad j=1,\cdots,r$$

とおくと，$x = \sum_{j=1}^r x_j$ と表される．いま $F(D)x = 0$ とする．このとき，$x \in \mathcal{C}^\infty$ であり，$F(D) = F_j(D)\widehat{F}_j(D)$ であるから，

$$F_j(D)x_j = G_j(D)F_j(D)\widehat{F}_j(D)x = G_j(D)F(D)x = G_j(D)0 = 0.$$

ゆえに

$$\mathcal{N}(F(D)) \subset \sum_{j=1}^r \mathcal{N}(F_j(D)).$$

逆に $u_j \in \mathcal{N}(F_j(D)), j=1,\cdots,r$ として，$u = \sum_{j=1}^r u_j$ とおく．このとき

$$F(D)u_j = \widehat{F}_j(D)F_j(D)u_j = \widehat{F}_j(D)0 = 0.$$

したがって $F(D)u = 0$ であり，

$$\mathcal{N}(F(D)) \supset \sum_{j=1}^r \mathcal{N}(F_j(D)).$$

ゆえに $\mathcal{N}(F(D)) = \sum_{j=1}^r \mathcal{N}(F_j(D))$．
この部分空間の和が直和であることを示す．そのために

$$\sum_{j=1}^r x_j = 0, \quad F_j(D)x_j = 0, j=1,\cdots,r$$

とする．このとき $x_1 = \cdots = x_r = 0$ を示せばよい．まず $x_1 = 0$ を示す．条件より $-x_1 = x_2 + \cdots + x_r$，$F_1(D)(-x_1) = 0$ である．また $\widehat{F}_1(\lambda) = F_2(\lambda)F_3(\lambda)\cdots F_r(\lambda)$ であるから，$\widehat{F}_1(D)x_j = 0, j=2,\cdots,r$ である．ゆえに

$$\widehat{F}_1(D)(x_2 + \cdots + x_r) = 0.$$

したがって，$z = -x_1 = x_2 + \cdots + x_r$ とおくと，$F_1(D)z = 0, \widehat{F}_1(D)z = 0$. $F_1(\lambda), \widehat{F}_1(\lambda)$ は互いに素であるから，

$$1 = M_1(\lambda)F_1(\lambda) + M_2(\lambda)\widehat{F}_1(\lambda)$$

であるような多項式 $M_1(\lambda), M_2(\lambda)$ が存在する．ゆえに

$$z = M_1(D)F_1(D)z + M_2(D)\widehat{F}_1(D)z = 0$$

であり，$x_1 = 0$. 同様に $x_2 = \cdots = x_r = 0$ も証明される．

(ii) $F_j(D)x = 0$ とする．$x \in \mathcal{C}^\infty$ であるから，

$$F_j(D)G_j(D)x = G_j(D)F_j(D)x = 0.$$

すなわち，$G_j(D)x \in \mathcal{N}(F_j(D))$ であり，

$$G_j(D)\mathcal{N}(F_j(D)) \subset \mathcal{N}(F_j(D)). \tag{4.14}$$

次に $x \in \mathcal{N}(F(D))$ とする．$x_j = \widehat{F}_j(D)x$ とおくと，

$$F_j(D)x_j = F_j(D)\widehat{F}_j(D)x = F(D)x = 0.$$

(4.13) が成り立つから，ゆえに

$$x = \sum_{j=1}^r G_j(D)x_j, \quad x_j \in \mathcal{N}(F_j(D))$$

が成り立つ．すなわち，$\mathcal{N}(F(D)) \subset \sum_{j=1}^r G_j(D)\mathcal{N}(F_j(D))$. ところが (4.14) が成り立つから，

$$\sum_{j=1}^r G_j(D)\mathcal{N}(F_j(D)) = \oplus_{j=1}^r G_j(D)\mathcal{N}(F_j(D))$$

であり，

$$\mathcal{N}(F(D)) \subset \oplus_{j=1}^{r} G_j(D)\mathcal{N}(F_j(D))$$
$$\subset \oplus_{j=1}^{r} \mathcal{N}(F_j(D)) = \mathcal{N}(F(D)).$$

ゆえに (ii) が成り立つ. 証明終わり

4.3 同次方程式の解の基底

n 次の特性多項式 $\Delta(\lambda)$ の複素数の範囲での因数分解を

$$\Delta(\lambda) = \prod_{j=1}^{r}(\lambda - \lambda_j)^{m_j} \quad (4.15)$$

とする. ただし, $\lambda_1, \lambda_2, \cdots, \lambda_r$ は互いに異なり, $m_1 + m_2 + \cdots + m_r = n$ である.

命題 4.6 により次の命題が成り立つ.

命題 4.7

$\Delta(\lambda)$ が (4.15) のように因数分解されるならば,

$$\mathcal{N}(\Delta(D)) = \bigoplus_{j=1}^{r} \mathcal{N}((D - \lambda_j)^{m_j}) \quad (4.16)$$

命題 4.7 から, $F(D)x = 0$ の解 x は

$$(D - \lambda_j)^{m_j} x_j = 0, \quad j = 1, 2, \cdots, r$$

の解 x_j を用いて, $x = x_1 + x_2 + \cdots + x_r$ のように与えられる. 命題 4.3 を $f = 0$ の場合に当てはめて, $(D - \lambda)^m x = 0$ の解は次のように与えられる.

命題 4.8

$(D-\lambda)^m x = 0$ の解 $x = x(t)$ は，任意定数

$$c_0, c_1, \cdots, c_{m-1}$$

を用いて次のように表される．

$$x(t) = e^{\lambda t}(c_0 + c_1 t + \cdots + c_{m-1} t^{m-1}). \qquad (4.17)$$

したがって

$$\dim \mathcal{N}((D-\lambda)^m) = m$$

であり，m 個の関数

$$e^{\lambda t}, te^{\lambda t}, \cdots, t^{m-1}e^{\lambda t}$$

は $\mathcal{N}((D-\lambda)^m)$ の基底である．

[証明] 命題 4.3 により，$(D-\lambda)^m x = 0$ の任意の解 $x(t)$ は (4.17) のように与えられる．ゆえに $\mathcal{N}((D-\lambda)^m)$ の関数は m 個の関数

$$e^{\lambda t}, te^{\lambda t}, \cdots, t^{m-1}e^{\lambda t},$$

の 1 次結合で表される．また

$$e^{\lambda t}(c_0 + c_1 t + \cdots + c_{m-1} t^{m-1}) \equiv 0$$
$$\implies c_0 + c_1 t + \cdots + c_{m-1} t^{m-1} \equiv 0$$
$$\implies c_0 = c_1 = \cdots = c_{m-1} = 0$$

であるから，$e^{\lambda t}, te^{\lambda t}, \cdots, t^{m-1}e^{\lambda t}$ は 1 次独立であり，これらは $\mathcal{N}((D-\lambda)^m)$ の基底である．ゆえに $\dim \mathcal{N}((D-\lambda)^m) = m$．

証明終わり

定理 4.9

微分方程式

$$x^{(n)} + a_{n-1}x^{n-1} + \cdots + a_1 x' + a_0 x = 0 \qquad (4.18)$$

の特性多項式 $\Delta(\lambda)$ が (4.15) のように因数分解されるとする. このとき次が成り立つ.

(i) (4.18) の複素関数一般解は

$$x(t) = \sum_{j=1}^{r} e^{\lambda_j t} p_j(t) \qquad (4.19)$$

のように与えられる. ただし, $1 \leq j \leq r$ に対して, $p_j(t)$ は次数が $m_j - 1$ 以下の任意の多項式である.

(ii) (4.18) の解空間 $\mathcal{N}(\Delta(D))$ の次元は

$$\dim \mathcal{N}(\Delta(D)) = n$$

であり, $j = 1, 2 \cdots, r$ に対して

$$\mathcal{A}_j = \{e^{\lambda_j t}, t e^{\lambda_j t}, \cdots, t^{m_j - 1} e^{\lambda_j t}\} \qquad (4.20)$$

により定義される $\mathcal{A}_j$ の関数を集めた集合 $\mathcal{A} = \cup_{j=1}^{r} \mathcal{A}_j$ はその基底である.

[証明] (i) 命題 4.7, 命題 4.8 から, (4.19) が成り立つ.
(ii) 命題 4.6 より,

$$\dim \mathcal{N}(\Delta(D)) = \sum_{j=1}^{r} \mathcal{N}((D - \lambda_j)^{m_j}) = \sum_{j=1}^{r} m_j = n$$

である. $\mathcal{A}_j$ は $\mathcal{N}((D - \lambda_j)^{m_j})$ の基底であり,

$$\mathcal{N}(\Delta(D)) = \oplus_{j=1}^{r} \mathcal{N}((D - \lambda_j)^{m_j})$$

であるから，$\mathcal{A}$ は $\mathcal{N}(\Delta(D))$ の基底である．　　　　　　　証明終わり

$\mathcal{N}(\Delta(D))$ の基底を $\Delta(D)x = 0$ の**基本解**という．上の定理で特性値 $\lambda_1, \cdots, \lambda_r$ がすべて実数ならば，基底 $\mathcal{A}$ の関数はすべて実関数である．この場合 (4.18) の係数 $a_{n-1}, \cdots, a_0$ はすべて実数，つまり方程式 (4.18) は実係数である．しかし，実係数でも虚数の特性値を持つ場合がある．この場合には上の基底 $\mathcal{A}$ の中には複素関数もある．しかしこの場合にも，以下に示すように実関数のみからなる基底（**実基底**あるいは**実基本解**という）も存在する．

あらためて $a_{n-1}, \cdots, a_0$ はすべて実数とする．複素関数 $z(t)$ が $\mathcal{C}^n$ 級の関数ならば，$\Re z(t) = x(t), \Im z(t) = y(t)$ はともに $\mathcal{C}^n$ 級の関数であり，

$$\Delta(D)z = \Delta(D)x + i\Delta(D)y.$$

$\Delta(D)$ の係数が実数であるから，$\Delta(D)x, \Delta(D)y$ は実関数であり，

$$\Delta(D)z = 0 \iff \Delta(D)x = 0, \quad \Delta(D)y = 0$$

が成り立つ．ゆえに次の命題が成り立つ．

命題 4.10

$a_{n-1}, \cdots, a_0$ を実数とし，(4.18) の複素関数解の集合を $\mathcal{N}^{\mathbb{C}}(\Delta(D))$ で表し，実関数解の集合を $\mathcal{N}^{\mathbb{R}}(\Delta(D))$ で表すと，

$$\mathcal{N}^{\mathbb{C}}(\Delta(D)) = \mathcal{N}^{\mathbb{R}}(\Delta(D)) + i\mathcal{N}^{\mathbb{R}}(\Delta(D))$$

と表される．

すなわち，$\mathbb{C}$ 上の線形空間 $\mathcal{N}^{\mathbb{C}}(\Delta(D))$ は，$\mathbb{R}$ 上の線形空間 $\mathcal{N}^{\mathbb{R}}(\Delta(D))$ の複素化である．複素化空間の一般論より次の命題が成り立つ．あるいは直接確かめることもできる．

命題 4.11

(4.18) の係数 $a_{n-1}, \cdots, a_0$ がすべて実数の場合,
$$\dim_{\mathbb{R}} \mathcal{N}^{\mathbb{R}}(\Delta(D)) = n.$$

特性多項式 $\Delta(\lambda)$ の係数が実数であるとき，μ が重複度 m の虚数特性値ならば，$\overline{\mu}$ も重複度 m の虚数特性値である．したがって虚数の特性値がある場合には，$\Delta(\lambda)$ の因数分解は

$$\Delta(\lambda) = \prod_{j=1}^{p}(\lambda - \lambda_j)^{\ell_j} \prod_{k=1}^{q}((\lambda - \mu_k)(\lambda - \overline{\mu_k}))^{m_k} \quad (4.21)$$

のようになる．ただし $\lambda_1, \cdots, \lambda_p$ は実数，$\mu_1, \cdots, \mu_q$ は虚数で，それらは互いに異なる．

$$\Re \mu_k = \alpha_k, \quad \Im \mu_k = \omega_k$$

とおく．いま (4.18) の実解の集合 $\mathcal{U}_j, \mathcal{V}_k, \mathcal{W}_k$ を次のようにとる．
$$\mathcal{U}_j = \{e^{\lambda_j t}, te^{\lambda_j t}, \cdots, t^{\ell_j - 1} e^{\lambda_j t}\},$$
$$\mathcal{V}_k = \{e^{\alpha_k t}\cos\omega_k t, te^{\alpha_k t}\cos\omega_k t, \cdots, t^{m_k - 1}e^{\alpha_k t}\cos\omega_k t\},$$
$$\mathcal{W}_k = \{e^{\alpha_k t}\sin\omega_k t, te^{\alpha_k t}\sin\omega_k t, \cdots, t^{m_k - 1}e^{\alpha_k t}\sin\omega_k t\}.$$

定理 4.12

$\Delta(\lambda)$ の係数がすべて実数で，その因数分解は (4.21) であるとする．このとき，

$$\mathcal{B} = (\cup_{j=1}^{p} \mathcal{U}_j) \bigcup (\cup_{k=1}^{q}(\mathcal{V}_k \cup \mathcal{W}_k))$$

は $\Delta(D)x = 0$ の基本解である．すなわち実解は $\mathcal{B}$ の関数の実係数 1 次結合であり，係数は解により一意的に定まる．

4.3 同次方程式の解の基底　103

[証明]　$\Delta(D)z = 0$ の任意の複素解 $z(t)$ は

$$z(t) = \sum_{j=1}^{p} e^{\lambda_j t} u_j(t) + \sum_{k=1}^{q} (e^{\mu_k t} v_k(t) + e^{\overline{\mu_k} t} w_k(t))$$

のように表される．$u_j(t), v_k(t), w_k(t)$ は複素多項式で，

$\deg u_j(t) \leq m_j - 1, \quad \deg v_k(t) \leq m_k - 1, \quad \deg w_k(t) \leq m_k - 1.$

$z(t)$ が実解である条件は $\overline{z(t)} = z(t)$ である．

$$\overline{z(t)} = \sum_{j=1}^{p} e^{\overline{\lambda_j} t} \overline{u_j(t)} + \sum_{k=1}^{q} (e^{\overline{\mu_k} t} \overline{v_k(t)} + e^{\overline{\overline{\mu_k}} t} \overline{w_k(t)})$$
$$= \sum_{j=1}^{p} e^{\lambda_j t} \overline{u_j(t)} + \sum_{k=1}^{q} (e^{\overline{\mu_k} t} \overline{v_k(t)} + e^{\mu_k t} \overline{w_k(t)}).$$

右辺の関数は

$$e^{\lambda_j t} \overline{u_j(t)} \in \mathcal{N}((D - \lambda_j)^{\ell_j}),$$
$$e^{\overline{\mu_k} t} \overline{v_k(t)} \in \mathcal{N}((D - \overline{\mu_k})^{m_k}), \quad e^{\mu_k t} \overline{w_k(t)} \in \mathcal{N}((D - \mu_k)^{m_k})$$

であるから，直和条件により，

$$e^{\lambda_j t} \overline{u_j(t)} = e^{\lambda_j t} u_j(t),$$
$$e^{\overline{\mu_k} t} \overline{v_k(t)} = e^{\overline{\mu_k} t} w_k(t), \quad e^{\mu_k t} \overline{w_k(t)} = e^{\mu_k t} v_k(t).$$

$\overline{u_j(t)} = u_j(t)$ より，$u_j(t)$ は実多項式であり，$\overline{v_k(t)} = w_k(t)$ である．したがって $z(t)$ が実解ならば

$$z(t) = \sum_{j=1}^{p} e^{\lambda_j t} u_j(t) + \sum_{k=1}^{q} 2\Re(e^{\mu_k t} v_k(t))$$

と表される．$u_j(t)$ は次数が $m_j - 1$ 以下の実多項式であるから，$e^{\lambda_j t} u_j(t)$ は $\mathcal{U}_j$ の関数の実係数 1 次結合である．

$$\Re v_k(t) = \sum_{m=0}^{m_k-1} a_m t^m, \quad \Im v_k(t) = \sum_{m=0}^{m_k-1} b_m t^m$$

とおくと,

$$\Re(e^{\mu_k t} v_k(t)) = \sum_{m=0}^{m_k-1} e^{\alpha_k t}(a_m t^m \cos\omega_k t - b_m t^m \sin\omega_k t).$$

したがって $2\Re(e^{\mu_k t} v_k(t))$ は $\mathcal{V}_k \cup \mathcal{W}_k$ の関数の実係数 1 次結合である. 以上により, 実解 $z(t)$ は

$$\mathcal{B} = \left(\cup_{j=1}^{p} \mathcal{U}_j\right) \bigcup \left(\cup_{k=1}^{q}(\mathcal{V}_k \cup \mathcal{W}_k)\right)$$

の関数の実係数 1 次結合である. $\mathcal{B}$ に属する関数の個数は

$$\sum_{j=1}^{p} \ell_j + \sum_{k=1}^{q} 2m_k = n = \dim_{\mathbb{R}} \mathcal{N}^{\mathbb{R}}(\Delta(D))$$

であるから, $\mathcal{B}$ は $\mathcal{N}^{\mathbb{R}}(\Delta(D))$ の基底である. 証明終わり

4.4 非同次方程式の解の分解

この節の内容も第 4.2 節と同じく, 付録の定理 7.1 に掲載されている有理式の部分分数分解に基づく. 第 4.2 節と同じく, $1/F(\lambda)$ は (4.10) のように部分分数に分解されるとする.

関数 $f(t)$ は連続関数であるとして, $F(D)y = f(t)$ の解の集合を $F(D)^{-1}f$ のように表す. $F(D)^{-1}f$ は $\mathcal{C}^n$ の部分集合であるが, $f \neq 0$ ならば部分空間ではない. $F(D)y = f$ の一つの解 $y = \psi$ をとれば,

$$F(D)^{-1}f = \psi + \mathcal{N}(F(D)) = \{\psi + x : x \in \mathcal{N}(F(D))\}$$

である．$F(\lambda)$ の因数 $F_j(\lambda)$ に対して

$$G_j(D)F_j(D)^{-1}f = \{G_j(D)z_j : z_j \in F_j(D)^{-1}f\}$$

とおく．

定理 4.9 より，任意の多項式 $F(\lambda)$ に対して，$\mathcal{N}(F(D))$ は有限次元である．ゆえにその部分空間 $\mathcal{N}(F_j(D))$ も有限次元であり，次の命題が成り立つ．

命題 4.13

$G_j(\lambda)$ を $1/F(\lambda)$ の部分分数分解 (4.10) の分子とするとき，$G_j(D)$ は $\mathcal{N}(F_j(D))$ において全単射である．

[証明] 命題 4.6 により，$G_j(D)\mathcal{N}(F_j(D)) = \mathcal{N}(F_j(D))$ は成立している．すなわち，$G_j(D)$ は $\mathcal{N}(F_j(D))$ において全射である．$\mathcal{N}(F_j(D))$ は有限次元であるから，全射ならば，単射である．

証明終わり

命題 4.14

$1/F(\lambda)$ の部分分数分解が (4.10) のとき，次が成り立つ．

(i) $\quad F(D)^{-1}f$
$$= \sum_{j=1}^{r} G_j(D)F_j(D)^{-1}f$$
$$= \left\{\sum_{j=1}^{r} G_j(D)z_j : z_j \in F_j(D)^{-1}f, j = 1, \cdots, r\right\}.$$

(ii) $F(D)y = f$ の解を，

$$y = \sum_{j=1}^{r} G_j(D) z_j, \ z_j \in F_j(D)^{-1} f, \ j = 1, \cdots, r$$

のように表す z_j は y に対して一意的に定まる.

[証明] (i) $F(D)y = f(t)$ の解 y は存在し $\mathcal{C}^n$ 級である. いま y をその一つの解とする. $\widehat{F}_j(\lambda) = F(\lambda)/F_j(\lambda)$ とおく. $\deg G_j(\lambda) < \deg F_j(\lambda)$ であるから, $\deg G_j(\lambda) \widehat{F}_j(\lambda) < \deg F(\lambda) = n$. ゆえに, $G_j(D)\widehat{F}_j(D)y$ が定義さる. $1 = \sum_{j=1}^{r} G_j(\lambda)\widehat{F}_j(\lambda)$ であるから,

$$y = \sum_{j=1}^{r} G_j(D) \widehat{F}_j(D) y \tag{4.22}$$

が成り立つ. $y_j = \widehat{F}_j(D)y$ とおく. いま $\deg F_j(\lambda) = m_j$ とおくと, $\deg \widehat{F}_j(\lambda) = n - m_j$ である. $y \in \mathcal{C}^n$ であるから,

$$y_j \in \mathcal{C}^{n-(n-m_j)} = \mathcal{C}^{m_j},$$
$$F_j(D) y_j = F_j(D) \widehat{F}_j(D) y = F(D) y = f.$$

ゆえに

$$F(D)^{-1} \subset \sum_{j=1}^{r} G_j(D) F_j(D)^{-1} f.$$

逆向きの包含関係をしめす. すなわち $z_j \in F_j(D)^{-1} f, \ j = 1, \cdots, r$ とし, $z = \sum_{j=1}^{r} G_j(D) z_j$ とおくと, $F(D) z = f$ を示す. いま $F(D)y = f$ の解 y を一つとり, 上のように $y_j = \widehat{F}_j(D)y$ とおく. このとき $F_j(D)(z_j - y_j) = f - f = 0$ であるから, $x_j = z_j - y_j$ は $\mathcal{N}(F_j(D))$ の関数であり, $\mathcal{C}^\infty$ 級である. $y_j = z_j - x_j$ と表されるから, (4.22) より

$$y = \sum_{j=1}^{r} G_j(D)\widehat{F}_j(D)y = \sum_{j=1}^{r} G_j(D)y_j$$
$$= \sum_{j=1}^{r} G_j(D)(z_j - x_j)$$
$$= \sum_{j=1}^{r} G_j(D)z_j - \sum_{j=1}^{r} G_j(D)x_j$$

ゆえに $x = \sum_{j=1}^{r} G_j(D)x_j$ とおくと，$z = y + x$ と表される．x_j は $\mathcal{C}^\infty$ 級であるから，x も $\mathcal{C}^\infty$ 級であり，

$$F(D)x = \sum_{j=1}^{r} F_1(D)\cdots F_r(D)x_j = 0.$$

$y \in \mathcal{C}^n, x \in \mathcal{C}^\infty$ であるから，$z \in \mathcal{C}^n$ であって

$$F(D)z = F(D)y + F(D)x = f + 0 = f.$$

したがって

$$F(D)^{-1}f \supset \sum_{j=1}^{r} G_j(D)F_j(D)^{-1}f.$$

以上により $F(D)^{-1}f = \sum_{j=1}^{r} G_j(D)F_j(D)^{-1}f$．

(ii) $z_j \in F_j(D)^{-1}f,\ \widehat{z}_j \in F_j(D)^{-1}f, j = 1,\cdots,r$ として，

$$\sum_{j=1}^{r} G_j(D)z_j = \sum_{j=1}^{r} G_j(D)\widehat{z}_j$$

であるとする．このとき $\sum_{j=1}^{r} G_j(D)(z_j - \widehat{z}_j) = 0$．$z_j - \widehat{z}_j \in \mathcal{N}(F_j(D))$ であり，命題 4.6 の証明中にもあるように

$$\sum_{j=1}^{r} G_j(D)\mathcal{N}(F_j(D)) = \oplus_{j=1}^{r} G_j(D)\mathcal{N}(F_j(D))$$

であるから，$G_j(D)(z_j - \widehat{z}_j) = 0$ である．ゆえに命題 4.13 により，$z_j - \widehat{z}_j = 0$. 　　　　　　　　　　　　　　　　　　　　証明終わり

非同次方程式 (4.2) の特性多項式 $\Delta(\lambda)$ が (4.15) のように因数分解されるとする．このとき $1/\Delta(\lambda)$ は次のように部分分数に分解される．

- $$\frac{1}{\Delta(\lambda)} = \sum_{j=1}^{r} \frac{H_j(\lambda)}{(\lambda - \lambda_j)^{m_j}}, \tag{4.23}$$

- $\deg H_j(\lambda) < m_j, \quad j = 1, \cdots, r$ 　　　　　　　　　(4.24)

- $H_j(\lambda)$ と $(\lambda - \lambda_j)^{m_j}$ は互いに素である．すなわち

$$H_j(\lambda_j) \neq 0. \tag{4.25}$$

命題 4.14 により，$\Delta(D)y = f$ の解は $(\Delta - \lambda_j)^{m_j} y = f$ の解 y_j を用いて

$$y = \sum_{j=1}^{r} H_j(D) y_j$$

で与えられる．$H_j(D) y_j$ は $H_j(\lambda)/(\lambda - \lambda_j)^{m_j}$ の部分分数分解により，さらに分解されることを示す．

$H_j(\lambda)$ を $(\lambda - \lambda_j)$ の冪で表すことができる．すなわち

$$\widehat{h_j}(k) = \frac{H_j^{(k)}(\lambda_j)}{k!}, \quad k = 0, 1, \cdots, m_j - 1$$

とおくと，

$$H_j(\lambda) = \widehat{h_j}(0) + \widehat{h_j}(1)(\lambda - \lambda_j) + \cdots + \widehat{h_j}(m_j - 1)(\lambda - \lambda_j)^{m_j - 1}.$$

$H_j(\lambda)$ と $(\lambda - \lambda_j)^{m_j}$ は互いに素であるから，

$$\widehat{h_j}(0) \neq 0.$$

したがって

$$h_j(\ell) = \widehat{h_j}(m_j - \ell), \quad \ell = 1, \cdots, m_j$$

とおくと，次のような部分分数分解が成り立つ．

$$\frac{H_j(\lambda)}{(\lambda - \lambda_j)^{m_j}} = \frac{h_j(m_j)}{(\lambda - \lambda_j)^{m_j}} + \frac{h_j(m_j - 1)}{(\lambda - \lambda_j)^{m_j - 1}} + \cdots + \frac{h_j(1)}{(\lambda - \lambda_j)},$$

$$h_j(m_j) \neq 0.$$

命題 4.15

$H(\lambda)$ が $m-1$ 次多項式で

$$\frac{H(\lambda)}{(\lambda - \kappa)^m} = \sum_{\ell=1}^{m} \frac{h(\ell)}{(\lambda - \kappa)^\ell}, \ \ h(m) \neq 0$$

であるとき，連続関数 $f(t)$ に対して

$$H(D)(D - \kappa)^{-m} f = \sum_{\ell=1}^{m} h(\ell)(D - \kappa)^{-\ell} f.$$

[証明] $\widehat{h}(k) = h(m - k), \ k = 0, \cdots, m - 1$ とおくと

$$H(\lambda) = \sum_{k=0}^{m-1} \widehat{h}(k)(\lambda - \kappa)^k, \ \ \widehat{h}(0) \neq 0.$$

$\mathcal{C}^m$ 級の関数 y に対して $H(D)y = \sum_{k=0}^{m-1} \widehat{h}(k)(D - \kappa)^k y$. と表される．いま $(D - \kappa)^m y = f$ であるとする．

$$y_k = (D - \kappa)^k y, \ \ k = 0, \cdots, m - 1$$

とおくと $H(D)y = \widehat{h}(0)y_0 + \widehat{h}(1)y_1 + \cdots + \widehat{h}(m-1)y_{m-1}$ であり,
$$(D-\kappa)^{m-k}y_k = (D-\kappa)^m y = f.$$
ゆえに
$$H(D)(D-\kappa)^{-m}f \subset \sum_{k=0}^{m-1} \widehat{h}(k)(D-\kappa)^{-(m-k)}f.$$

逆向きの包含関係を示すために,
$$(D-\kappa)^{m-k}u_k = f, \ \ k = 0, \cdots, m-1$$
とする. $(D-\kappa)^m y = f$ を満たす y を一つとり,
$$x = H(D)y - \sum_{k=0}^{m-1} \widehat{h}(k)u_k \tag{4.26}$$
とおく. このとき, $x = \sum_{k=0}^{m-1} \widehat{h}(k)((D-\kappa)^k y - u_k)$ と表される. いま $(D-\kappa)^k y, u_k \in \mathcal{C}^{m-k}$ であるから,
$$(D-\kappa)^{m-k}((D-\kappa)^k y - u_k) = (D-\kappa)^m y - (D-\kappa)^{m-k} u_k$$
$$= f - f = 0.$$
ゆえに $(D-\kappa)^k y - u_k \in \mathcal{C}^\infty$ であり,
$$(D-\kappa)^m((D-\kappa)^k y - u_k)$$
$$= (D-\kappa)^k (D-\kappa)^{m-k}((D-\kappa)^k y - u_k) = 0.$$
である. ゆえに $(D-\kappa)^m x = 0$, すなわち $x \in \mathcal{N}((D-\kappa)^m)$.

ところで命題 4.13 により, $H(D)$ は $\mathcal{N}((D-\kappa)^m)$ において全単射である. ゆえに (4.26) の x に対して, $H(D)v = x$ である $v \in \mathcal{N}((D-\kappa)^m)$ が唯一つ存在し,
$$\sum_{k=0}^{m-1} \widehat{h}(k)u_k = H(D)y - H(D)v = H(D)(y-v)$$

と表される. $(D-\kappa)^m(y-v) = f - 0 = f$ であるから,

$$\sum_{k=0}^{m-1} \widehat{h}(k)u_k \in H(D)(D-\kappa)^{-m}f.$$

したがって

$$\sum_{k=0}^{m-1} \widehat{h}(k)(D-\kappa)^{-(m-k)}f \subset H(D)(D-\kappa)^{-m}f.$$

証明終わり

[定理 4.5 の証明] $1/\Delta(\lambda)$ の部分分数分解が (4.23), (4.24), (4.25) のようになり,

$$\frac{H_j(\lambda)}{(\lambda-\lambda_j)^{m_j}} = \sum_{k=1}^{m_j} \frac{h_{jk}}{(\lambda-\lambda_j)^k}$$

であるとする. 命題 4.14 と, 命題 4.15 により, $\Delta(D)y = f$ の解 $y(t)$ は次のように

$$y(t) = \sum_{j=1}^{r}\sum_{k=1}^{m_j} h_{jk}(D-\lambda_j)^{-k}f$$

と表される. 命題 4.3 により,

$$y_{jk}(t) = \int_{\tau}^{t} \frac{(t-s)^{k-1}}{(k-1)!} e^{\lambda_j(t-s)} f(s)ds \qquad (4.27)$$

は $(D-\lambda_j)^k y = f$ の一つの解である. したがって

$$\psi(t) = \sum_{j=1}^{r}\sum_{k=1}^{m_j} h_{jk} y_{jk}(t) \qquad (4.28)$$

は $\Delta(D)y = f$ の一つの解である. $\Delta(D)y = f$ の任意の解 $y(t)$ に対して $x(t) = y(t) - \psi(t)$ とおくと, $x(t)$ は $F(D)x = 0$ の解であ

る．定理 4.9 により，

$$x(t) = \sum_{j=1}^{r} \sum_{k=1}^{m_j-1} c_{jk} t^k e^{\lambda_j t}$$

と表される．ゆえに定理 4.5 が成り立つ． 証明終わり

例題 4.16

$\lambda_1, \lambda_2, \lambda_3$ を異なる数として

$$\Delta(\lambda) = (\lambda - \lambda_1)(\lambda - \lambda_2)(\lambda - \lambda_3)$$

の場合に $\Delta(D)y = f$ の解を求めよ．

[解]
$$\frac{1}{\Delta(\lambda)} = \sum_{j=1}^{3} \frac{h_j}{\lambda - \lambda_j}$$

とする．$\Delta_j(\lambda) = \Delta(\lambda)/(\lambda - \lambda_j)$ とおくと $1 = \sum_{j=1}^{3} h_j \Delta_j(\lambda)$. $\Delta_2(\lambda_1) = 0, \Delta_3(\lambda_1) = 0$ であるから，$1 = h_1 \Delta_1(\lambda_1)$. ゆえに $h_1 = 1/\Delta_1(\lambda_1)$. 同様に $h_j = 1/\Delta_j(\lambda_j), j = 2, 3$, すなわち

$$h_1 = \frac{1}{(\lambda_1 - \lambda_2)(\lambda_1 - \lambda_3)}, \quad h_2 = \frac{1}{(\lambda_2 - \lambda_1)(\lambda_2 - \lambda_3)},$$
$$h_3 = \frac{1}{(\lambda_3 - \lambda_1)(\lambda_3 - \lambda_2)}.$$

したがって $\Delta(D)y = f$ の解は

$$y = \sum_{j=1}^{3} \frac{1}{\Delta_j(\lambda_j)} \int_{\tau}^{t} e^{\lambda_j(t-s)} f(s) ds + \sum_{j=1}^{3} c_j e^{\lambda_j t}.$$

右辺の第 1 項を $\psi(t)$ とおく．$f(t)$ が連続であるが微分可能ではないとき，$\psi(t)$ は 1 回微分可能であるだけのように見えるが，以下のように 3 回微分可能である．

$$D\int_\tau^t e^{\lambda_j(t-s)}f(s)ds = \lambda_j \int_\tau^t e^{\lambda_j(t-s)}f(s)ds + f(t)$$

であるから,

$$D\psi(t) = \sum_{j=1}^3 \frac{\lambda_j}{\Delta_j(\lambda_j)} \int_\tau^t e^{\lambda_j(t-s)}f(s)ds + \sum_{j=1}^3 \frac{1}{\Delta_j(\lambda_j)} f(t).$$

直接計算して, $\sum_{j=1}^3 1/\Delta_j(\lambda_j) = 0$. したがって

$$D\psi(t) = \sum_{j=1}^3 \frac{\lambda_j}{\Delta_j(\lambda_j)} \int_\tau^t e^{\lambda_j(t-s)}f(s)ds.$$

同様にして, $\sum_{j=1}^3 \lambda_j/\Delta_j(\lambda_j) = 0$ より

$$D^2\psi(t) = \sum_{j=1}^3 \frac{\lambda_j^2}{\Delta_j(\lambda_j)} \int_\tau^t e^{\lambda_j(t-s)}f(s)ds,$$

また $\sum_{j=1}^3 \lambda_j^2/\Delta_j(\lambda_j) = 1$ より,

$$D^3\psi(t) = \sum_{j=1}^3 \frac{\lambda_j^3}{\Delta_j(\lambda_j)} \int_\tau^t e^{\lambda_j(t-s)}f(s)ds + f(t).$$

次節で $\psi(t)$ の微分可能性を一般的に示す.

命題 4.17

$\Delta(\lambda)$ の係数がすべて実数, $f(t)$ が実関数ならば, $\Delta(D)y = f(t)$ の (4.28) で与えられる解 $y = \psi(t)$ も実関数である.

[証明] $\Delta(\lambda)$ の係数がすべて実数の場合には

$$\frac{1}{\Delta(\lambda)} = \sum_{j=1}^p \frac{A_j(\lambda)}{(\lambda-\lambda_j)^{\ell_j}} + \sum_{j=1}^q \left(\frac{B_j(\lambda)}{(\lambda-\mu_j)^{m_j}} + \frac{C_j(\lambda)}{(\lambda-\overline{\mu_j})^{m_j}} \right)$$

と分解される, ただし

$$p + 2q = \deg \Delta(\lambda), \quad \Im \lambda_j = 0, \Im \mu_j \neq 0.$$

複素係数多項式 $P(\lambda) = \sum_{j=0}^{n} p_k \lambda^k$ に対して，係数を共役複素数で置き換えた多項式を $\overline{p}(\lambda) = \sum_{k=0}^{n} \overline{p_k} \lambda^k$ と書くことにすると，

$$\frac{1}{\overline{\Delta}(\lambda)} = \sum_{j=1}^{p} \frac{\overline{A_j}(\lambda)}{(\lambda - \overline{\lambda_j})^{\ell_j}} + \sum_{j=1}^{q} \left(\frac{\overline{B_j}(\lambda)}{(\lambda - \overline{\mu_j})^{m_j}} + \frac{\overline{C_j}(\lambda)}{(\lambda - \mu_j)^{m_j}} \right).$$

$\overline{\Delta}(\lambda) = \Delta(\lambda), \overline{\lambda_j} = \lambda_j$ であるから，部分分数分解の一意性により，

$$\overline{A_j}(\lambda) = A_j(\lambda), \quad \overline{B_j}(\lambda) = C_j(\lambda), \quad \overline{C_j}(\lambda) = B_j(\lambda)$$

である．したがってさらに分解して

$$\frac{A_j(\lambda)}{(\lambda - \lambda_j)^{\ell_j}} = \sum_{k=1}^{\ell_j} \frac{a_{jk}}{(\lambda - \lambda_j)^k},$$

$$\frac{B_j(\lambda)}{(\lambda - \mu_j)^{m_j}} = \sum_{k=1}^{m_j} \frac{b_{jk}}{(\lambda - \mu_j)^k}, \quad \frac{C_j(\lambda)}{(\lambda - \overline{\mu_j})^{m_j}} = \sum_{k=1}^{m_j} \frac{c_{jk}}{(\lambda - \overline{\mu_j})^k},$$

とすると，$\overline{a_{jk}} = a_{jk}, \ \overline{b_{jk}} = c_{jk}, \ \overline{c_{jk}} = b_{jk}$ である．$f(t)$ が実関数とする．λ_j が実数ならば，(4.27) の関数 $y_{jk}(t)$ は実関数である．また

$$z_{jk}(t) = \int_{\tau}^{t} \frac{(t-s)^{k-1}}{(k-1)!} e^{\mu_j(t-s)} f(s) ds$$

$$w_{jk}(t) = \int_{\tau}^{t} \frac{(t-s)^{k-1}}{(k-1)!} e^{\overline{\mu_j}(t-s)} f(s) ds$$

とおくと，$\overline{z_{jk}(t)} = w_{jk}(t)$. ゆえに $\overline{\psi(t)} = \psi(t)$，すなわち $\psi(t)$ は実関数である． 証明終わり

4.5 初期値問題

前節までに示した $\Delta(D)x = 0$ および $\Delta(D)y = f$ の解の分解公式は，一般解を n 個の不特定の任意定数を用いて表すものである．その任意定数は n 個の初期条件

$$y(\tau) = \eta_0, \ y'(\tau) = \eta_1, \ y''(\tau) = \eta_2, \cdots, \ y^{(n-1)}(\tau) = \eta_{n-1}$$

から定まることを示す．

$$\Delta(\lambda) = \prod_{j=1}^{r}(\lambda - \lambda_j)^{m_j}, \ \sum_{j=1}^{n} m_j = n$$

に対して，

$$\frac{1}{\Delta(\lambda)} = \sum_{j=1}^{r}\sum_{k=1}^{m_j} \frac{h_{jk}}{(\lambda - \lambda_j)^k} \qquad (4.29)$$

のように部分分数分解されるとする．このとき $1/(\lambda - \lambda_j)$ の係数 h_{j1} を $1/\Delta(\lambda)$ の $\lambda = \lambda_j$ における留数という．部分数分解 (4.29) の係数を用いて (4.28) により定義される $\Delta(D)y = f(t)$ の解 $y = \psi(t)$ を，改めて次のように表す．

$$\psi[1/\Delta(\lambda)](t) = \sum_{j=0}^{r}\sum_{k=1}^{m_j} h_{jk} \int_{\tau}^{t} \frac{(t-s)^{k-1}}{(k-1)!} e^{\lambda_j(t-s)} f(s) ds.$$

$$(4.30)$$

はじめに，この解 $y = \psi[1/\Delta(\lambda)](t)$ は初期条件

$$y(\tau) = y'(\tau) = y''(\tau) = \cdots = y^{(n-1)}(\tau) = 0$$

を満たすことを確認する．$y(\tau) = 0$ は明らかである．

次の補題を準備しておく．関数論の留数計算を既知とすれば，ほ

ぼ明らかな内容である.

補題 4.18

$n = \deg \Delta(\lambda) \geq 2$ のとき,
$$\sum_{j=1}^{r} h_{j1} = 0.$$

[証明] $r = 1$ のときは $\Delta(\lambda) = (\lambda - \lambda_1)^n$ であるから,
$$\frac{1}{\Delta(\lambda)} = \frac{1}{(\lambda - \lambda_1)^n}.$$
$n \geq 2$ であるから, $h_{11} = 0$.

$r \geq 2$ とする. $(\lambda - \lambda_1)/\Delta(\lambda)$ の部分分数分解を (4.29) から導くと次のようになる.

$$\frac{(\lambda - \lambda_1)}{\Delta(\lambda)} = \sum_{j=1}^{r} \sum_{k=1}^{m_j} \frac{h_{jk}(\lambda - \lambda_1)}{(\lambda - \lambda_j)^k}$$
$$= \sum_{j=1}^{r} \sum_{k=1}^{m_j} \frac{h_{jk}(\lambda - \lambda_j + \lambda_j - \lambda_1)}{(\lambda - \lambda_j)^k}.$$

$m_j = 1$ のときは

$$\sum_{k=1}^{m_j} \frac{h_{jk}(\lambda - \lambda_j + \lambda_j - \lambda_1)}{(\lambda - \lambda_j)^k} = h_{j1} + \frac{h_{j1}(\lambda_j - \lambda_1)}{\lambda - \lambda_j}.$$

$m_j \geq 2$ のときは

$$\sum_{k=1}^{m_j} \frac{h_{jk}(\lambda - \lambda_j + \lambda_j - \lambda_1)}{(\lambda - \lambda_j)^k}$$
$$= h_{j1} + \sum_{k=2}^{m_j} \frac{h_{jk}}{(\lambda - \lambda_j)^{k-1}} + \sum_{k=1}^{m_j} \frac{h_{jk}(\lambda_j - \lambda_1)}{(\lambda - \lambda_j)^k}$$

$$= h_{j1} + \sum_{k=1}^{m_j-1} \frac{h_{jk+1} + h_{jk}(\lambda_j - \lambda_1)}{(\lambda - \lambda_j)^k} + \frac{h_{jm_j}(\lambda_j - \lambda_1)}{(\lambda - \lambda_j)^{m_j}}.$$

g_{jk} を次のように定義する. $k = m_j$ のときは,

$$g_{jm_j} = h_{jm_j}(\lambda_j - \lambda_1),$$

$m_j \geq 2$ のとき, $1 \leq k \leq m_j - 1$ に対して

$$g_{jk} = h_{jk+1} + h_{jk}(\lambda_j - \lambda_1).$$

このとき

$$\frac{\lambda - \lambda_1}{\Delta(\lambda)} = \sum_{j=1}^{r} h_{j1} + \sum_{k=1}^{m_1-1} \frac{g_{1k}}{(\lambda - \lambda_1)^k} + \sum_{j=2}^{r} \sum_{k=1}^{m_j} \frac{g_{jk}}{(\lambda - \lambda_j)^k}.$$

ただし, $m_1 = 1$ のときは右辺は第1項と第3項のみである.

$\deg \Delta(\lambda) \geq 2$ であるから, 左辺は真分数である. $\lambda \to \infty$ のときの両辺の極限値を考えると, $0 = \sum_{j=1}^{r} h_{j1}$. ゆえに

$$\frac{\lambda - \lambda_1}{\Delta(\lambda)} = \sum_{k=1}^{m_1-1} \frac{g_{1k}}{(\lambda - \lambda_1)^k} + \sum_{j=2}^{r} \sum_{k=1}^{m_j} \frac{g_{jk}}{(\lambda - \lambda_j)^k}. \quad (4.31)$$

証明終わり

命題 4.19

$n = \deg \Delta(\lambda) \geq 2$ とする. $\psi[1/\Delta(\lambda)](t)$ を (4.30) のように定義すると

$$(D - \lambda_1)\psi[1/\Delta(\lambda)](t) = \psi[(\lambda - \lambda_1)/\Delta(\lambda)](t). \quad (4.32)$$

[証明] $y_{jk}(t) = \displaystyle\int_\tau^t \frac{(t-s)^{k-1}}{(k-1)!} e^{\lambda_j(t-s)} f(s) ds, \quad k \geq 1,$

$y_{j0}(t) = f(t)$ とおくと，次の関係式を容易に確かめられる．

$$(D - \lambda_j) y_{jk}(t) = y_{jk-1}(t).$$

したがって $r = 1$ のとき，(4.32) が成り立つ．

$r \geq 2$ とする．$\psi[1/\Delta(\lambda)](t)$ は (4.28) の右辺のように表され，

$$(D - \lambda_1) \psi[1/\Delta(\lambda)](t) = \sum_{j=1}^r \sum_{k=1}^{m_j} (D - \lambda_1) h_{jk} y_{jk}(t).$$

左辺を計算する．

$$(D - \lambda_1) y_{jk}(t) = (D - \lambda_j + \lambda_j - \lambda_1) y_{jk}(t)$$
$$= y_{jk-1}(t) + (\lambda_j - \lambda_1) y_{jk}(t)$$

であるから

$$(D - \lambda_1) \psi[1/\Delta(\lambda)](t) = \sum_{j=1}^r \sum_{k=1}^{m_j} h_{jk} (y_{jk-1}(t) + (\lambda_j - \lambda_1) y_{jk}(t)).$$

$m_j = 1$ のときは

$$\sum_{k=1}^{m_j} h_{jk} (y_{jk-1}(t) + (\lambda_j - \lambda_1) y_{jk}(t))$$
$$= h_{j1} f(t) + h_{j1} (\lambda_j - \lambda_1) y_{j1}(t).$$

$m_j \geq 2$ のときは

$$\sum_{k=1}^{m_j} h_{jk} (y_{jk-1}(t) + (\lambda_j - \lambda_1) y_{jk}(t))$$
$$= h_{j1} f(t) + \sum_{k=2}^{m_j} h_{jk} y_{jk-1}(t) + \sum_{k=1}^{m_j} h_{jk} (\lambda_j - \lambda_1) y_{jk}(t)$$

$$= h_{j1}f(t) + \sum_{k=1}^{m_j-1}(h_{jk+1} + h_{jk}(\lambda_j - \lambda_1))y_{jk}(t)$$
$$+ h_{jm_j}(\lambda_j - \lambda_1)y_{jm_j}(t).$$

ゆえに補題 4.18 の証明中の g_{jk} を用いて

$$(D - \lambda_1)\psi[1/\Delta(\lambda)](t)$$
$$= \sum_{j=1}^{r} h_{j1}f(t) + \sum_{k=1}^{m_1-1} g_{1k}y_{1k}(t) + \sum_{j=2}^{r}\sum_{k=1}^{m_j} g_{jk}y_{jk}(t).$$

$\sum_{j=1}^{r} h_{j1} = 0$ であり，g_{jk} は $(\lambda-\lambda_1)/\Delta(\lambda)$ の部分分数分解（4.31）の係数であるから

$$(D - \lambda_1)\psi[1/\Delta(\lambda)](t) = \psi[(\lambda - \lambda_1)/\Delta(\lambda)](t).$$

証明終わり

命題 4.20

$y(t) = \psi[1/\Delta(\lambda)](t)$ とおくと，$\deg \Delta(\lambda) = n$ のとき．

$$y(\tau) = y'(\tau) = \cdots = y^{(n-1)}(\tau) = 0. \tag{4.33}$$

[証明] （4.30）より，$y(\tau) = 0$ である．$n \geq 1$ に関する数学的帰納法で証明する．$n = 1$ のときはいま述べたように命題が成り立つ．$n-1$ のときに成り立つとする．$y(t) = \psi[1/\Delta(\lambda)](t)$ のとき，$z(t) = (D - \lambda_1)y(t)$ とおくと，

$$z(t) = \psi[(\lambda - \lambda_1)/\Delta(\lambda)](t)$$

である．帰納法の仮定により，

$$z(\tau) = z'(\tau) = \cdots = z^{(n-2)}(\tau) = 0.$$

$z(t) = y'(t) - \lambda_1 y(t)$ であるから,

$$z^{(k)}(t) = y^{(k+1)}(t) - \lambda_1 y^{(k)}(t), \quad k = 1, 2, \cdots, n-2.$$

したがって

$$y'(\tau) - \lambda_1 y(\tau) = 0, y''(\tau) - \lambda_1 y'(\tau) = 0, \cdots$$
$$y^{(n-1)}(\tau) - \lambda_1 y^{(n-2)}(\tau) = 0.$$

$y(\tau) = 0$ であるから, (4.33) が成り立つ. 　　　証明終わり

次に $\Delta(D)y = f$ の一般の初期値問題の解を与える. 同次形 $\Delta(D)x = 0$ の解の初期条件から調べる.

命題 4.21

$\Delta(D)x = 0$ の解 $x(t)$ が, ある $t = \tau$ において初期条件

$$x(\tau) = x'(\tau) = \cdots = x^{(n-1)}(\tau) = 0$$

を満たすならば, $x(t) \equiv 0$ である.

[証明] 方程式の階数 n に関する帰納法により, 証明する. $n = 1$ のときは,

$$(D - \lambda_1)x = 0$$

の解は $x(t) = x(\tau)e^{\lambda_1(t-\tau)}$ で与えられる. $x(\tau) = 0$ ならば, $x(t) \equiv 0$ であり, $n = 1$ のとき命題が成り立つ.

$n-1$ のとき命題が成り立つとする. $\Delta(D)x = 0$ のとき, $(D-\lambda_1)x(t) = x_1(t)$ とおく. $\Delta(\lambda)/(\lambda - \lambda_1) = \widehat{\Delta}(\lambda)$ とおくと,

$$\widehat{\Delta}(D)x_1(t) = \widehat{\Delta}(D)(D-\lambda_1)x(t) = \Delta(D)x(t) = 0.$$

また

$$x_1^{(k)}(t) = x^{(k+1)}(t) - \lambda_1 x^{(k)}(t), k = 1, 2, \cdots, n-2$$

であるから，$x(\tau) = x'(\tau) = \cdots = x^{(n-1)}(\tau) = 0$ ならば

$$x_1(\tau) = x_1'(\tau) = \cdots = x_1^{(n-2)}(\tau) = 0.$$

したがって帰納法の仮定から，$x_1(t) \equiv 0$ である．すなわち

$$x'(t) - \lambda_1 x(t) \equiv 0.$$

$x(\tau) = 0$ であるから，$x(t) \equiv 0$. 　　　　　　　　証明終わり

$\Delta(D)x = 0$ の n 個の解 $x_1(t), x_2(t), \cdots, x_n(t)$ に対して

$$(x_1^{(k-1)}(t), x_2^{(k-1)}(t), \cdots, x_n^{(k-1)}(t)), \quad k = 1, 2, \cdots, n$$

を第 k 行とする n 次正方行列を $X(t)$ とおく：

$$X(t) = \begin{bmatrix} x_1(t) & x_2(t) & \cdots & x_n(t) \\ x_1'(t) & x_2'(t) & \cdots & x_n'(t) \\ \cdots & \cdots & \cdots & \cdots \\ x_1^{(n-1)}(t) & x_2^{(n-1)}(t) & \cdots & x_n^{(n-1)}(t) \end{bmatrix}.$$

またその行列式を

$$W(x_1, x_2, \cdots, x_n)(t) = \det X(t)$$

と表し，$x_1(t), x_2(t), \cdots, x_n(t)$ のロンスキー (**Wronski**) 行列式，またはロンスキアン (**Wronskian**) という．

命題 4.22

$\deg \Delta(\lambda) = n$ とし，$x_1, x_2, \cdots, x_n$ を $\Delta(D)x = 0$ の解とする．このとき次が成り立つ．

（i）ある点 τ で $X(\tau)$ が正則ならば，$x_1, x_2, \cdots, x_n$ は $\Delta(D)x = 0$ の基本解である．

（ii）$x_1, x_2, \cdots, x_n$ が $\Delta(D)x = 0$ の基本解ならば，すべての t において，$X(t)$ は正則行列である．すなわち

$$W(x_1, x_2, \cdots, x_n)(t) \neq 0.$$

[証明]（i）$c_1 x_1 + c_2 x_2 + \cdots + c_n x_n = 0$ とする．すなわち，すべての t に対して，$c_1 x_1(t) + c_2 x_2(t) + \cdots + c_n x_n(t) = 0$ とする．このとき $k = 1, 2, \cdots, n$ に対して

$$c_1 x_1^{(k-1)}(t) + c_2 x_2^{(k-1)}(t) + \cdots + c_n x_n^{(k-1)}(t) = 0,$$

すなわち $X(t)\boldsymbol{c} = \boldsymbol{0}$．ただし，$\boldsymbol{c}$ は $c_1, c_2, \cdots, c_n$ を成分とする n 次列ベクトルである．$X(\tau)$ は正則行列であるから $\boldsymbol{c} = \boldsymbol{0}$．ゆえに $x_1, x_2, \cdots, x_n$ は 1 次独立である．$\dim \mathcal{N}(\Delta(D)) = n$ であるから，$x_1, x_2, \cdots, x_n$ は基底である．

（ii）$x_1, x_2, \cdots, x_n$ を基本解とし，$c_1, c_2, \cdots, c_n$ を成分とする n 次列ベクトル $\boldsymbol{c}$ が，$X(\tau)\boldsymbol{c} = \boldsymbol{0}$ を満たすとする．

$$x = c_1 x_1 + c_2 x_2 + \cdots + c_n x_n$$

とおくと，これは $\Delta(D)x = 0$ の解である．$\boldsymbol{c}$ の選び方より，

$$x(\tau) = c_1 x_1(\tau) + c_2 x_2(\tau) + \cdots + c_n x_n(\tau) = 0,$$
$$x'(\tau) = c_1 x_1'(\tau) + c_2 x_2'(\tau) + \cdots + c_n x_n'(\tau) = 0, \cdots,$$
$$x^{(n-1)}(\tau) = c_1 x_1^{(n-1)}(\tau) + c_2 x_2^{(n-1)}(\tau) + \cdots + c_n x_n^{(n-1)}(\tau) = 0.$$

命題 4.21 より，$x(t) \equiv 0$ すなわち，

$$c_1 x_1 + c_2 x_2 + \cdots + c_n x_n = 0.$$

基本解 $x_1, x_2, \cdots, x_n$ は $\mathcal{N}(\Delta(D))$ の基底であるから，

$$c_1 = c_2 = \cdots = c_n = 0.$$

ゆえに $X(\tau)\boldsymbol{c} = \boldsymbol{0}$ の解は $\boldsymbol{c} = \boldsymbol{0}$ のみであるから，$X(\tau)$ は正則行列である．τ は任意であるから，(ii) が成り立つ． 証明終わり

系 4.23

ロンスキアンは恒等的に 0 であるか，決して 0 にならないかいずれかである．

この系はロンスキアンに関する次の命題からも明らかである．

命題 4.24

$\Delta(\lambda) = \lambda^n + a_{n-1}\lambda^{n-1} + \cdots + a_0$ とすると，

$$W(x_1, x_2, \cdots, x_n)(t)$$
$$= e^{-a_{n-1}(t-t_0)} W(x_1, x_2, \cdots, x_n)(t_0).$$

この公式をリウヴィル・オストログラツキー (Liouville-Ostrogradski) の公式という．

問題 4.25

上の公式を証明せよ．

以上の結果により，初期値問題の解は次のように表される．

定理 4.26

$\Delta(D)x = 0$ の基本解を $x_1, x_2, \cdots, x_n$ とし,$f(t)$ は連続関数とする.

(i) 任意の値 $\eta_0, \eta_1, \cdots, \eta_{n-1}, \tau$ に対して,初期条件

$$x(\tau) = \eta_0, x'(\tau) = \eta_1, \cdots, x^{(n-1)}(\tau) = \eta_{n-1}$$

を満たす $\Delta(D)x = 0$ の解 $x = \phi(t)$ が唯一つ存在する.その解は連立方程式

$$X(\tau) \begin{bmatrix} c_1 \\ c_2 \\ \cdots \\ c_n \end{bmatrix} = \begin{bmatrix} \eta_0 \\ \eta_1 \\ \cdots \\ \eta_{n-1} \end{bmatrix} \tag{4.34}$$

の解 $c_1, c_2, \cdots, c_n$ を用いて $\phi = \sum_{j=1}^n c_j x_j$ で与えられる.

(ii) 任意の値 $\eta_0, \eta_1, \cdots, \eta_{n-1}$ と,$f(t)$ の定義区間の任意の点 τ とに対して,初期条件

$$y(\tau) = \eta_0, y'(\tau) = \eta_1, \cdots, y^{(n-1)}(\tau) = \eta_{n-1}$$

を満たす $\Delta(D)y = f(t)$ の解 $y(t)$ が唯一つ存在する.その解は,(i) の解 $\phi(t)$ と,(4.30) の $\psi[1/\Delta(\lambda)](t)$ により,

$$y(t) = \psi[1/\Delta(\lambda)](t) + \phi(t) \tag{4.35}$$

と表される.

[証明] (i) $X(\tau)$ は正則行列であるから,(4.34) の解 $c_1, \cdots, c_n$ が唯一つ定まる.$\phi = c_1 x_1 + c_2 x_2 + \cdots + c_n x_n$ とおくと,ϕ は (i) の初期条件を満たす解である.$\widetilde{\phi}$ も同じ初期条件を満たす解とするとき,$x = \phi - \widetilde{\phi}$ とおくと,命題 4.21 により,$x = 0$ である.ゆえに同じ初期条件を満たす解は ϕ のみである.

(ii) $\psi = \psi[1/\Delta(\lambda)]$ と略記する.
$$\Delta(D)\psi = f, \quad \Delta(D)\phi = 0$$
であるから, $y = \psi + \phi$ のとき $\Delta(D)y = f$ である. さらに $k = 0, 1, \cdots, n-1$ に対して,
$$y^{(k)}(\tau) = \psi^{(k)}(\tau) + \phi^{(k)}(\tau) = 0 + b_k = b_k.$$

z が y と同じ初期条件を満たし, $\Delta(D)z = f$ であるとする. $x = y - z$ とおくと, $\Delta(D)x = 0$ であり, $x^{(k)}(\tau) = 0, k = 0, 1, \cdots, n-1$ である. 命題 4.21 により, $x = 0$, すなわち $z = y$. 証明終わり

4.6 練習問題

1. 次の微分方程式を解け.

 (1) $x''' + 2x'' - x' - 2x = 0$ (2) $x''' + 6x'' + 11x' + 6x = 0$
 (3) $x''' + 3x'' + x' - 5x = 0$ (4) $x''' + 4x'' + 5x' + 2x = 0$
 (5) $x''' + x'' + x' = 0$ (6) $x''' + x'' = 0$
 (7) $(D^2 - 1)(D^2 - 4)x = 0$ (8) $(D+1)^2(D^2 - 4)x = 0$
 (9) $(D+1)^3(D+2)x = 0$ (10) $D^3(D+2)x = 0$
 (11) $(D+1)^2(D^2+1)x = 0$ (12) $(D^2+1)^2 x = 0$
 (13) $(D-1)^2(D^2+2D+2)x = 0$ (14) $D(D^2+2D+2)^2 x = 0$

2. 次の微分方程式の ( ) 内の条件を満たす解をもとめよ.

 (1) $y''' + 2y'' - y' - 2y = t$ $(y(0) = y'(0) = y''(0) = 0)$
 (2) $y''' + 2y'' - y' - 2y = t$ $(y(0) = 1, y'(0) = y''(0) = 0)$
 (3) $y''' + 2y'' - y' - 2y = \sin t$ $(y(0) = y'(0) = y''(0) = 0)$
 (4) $y''' + 2y'' - y' - 2y = \sin t$ $(y(0) = 0, y'(0) = y''(0) = 1)$
 (5) $(D+1)^2(D+3)y = 1 + t$ $(y(0) = y'(0) = y''(0) = 0)$
 (6) $(D+1)^2(D+3)y = 1 + e^{-t}$ $(y(0) = y'(0) = y''(0) = 0)$
 (7) $(D+1)(D^2+2D+2)y = \cos t$ $(y(0) = y'(0) = y''(0) = 0)$
 (8) $(D+1)(D^2+2D+2)y = \cos t$ $(y(0) = y'(0) = 0, y''(0) = 1)$

第5章

基礎定理

　前章までは，微分方程式の解を具体的に計算する方法をもっぱら扱っているが，それが可能な微分方程式の範囲は限られている．そもそも解が存在しないならば解法を考えても無意味である．本節では改めて一般的に，解が存在することを確かめ，初期値問題の解の一意性も普通の場合には保障されることを示す．ここでは典型的な2つの方法を取り上げる．第1は連立1階の微分方程式を逐次近似法で解く方法である．方程式の右辺がリプシッツ連続な関数ならば，逐次近似解が真の解に収束し，あわせて初期値問題の解の一意性も成り立つ．第2は解析的関数を係数とする変数係数の線形微分方程式の解を整級数に展開して求める方法である．係数の収束半径の内部では形式的に求めた整級数解が収束する．例としてルジャンドルの微分方程式を紹介してある．

5.1 連立方程式への変換

実数関数 $x(t)$ に関する正規系の n 階微分方程式

$$x^{(n)} = g(t, x, x', x'', \cdots, x^{(n-1)}) \tag{5.1}$$

の解 $x = \phi(t)$ に対して，

$$x_1 = \phi(t), \quad x_2 = \phi'(t), \cdots, x_n = \phi^{(n-1)}(t)$$

とおくと，$x_1, x_2, \cdots, x_n$ は連立 1 階の微分方程式

$$x_1' = x_2, x_2' = x_3, \cdots, x_n' = g(t, x_1, x_2, \cdots, x_n)$$

の解である．この方程式はたとえば $n = 3$ の場合，ベクトル記号を用いて，次のように表される．

$$\begin{bmatrix} x_1' \\ x_2' \\ x_3' \end{bmatrix} = \begin{bmatrix} x_2 \\ x_3 \\ g(t, x_1, x_2, x_3) \end{bmatrix}. \tag{5.2}$$

逆にこの 1 階ベクトル値微分方程式の解の第 1 成分関数は，$n = 3$ のときの (5.1) の解である．

また $x(t), g(t, x_1, x_2, x_3)$ が複素数関数の場合には，

$$\Re x(t) = u(t) = (u_1(t), u_2(t), u_3(t)),$$
$$\Im x(t) = v(t) = (v_1(t), v_2(t), v_3(t))$$

とおき，

$$p(t, u, v) = \Re g(t, u_1 + iv_1, u_2 + iv_2, u_3 + iv_3),$$
$$q(t, u, v) = \Im g(t, u_1 + iv_1, u_2 + iv_2, u_3 + iv_3)$$

と定義すると，$u_1, u_2, u_3, v_1, v_2, v_3$ に関する連立微分方程式

$$\begin{bmatrix} u_1' \\ u_2' \\ u_3' \end{bmatrix} = \begin{bmatrix} u_2 \\ u_3 \\ p(t,u,v) \end{bmatrix}, \quad \begin{bmatrix} v_1' \\ v_2' \\ v_3' \end{bmatrix} = \begin{bmatrix} v_2 \\ v_3 \\ q(t,u,v) \end{bmatrix}$$

に変換される．

以上により，スカラー関数の高階微分方程式の解の存在，一意性などは実ベクトル値関数の1階微分方程式の解の存在，一意性などに帰着される．

改めて，$t \in \mathbb{R}, \boldsymbol{x} \in \mathbb{R}^d$ を変数とし，$\mathbb{R}^d$ の値をとるベクトル値関数 $\boldsymbol{f}(t, \boldsymbol{x})$ に対して定義される微分方程式

$$\boldsymbol{x}' = \boldsymbol{f}(t, \boldsymbol{x}) \tag{5.3}$$

を考え，初期条件

$$\boldsymbol{x}(\tau) = \boldsymbol{\xi} \tag{5.4}$$

を満たす解 $\boldsymbol{x} = \boldsymbol{x}(t)$ の存在と一意性を扱う初期値問題を考える．ただし $\tau \in \mathbb{R}, \boldsymbol{\xi} \in \mathbb{R}^d$ である．$\boldsymbol{x}(t)$ が τ を含む区間 I における解ならば，$\boldsymbol{x}'(t) = \boldsymbol{f}(t, \boldsymbol{x}(t))$ の両辺の積分をとることにより，

$$\boldsymbol{x}(t) = \boldsymbol{\xi} + \int_\tau^t \boldsymbol{f}(s, \boldsymbol{x}(s)) ds \tag{5.5}$$

が成り立つ．逆に $\boldsymbol{x}(t)$ がこの積分方程式の解ならば，微分方程式の初期値問題の解である．区間 I を解の**存在区間**という．

d 次実ベクトル空間 $\mathbb{R}^d$ の値をとる関数の微積分に関しては，付録 7.2 節に要約がある．たとえば本書では内積 $\boldsymbol{x} \cdot \boldsymbol{y}$ とノルム $\|\boldsymbol{x}\|, \|A\|$ は次のように設定する．簡単のため，$d = 2$ とすると，

$$\boldsymbol{x} = \begin{bmatrix} x_1 \\ x_2 \end{bmatrix}, \quad \boldsymbol{y} = \begin{bmatrix} y_1 \\ y_2 \end{bmatrix}, \quad A = \begin{bmatrix} a_{11} & a_{12} \\ a_{21} & a_{22} \end{bmatrix}$$

のようなベクトル $\boldsymbol{x}, \boldsymbol{y}$ と行列 A に対して

$$\boldsymbol{x}\cdot\boldsymbol{y} = x_1 y_1 + x_2 y_2, \quad \|\boldsymbol{x}\| = \sqrt{\boldsymbol{x}\cdot\boldsymbol{x}} = \sqrt{|x_1|^2 + |x_2|^2},$$
$$\|A\| = \sqrt{|a_{11}|^2 + |a_{21}|^2 + |a_{12}|^2 + |a_{22}|^2}.$$

5.2 逐次近似法

微分方程式 (5.3) の右辺の関数 $\boldsymbol{f}(t,\boldsymbol{x})$ は，$\mathbb{R}\times\mathbb{R}^d$ 空間の開集合 Ω で定義されている連続関数であるとする．初期条件 (5.4) における $(\tau,\boldsymbol{\xi})$ は Ω の点であるとする．

τ を含む有界閉区間 J と $\boldsymbol{\xi}$ を中心とする閉球集合 B を

$$J = [\tau - a, \tau + a] \quad (a > 0),$$
$$B = \{\boldsymbol{x} \in \mathbb{R}^d : \|\boldsymbol{x} - \boldsymbol{\xi}\| \leq \rho\} \quad (\rho > 0)$$

とし，

$$K = J \times B = \{(t,\boldsymbol{x}) : |t - \tau| \leq a,\ \|\boldsymbol{x} - \boldsymbol{\xi}\| \leq \rho\} \qquad (5.6)$$

とおく．a, ρ が十分小さい正の数で $K \subset \Omega$ であるとする．

連続な偏導関数 $\partial f_i/\partial x_j, i,j = 1,2,\cdots,d$ があるとき，$\partial f_i/\partial x_j$ を (i,j) 成分とする $\boldsymbol{f}(t,\boldsymbol{x})$ のヤコビ行列を $D_{\boldsymbol{x}}\boldsymbol{f}(t,\boldsymbol{x})$ と表す．$t \in J$ に対して，

$$L(t) = \max\{\|D_{\boldsymbol{x}}\boldsymbol{f}(t,\boldsymbol{x})\| : \boldsymbol{x} \in B\} \qquad (5.7)$$

とおくと，$L(t)$ は連続関数である．

問題 5.1

$L(t)$ は連続関数であることを示せ．

$x, y \in B$ のとき, x, y を結ぶ線分は閉球集合 B に含まれる. したがって補題 7.4 により $(t, x), (t, y) \in K$ のとき

$$\|f(t, x) - f(t, y)\| \leq L(t)\|x - y\|. \qquad (5.8)$$

このように (τ, ξ) を含むある領域 K において (5.8) が成り立つような連続関数 $L(t)$ があるとき, $f(t, x)$ は (τ, ξ) において x に関して局所リプシッツ連続 (locally Lipschitz continuous) である, あるいは x に関する局所リプシッツ条件 (local Lipschetz condition) を満たすという.

K における $\|f(t, x)\|$ の最大値が

$$\max\{\|f(t, x)\| : (t, x) \in K\} \leq M \qquad (5.9)$$

を満たすとする. 初期条件 (5.4) を満たす解 $x(t)$ が, τ を含むある区間で K にとどまっているとき,

$$\|x'(t)\| = \|f(t, x(t))\| \leq M$$

であるから, $\|x(t) - x(\tau)\| \leq M|t - \tau|$ である. $x(t)$ が B の境界に最初に到達する $t(> \tau)$ の値を T とおくと, $\|x(T) - x(\tau)\| = \rho$ であるから, $\rho \leq M|T - \tau|$, すなわち $\rho/M \leq |T - \tau|$ である. あるいは

$$\alpha = \min\{a, \rho/M\} \qquad (5.10)$$

とおくと $|t - \tau| \leq \alpha$ ならば, $(t, x(t)) \in K$.

次の定理を, ピカール・リンデレフ (Picard-Lindelöff) の定理といい, その証明は解の逐次近似法としてよく知られている.

定理 5.2

微分方程式 (5.3) の右辺の関数 $f(t, x)$ が

$$|t-\tau| \le a, \quad \|\boldsymbol{x}-\boldsymbol{\xi}\| \le \rho$$

において連続で，ある定数 M により

$$\|\boldsymbol{f}(t,x)\| \le M$$

が成り立ち，連続関数 $L(t)$ により

$$\|\boldsymbol{f}(t,x)-\boldsymbol{f}(t,y)\| \le L(t)\|x-y\|$$

が成り立つとする．このとき初期条件 $x(\tau)=\boldsymbol{\xi}$ を満たす解が，

$$|t-\tau| \le \min\left\{a, \frac{\rho}{M}\right\} \tag{5.11}$$

を満たす t の区間において唯一つ存在する．

[証明] (5.11) を満たす t の区間を J とおく．$x(t)$ が初期条件 (5.4) を満たす J における (5.3) の解のとき，$\boldsymbol{y}(t) = \boldsymbol{x}(t+\tau)$ とおくと，

$$\boldsymbol{y}'(t) = \boldsymbol{f}(t+\tau, \boldsymbol{y}(t)) \ \ (|t| \le \alpha), \ \ \boldsymbol{y}(0) = \boldsymbol{\xi}. \tag{5.12}$$

逆にこのような解 $\boldsymbol{y}(t)$ は，$\boldsymbol{x}(t) = \boldsymbol{y}(t-\tau)$ により初期条件 (5.4) を満たす (5.3) の解 $\boldsymbol{x}(t)$ に変換される．$J_0 = [-\alpha, \alpha], K_0 = J_0 \times B$,

$$\boldsymbol{g}(t,\boldsymbol{y}) = \boldsymbol{f}(t+\tau, \boldsymbol{y}), L_0(t) = L(t+\tau)$$

とおくと，次の不等式が成り立つ：

$$\|\boldsymbol{g}(t,\boldsymbol{y})-\boldsymbol{g}(t,\boldsymbol{z})\| \le L_0(t)\|\boldsymbol{y}-\boldsymbol{z}\| \ \ ((t,\boldsymbol{y}),(t,\boldsymbol{z}) \in K_0).$$

微分方程式

$$\boldsymbol{y}' = \boldsymbol{g}(t,\boldsymbol{y}) \tag{5.13}$$

の初期条件 $\boldsymbol{y}(0) = \boldsymbol{\xi}$ を満たす解に収束する関数列 $\{\boldsymbol{y}_n(t)\}_{n=0}^{\infty}$ を $t \in J_0$ に対して次のように構成する：$\boldsymbol{y}_0(t) = \boldsymbol{\xi}$ と定義し，連続関数 $\boldsymbol{y}_1(t)$ を

$$\boldsymbol{y}_1(t) = \boldsymbol{\xi} + \int_0^t \boldsymbol{g}(s, \boldsymbol{y}_0(s))ds$$

と定義する．このとき $\boldsymbol{g}(s, \boldsymbol{y}_0(s)) = \boldsymbol{g}(s, \boldsymbol{\xi})$ であるから，$s \in J_0$ ならば，$\|\boldsymbol{g}(s, \boldsymbol{y}_0(s))\| \leq M$ である．ゆえに $t \in J_0$ のとき

$$\|\boldsymbol{y}_1(t) - \boldsymbol{\xi}\| \leq M|t| \leq M\alpha \leq \rho.$$

したがって $s \in J_0$ のとき $(s, \boldsymbol{y}_1(s)) \in K_0$ であるから，$\boldsymbol{g}(s, \boldsymbol{y}_1(s))$ は定義され s の連続関数である．連続関数 $\boldsymbol{y}_2(t)$ を

$$\boldsymbol{y}_2(t) = \boldsymbol{\xi} + \int_0^t \boldsymbol{g}(s, \boldsymbol{y}_1(s))ds$$

と定義できる．このとき $\|\boldsymbol{y}_2(t) - \boldsymbol{\xi}\| \leq \rho$ が成り立つ．以下この方法を続けて，$t \in J_0$ に対して $(t, \boldsymbol{y}_n(t)) \in K_0$ であって，

$$\boldsymbol{y}_n(t) = \boldsymbol{\xi} + \int_0^t \boldsymbol{g}(s, \boldsymbol{y}_{n-1}(s))ds \quad (n = 1, 2, \ldots) \quad (5.14)$$

を満たす連続関数の列 $\{\boldsymbol{y}_n(t)\}$ を定義できる．

関数列 $\{\boldsymbol{y}_n(t)\}$ は J_0 において一様収束し，その極限関数 $\boldsymbol{y}(t)$ は $\boldsymbol{y}(0) = \boldsymbol{\xi}$ を満たす (5.13) の解であることを示す．

そのために関数列 $\{\boldsymbol{y}_n(t)\}$ は次の不等式を満たすことを示す：

$$\begin{aligned}&\|\boldsymbol{y}_n(t) - \boldsymbol{y}_{n-1}(t)\| \\ &\leq \left|\int_0^t \frac{1}{(n-1)!} \cdot \left|\int_r^t L_0(s)ds\right|^{n-1} \cdot \|\boldsymbol{g}(r, \boldsymbol{\xi})\| dr\right|. \quad (5.15)\end{aligned}$$

簡単のため $t > 0$ の場合（絶対値記号は不要）に証明する．実際

$$\|\boldsymbol{y}_1(t) - \boldsymbol{y}_0(t)\| \leq \int_0^t \|\boldsymbol{g}(s, \boldsymbol{\xi})\| ds$$

であるから，(5.15) は $n = 1$ のとき成り立つ．

次に (5.15) が n のとき成り立つとする．
$$L_n(t,r) = \frac{1}{n!}\left(\int_r^t L_0(s)ds\right)^n$$
とおくと
$$\frac{\partial L_n}{\partial t}(t,r) = L_0(t)L_{n-1}(t,r).$$
この関係により，補題 7.2 を用いて
$$\|\boldsymbol{y}_{n+1}(t) - \boldsymbol{y}_n(t)\| \leq \int_0^t L_0(s) \cdot \int_0^s L_{n-1}(s,r)\|\boldsymbol{g}(r,\boldsymbol{\xi})\|drds$$
$$= \int_0^t \int_r^t L_0(s)L_{n-1}(s,r)\|\boldsymbol{g}(r,\boldsymbol{\xi})\|dsdr$$
$$= \int_0^t \int_r^t \frac{\partial L_n}{\partial s}(s,r)ds\|\boldsymbol{g}(r,\boldsymbol{\xi})\|dr$$
$$= \int_0^t L_n(t,r) \cdot \|\boldsymbol{g}(r,\boldsymbol{\xi})\|dr.$$
ゆえに (5.15) が $n+1$ のときも成り立つ．$t<0$ のときも同様である．

次に $m>n$ のとき $\|\boldsymbol{y}_m(t) - \boldsymbol{y}_n(t)\| \leq \sum_{k=n}^{m-1} \|\boldsymbol{y}_{k+1}(t) - \boldsymbol{y}_k(t)\|$ であるから，
$$\|\boldsymbol{y}_m(t) - \boldsymbol{y}_n(t)\| \leq \sum_{k=n}^{m-1}\left|\int_0^t |L_k(t,r)| \cdot \|\boldsymbol{g}(r,\boldsymbol{\xi})\|dr\right|$$
$$= \left|\int_0^t \sum_{k=n}^{m-1}|L_k(t,r)| \cdot \|\boldsymbol{g}(r,\boldsymbol{\xi})\|dr\right|.$$

$L_k(t,r)$ の定義により，右辺を書き直して
$$\|\boldsymbol{y}_m(t) - \boldsymbol{y}_n(t)\| \leq \left|\int_0^t \sum_{k=n}^{m-1}\frac{1}{k!}\left|\int_r^t L_0(s)ds\right|^k \cdot \|\boldsymbol{g}(r,\boldsymbol{\xi})\|dr\right|. \tag{5.16}$$

ここで (5.10) で定義した α に対して

$$\int_{-\alpha}^{\alpha} L_0(s)ds = N(\alpha), \quad \int_{-\alpha}^{\alpha} \|\boldsymbol{g}(s,\boldsymbol{\xi})\|ds = G(\alpha)$$

とおくと,

$$\|\boldsymbol{y}_m(t) - \boldsymbol{y}_n(t)\| \leq G(\alpha) \sum_{k=n}^{m-1} \frac{N(\alpha)^k}{k!}.$$

$m, n \to \infty$ のとき,右辺の級数の和は零に収束するから,$\{\boldsymbol{y}_n(t)\}$ はコーシー列である.したがって $\lim_{m\to\infty} \boldsymbol{y}_m(t) = \boldsymbol{y}(t)$ が存在し

$$\|\boldsymbol{y}(t) - \boldsymbol{y}_n(t)\| \leq G(\alpha) \sum_{k=n}^{\infty} \frac{N(\alpha)^k}{k!}.$$

ゆえに $t \in J_0$ のとき $\{\boldsymbol{y}_n(t)\}$ は $\boldsymbol{y}(t)$ に一様収束する.また

$$\|\boldsymbol{g}(s, \boldsymbol{y}_{n-1}(s)) - \boldsymbol{g}(s, \boldsymbol{y}(s))\| \leq L_0(s)\|\boldsymbol{y}_{n-1}(s) - \boldsymbol{y}(s)\|$$

であるから,

$$\left\| \int_0^t \boldsymbol{g}(s, \boldsymbol{y}_{n-1}(s))ds - \int_0^t \boldsymbol{g}(s, \boldsymbol{y}(s))ds \right\|$$
$$\leq \left| \int_0^t L_0(s)\|\boldsymbol{y}_{n-1}(s) - \boldsymbol{y}(s)\|ds \right|.$$

ゆえに

$$\lim_{n\to\infty} \int_0^t \boldsymbol{g}(s, \boldsymbol{y}_{n-1}(s))ds = \int_0^t \boldsymbol{g}(s, \boldsymbol{y}(s))ds.$$

(5.14) において,$n \to \infty$ のときの極限をとれば

$$\boldsymbol{y}(t) = \boldsymbol{\xi} + \int_0^t \boldsymbol{g}(s, \boldsymbol{y}(s))ds.$$

以上により,$\boldsymbol{y}(t)$ は求める解である.

次に $\boldsymbol{z}(t)$ も同じ初期条件 $\boldsymbol{z}(0) = \boldsymbol{\xi}$ を満たす解であるとする.このとき

$$\|\boldsymbol{y}(t) - \boldsymbol{z}(t)\| \leq \left|\int_0^t \|\boldsymbol{g}(s, \boldsymbol{y}(s)) - \boldsymbol{g}(s, \boldsymbol{z}(s))\| ds\right|$$
$$\leq \left|\int_0^t L_0(s)\|\boldsymbol{y}(s) - \boldsymbol{z}(s)\| ds\right|.$$

したがって，次の系 5.5 により，$\|\boldsymbol{y}(t) - \boldsymbol{z}(t)\| = 0$ である．以上により，$[-\alpha, \alpha]$ において $\boldsymbol{y}(0) = \boldsymbol{\xi}$ を満たす解が一意的に存在する． 証明終わり

注意 初期値問題の解が一意的でない場合もある．たとえば

$$y' = \sqrt{|y|}$$

の右辺の関数は $y = 0$ の近傍でリプシッツ連続ではない．任意の τ に対して，

$$y_\tau(t) = \begin{cases} (t-\tau)^2/4 & t \geq \tau \text{ のとき} \\ -(t-\tau)^2/4 & t \leq \tau \text{ のとき} \end{cases}$$

で定義される関数は，$y_\tau(\tau) = 0$ を満たす解である．一方 $y(t) \equiv 0$ も $y(\tau) = 0$ を満たす解である．初期値問題の解の一意性条件の研究は古くからあり，日本人による結果も種々得られている．詳しいことは微分方程式論の専門書に譲る．

次の補題はグロンウォール・ベルマン（**Gronwall-Bellmann**）の補題と呼ばれており，用途の広いものである．

補題 5.3

ある区間 I において連続な実数値関数 $m(t), a(t), u(t)$ が不等式

$$u(t) \leq m(t) + \left|\int_\tau^t a(s)u(s)ds\right| \quad (t \in I) \tag{5.17}$$

を満たし（τ は I の固定点），$a(t), u(t) \geq 0$ $(t \in I)$ であるな

らば，

$$u(t) \leq m(t) + \left|\int_\tau^t m(s)a(s)e^{\left|\int_s^t a(r)dr\right|}ds\right| \quad (t \in I). \quad (5.18)$$

[証明]
$$R(t) = \int_\tau^t a(s)u(s)ds$$

とおく．$t \geq \tau$ の場合を考える．この場合，条件 (5.17) は $u(t) \leq m(t) + R(t)$ と表される．$R(t)$ を評価して，$u(t)$ の評価を得ることにする．$R(t)$ の定義より

$$R'(t) = a(t)u(t) \leq a(t)m(t) + a(t)R(t)$$

であるから，

$$R'(t) - a(t)R(t) \leq a(t)m(t).$$

不定積分 $\alpha(t) = \int a(r)dr$ を一つとり，$A(t) = e^{-\alpha(t)}$ とおく．$A(t) > 0$ であるから，

$$R'(t)A(t) - a(t)A(t)R(t) \leq a(t)m(t)A(t).$$

この左辺は $(R(t)A(t))'$ であるから，

$$(R(t)A(t))' \leq m(t)a(t)A(t)$$

を得る．τ から t までの積分をとる．$R(\tau) = 0$ であるから，

$$R(t)A(t) \leq \int_\tau^t m(s)a(s)A(s)ds.$$

$A(t), \alpha(t)$ の定義により

$$A(t)^{-1}A(s) = e^{\alpha(t)-\alpha(s)} = e^{\int_s^t a(r)dr}$$

であるから，

$$R(t) \leq \int_\tau^t m(s)a(s)e^{\int_s^t a(r)dr}ds.$$

ゆえに

$$u(t) \leq m(t) + \int_\tau^t m(s)a(s)e^{\int_s^t a(r)dr}ds.$$

これは $t \geq \tau$ の場合の不等式 (5.18) である. 証明終わり

問題 5.4

$t \leq \tau$ の場合, 補題 5.3 を証明せよ.

系 5.5

ある区間 I で連続な関数 $u(t), a(t)$ が

$$u(t) \leq M + \left| \int_\tau^t a(s)u(s)ds \right| \quad (t \in I)$$

を満たし (τ は I の固定点), $a(t), u(t)$ ならば,

$$u(t) \leq Me^{\left| \int_\tau^t a(r)dr \right|} \quad (t \in I).$$

とくに $M = 0$ ならば, $u(t) = 0$ $(t \in I)$.

定理 5.2 の証明中に定義した関数列 $\{\boldsymbol{y}_n(t)\}$ を初期値問題 (5.12) の逐次近似解という. $t \in [\tau - \alpha, \tau + \alpha]$ に対して $\boldsymbol{x}_n(t) = \boldsymbol{y}_n(t - \tau)$ とおくと,

$$\begin{cases} \boldsymbol{x}_0(t) = \boldsymbol{\xi} \\ \boldsymbol{x}_n(t) = \boldsymbol{\xi} + \int_\tau^t \boldsymbol{f}(s, \boldsymbol{x}_{n-1}(s))ds \quad (n \geq 1). \end{cases} \quad (5.19)$$

$\{\boldsymbol{x}_n(t)\}$ はもとの方程式 (5.3) の逐次近似解である. 不等式 (5.16) を $\{\boldsymbol{x}_n(t)\}$ を用いて書き直すと

$$\|\boldsymbol{x}_m(t) - \boldsymbol{x}_n(t)\| \leq \left| \int_\tau^t \sum_{k=n}^{m-1} \frac{1}{k!} \left| \int_r^t L(s) ds \right|^k \|\boldsymbol{f}(r, \boldsymbol{\xi})\| dr \right|. \tag{5.20}$$

$n = 0$ とおき,$m \to \infty$ のときの極限値をとることにより,次の系を得る.

系 5.6

定理 5.2 と同じ仮定のもとで,初期条件 $\boldsymbol{x}(\tau) = \boldsymbol{\xi}$ を満たす解は $|t - \tau| \leq \alpha$ のとき次の不等式を満たす:

$$\|\boldsymbol{x}(t) - \boldsymbol{\xi}\| \leq \left| \int_\tau^t \|\boldsymbol{f}(r, \boldsymbol{\xi})\| e^{\left| \int_r^t L(s) ds \right|} dr \right|.$$

🌿 解の存在区間

系 5.6 に注意して,定理 5.2 とは異なる解の存在区間が得られる.

定理 5.7

$\boldsymbol{f}(t, \boldsymbol{x})$ が

$$\tau_1 \leq t \leq \tau_2, \|\boldsymbol{x} - \boldsymbol{\xi}\| \leq \rho$$

で連続で,ある連続な関数 $L(t)$ により

$$\|\boldsymbol{f}(t, \boldsymbol{x}) - \boldsymbol{f}(t, \boldsymbol{y})\| \leq L(t) \|\boldsymbol{x} - \boldsymbol{y}\|$$

が成り立つとする.このとき,$\tau \in [\tau_1, \tau_2]$ に対して

$$\int_\tau^{\tau_2} \|\boldsymbol{f}(r, \boldsymbol{\xi})\| e^{\int_r^{\tau_2} L(s) ds} dr \leq \rho$$

$$\int_{\tau_1}^\tau \|\boldsymbol{f}(r, \boldsymbol{\xi})\| e^{\int_{\tau_1}^r L(s) ds} dr \leq \rho$$

が成り立てば，(5.19) により定義される逐次近似解 $\{\boldsymbol{x}_n(t)\}$ は，初期条件 $\boldsymbol{x}(\tau) = \boldsymbol{\xi}$ を満たす (5.3) の解 $\boldsymbol{x}(t)$ に $[\tau_1, \tau_2]$ において一様収束する．この初期条件を満たす解は $[\tau_1, \tau_2]$ において唯一つ存在し，次の不等式が成り立つ．

$$\|\boldsymbol{x}(t) - \boldsymbol{\xi}\| \leq \left| \int_\tau^t \|\boldsymbol{f}(r, \boldsymbol{\xi})\| e^{\left|\int_r^t L(s)ds\right|} dr \right|. \quad (5.21)$$

[証明]　$u(t) = \displaystyle\int_\tau^t \|\boldsymbol{f}(r, \boldsymbol{\xi})\| e^{\int_r^t L(s)ds} dr \quad (\tau \leq t \leq \tau_2) \quad (5.22)$

とおくと，

$$u'(t) = L(t)u(t) + \|\boldsymbol{f}(t, \boldsymbol{\xi})\| \geq 0.$$

$u(t)$ は非減少関数である．ゆえに $\tau \leq t \leq \tau_2$ のとき $u(t) \leq \rho$．このとき

$$\|\boldsymbol{x}_m(t) - \boldsymbol{x}_0(t)\| \leq \int_\tau^t \|\boldsymbol{f}(r, \boldsymbol{\xi})\| \sum_{k=0}^{m-1} \frac{1}{k!} \left(\int_r^t L(s)ds \right)^k dr$$
$$\leq u(t) \leq \rho$$

が成り立ち，逐次近似解 $\{\boldsymbol{x}_n(t)\}$ が $\tau \leq t \leq \tau_2$ において定義される．同様に

$$v(t) = \int_t^\tau \|\boldsymbol{f}(r, \boldsymbol{\xi})\| e^{\int_t^r L(s)ds} dr \quad (\tau_1 \leq t \leq \tau) \quad (5.23)$$

とおくと，

$$v'(t) = -L(t)v(t) - \|\boldsymbol{f}(t, \boldsymbol{\xi})\| \leq 0.$$

$v(t)$ は非増加関数である．ゆえに $\tau_1 \leq t \leq \tau$ のとき $v(t) \leq \rho$．このとき

$$\|\boldsymbol{x}_m(t) - \boldsymbol{x}_0(t)\| \leq \int_t^\tau \|\boldsymbol{f}(r,\boldsymbol{\xi})\| \sum_{k=0}^{m-1} \frac{1}{k!} \left(\int_t^r L(s)ds \right)^k dr$$
$$\leq v(t) \leq \rho$$

が成り立ち，逐次近似解 $\{\boldsymbol{x}_n(t)\}$ が $\tau_1 \leq t \leq \tau$ において定義され，その極限関数である解 $\boldsymbol{x}(t)$ も（5.21）を満たす． 証明終わり

この定理の τ_1, τ_2 の代わりに次のような値をとることもできる．

$$L = \max\{\|D\boldsymbol{x}\boldsymbol{f}(t,\boldsymbol{x})\| : (t,x) \in K\}$$

とおくと，$L(t) \leq L$ である．また

$$\max\{\|\boldsymbol{f}(t,\boldsymbol{\xi})\| : t \in J\} \leq M_0$$

ならば，
$$u(t) \leq \int_\tau^t M_0 e^{L(t-r)} dr = \frac{M_0}{L}(e^{L(t-\tau)} - 1).$$

同様に
$$v(t) \leq \int_t^\tau M_0 e^{L(r-t)} dr = \frac{M_0}{L}(e^{L(\tau-t)} - 1).$$

この右辺の各項が ρ となる t の値を求めると

$$|t - \tau| = \frac{1}{L} \log\left(1 + \frac{L}{M_0}\rho\right).$$

以上により次の定理（リンデレーフ **(Lindelöff)** の注意）が証明された．いま

$$T_{\rho, L, M_0} = \frac{1}{L} \log\left(1 + \frac{L}{M_0}\rho\right)$$

とおく．

定理 5.8

$f(t, x)$ が $\tau_1 \leq t \leq \tau_2, \|x - \xi\| \leq \rho$ のとき連続で，

$$\|f(t, \xi)\| \leq M_0$$

$$\|f(t, x) - f(t, y)\| \leq L\|x - y\|$$

を満足するならば，初期条件 $x(\tau) = \xi$, $(\tau_1 \leq \tau \leq \tau_2)$ を満たす (5.3) の解は，区間

$$\max\{\tau_1, \tau - T_{\rho,L,M_0}\} \leq t \leq \min\{\tau_2, \tau + T_{\rho,L,M_0}\} \quad (5.24)$$

において唯一つ存在し，(5.21) が成り立つ．

$x > -1, x \neq 0$ のとき $\log(1 + x) < x$ であるから，

$$\frac{1}{L} \log\left(1 + \frac{L}{M_0}\rho\right) < \frac{\rho}{M_0}.$$

したがって $M_0 = M$ であるならば，(5.24) で与えられる解の存在区間は (5.11) で与えられる存在区間より狭くなり，定理 5.8 はよい結果を与えない．しかし一般的には $M_0 < M$ であり，その場合はどちらがよいとはいえない．存在区間の評価 (5.11) では，M が ρ に関係しているが，(5.24) の場合は M_0 は ρ に依存しない．たとえば $f(t, x)$ がすべての $x \in \mathbb{R}^d$ に定義されて

$$\|f(t, x) - f(t, y)\| \leq L(t)\|x - y\| \quad (x, y \in \mathbb{R}^d) \quad (5.25)$$

であるような連続関数 $L(t)$ がある場合には，存在区間評価 (5.24) は有用である．

系 5.9

I を区間とし，$f(t, x)$ が $t \in I, x \in \mathbb{R}^d$ で定義され連続であり，その定義域で (5.25) が成り立つような連続関数 $L(t)$ があるとする．このとき，$\tau \in I, \xi \in \mathbb{R}^d$ に対して $x(\tau) = \xi$ を

満たす解は区間 I で唯一つ存在し，(5.21) が成り立つ．

[証明] 最初に I が閉区間 $I = [\tau_1, \tau_2]$ の場合を考える．このとき，$\boldsymbol{f}(t, \boldsymbol{\xi}), L(t)$ は $t \in I$ で連続であるから，

$$M_0 = \max_{t \in I} \|\boldsymbol{f}(t, \boldsymbol{\xi})\|, \quad L = \max_{t \in I} \|L(t)\|$$

は有限の値として定まる．ρ はいくらでも大きく取れるから，解の存在区間評価式 (5.24) により，I 全体で解が一意的に存在する．次に $I = [\tau_1, \tau_2)$ の場合には，$\tau_1 < \tau_2' < \tau_2$ である任意の τ_2' をとれば，$[\tau_1, \tau_2']$ において解が一意的に存在する．τ_2' は τ_2 にいくらでも近くとれるから，I において解が一意的に存在する．$I = (\tau_1, \tau_2], I = (\tau_1, \tau_2)$ の場合も同様である． 証明終わり

🍀 高階微分方程式

スカラー関数 $y(t)$ に関する正規系の n 階微分方程式

$$y^{(n)} = g(t, y, y', y'', \cdots, y^{(n-1)}) \tag{5.26}$$

は，変数変換

$$x_1(t) = y(t), \quad x_2(t) = y'(t), \cdots, x_n(t) = y^{(n-1)}(t)$$

により，連立 1 階の微分方程式

$$x_1' = x_2, x_2' = x_3, \cdots, x_{n-1}' = x_n, x_n' = g(t, x_1, x_2, \cdots, x_n)$$

に変換される．$n = 3$ の場合の (5.2) のように，$x_1, x_2, \cdots, x_n$ を成分とする列ベクトル $\boldsymbol{x}$ と，$x_2, x_3, \cdots, x_{n-1}, g(t, \boldsymbol{x})$ を成分とする列ベクトル $\boldsymbol{f}(t, \boldsymbol{x})$ により，

$$\boldsymbol{x}' = \boldsymbol{f}(t, \boldsymbol{x}) \tag{5.27}$$

と表される.この方程式の解の初期条件

$$x_1(\tau) = \xi_1, x_2(\tau) = \xi_2, \cdots, x_n(\tau) = \xi_n$$

は,方程式 (5.26) の解の初期条件

$$y(\tau) = \xi_1, y'(\tau) = \xi_2, \cdots, y^{(n-1)}(\tau) = \xi_n \tag{5.28}$$

に対応する.前節の結果を,(5.28) を満たす (5.26) の解の存在,一意性に適用できる.

$t \in \mathbb{R}, \boldsymbol{x} \in \mathbb{R}^n$ が

$$|t - \tau| \leq a, \|\boldsymbol{x} - \boldsymbol{\xi}\| \leq \rho \tag{5.29}$$

を満たすとき,$g(t, \boldsymbol{x})$ が連続で,

$$|g(t, \boldsymbol{x}) - g(t, \boldsymbol{y})| \leq \ell(t)\|\boldsymbol{x} - \boldsymbol{y}\| \tag{5.30}$$

であるような連続関数 $\ell(t)$ があるとする.このとき,$\boldsymbol{f}(t, \boldsymbol{x})$ も連続であるから,ある定数 M に対して

$$\|\boldsymbol{f}(t, \boldsymbol{x})\| = \left(\sum_{j=2}^{n} |x_j|^2 + |g(t, \boldsymbol{x})|^2\right)^{1/2} \leq M \tag{5.31}$$

が成り立つ.$\sum_{i=2}^{n-1} |x_i - y_i|^2 \leq \|\boldsymbol{x} - \boldsymbol{y}\|^2$ であるから,

$$\|\boldsymbol{f}(t, \boldsymbol{x}) - \boldsymbol{f}(t, \boldsymbol{y})\| \leq \sqrt{\|\boldsymbol{x} - \boldsymbol{y}\|^2 + \ell(t)^2\|\boldsymbol{x} - \boldsymbol{y}\|^2}$$
$$= \sqrt{1 + \ell(t)^2}\|\boldsymbol{x} - \boldsymbol{y}\|.$$

定理 5.10

$g(t, \boldsymbol{x})$ が

$$|t - \tau| \leq a, \|\boldsymbol{x} - \boldsymbol{\xi}\| \leq \rho$$

において連続で,(5.31) が成り立ち,連続な $\ell(t)$ により

(5.30) が成り立つとする．このとき (5.28) を満たす (5.26) の解 $y(t)$ が

$$|t - \tau| \leq \min\left\{a, \frac{\rho}{M}\right\}$$

を満たす t の区間において，ただ一つ存在する．

系 5.9 により，次も成り立つ．

定理 5.11

I を区間とし，$\boldsymbol{g}(t, \boldsymbol{x})$ が $t \in I$, $\boldsymbol{x} \in \mathbb{R}^n$ のとき連続で，I で連続な $\ell(t)$ により (5.30) が成り立つとする．このとき任意の $\xi_1, \xi_2, \cdots, \xi_n$ と $\tau \in I$ に対して，(5.28) を満たす (5.26) の解 $y(t)$ が I において唯一つ存在する．

n 階線形微分方程式

$$y^{(n)} + a_{n-1}(t) y^{(n-1)} + \cdots + a_1(t) y' + a_0(t) y = f(t) \quad (5.32)$$

に対して，系 5.11 より次の定理が成り立つ．

定理 5.12

t の区間 I において，

$$a_{n-1}(t), \cdots, a_1(t), a_0(t), f(t)$$

が連続であるとする．このとき任意の $\xi_1, \xi_2, \cdots, \xi_n \in \mathbb{R}$ と任意の $\tau \in I$ に対し，(5.28) を満たす (5.32) の解 $y(t)$ が I において唯一つ存在する．

5.3 解析的線形微分方程式

微分方程式が解析関数を用いて表されている場合には，解をより詳しく表すことができる．ここでは線形の方程式（5.32）の場合に解を級数展開して計算する方法を述べる．これは第 3 章 3.3 項における多項式特殊解の計算法を拡張したものとみなせる．

🌿 2 階解析的線形微分方程式

n 階線形微分方程式

$$y^{(n)} + a_{n-1}(t)y^{(n-1)} + \cdots + a_1(t)y' + a_0(t)y = f(t) \quad (5.33)$$

に対して，係数関数

$$a_{n-1}(t), \cdots, a_1(t), a_0(t), f(t)$$

が解析的ならば解も解析的である．すなわち次の定理が成り立つ．

定理 5.13

t_0 において（5.33）の係数関数が解析的（214 ページ参照）であるとし，それらの t_0 における収束半径の最小値を R とする．このとき任意の $\xi_0, \xi_1, \cdots, \xi_{n-1}$ に対し

$$y(t_0) = \xi_0, y'(t_0) = \xi_1, \cdots, y^{(n-1)}(t_0) = \xi_{n-1}$$

を満たす（5.33）の解 $y(t)$ は t_0 において解析的であり，$y(t)$ の t_0 を中心とする整級数展開は $|t - t_0| < R$ のとき収束する（収束半径が R より大きいこともありうる）．

$n = 2$ の場合に定理 5.13 を証明する．$n \geq 3$ の場合も同様に証明できる．

2 階線形微分方程式

$$Y''(t) - A(t)Y'(t) - B(t)Y(t) = P(t)$$

において，係数関数 $A(t), B(t), P(t)$ がある点 $t = t_0$ において解析的であるとする．このとき $Y(t)$ が解であることと，$y(t) = Y(t + t_0)$ で定義される $y(t)$ が次の方程式の解であることは同値である．

$$y''(t) - a(t)y'(t) - b(t)y(t) = p(t). \tag{5.34}$$

ただし

$$a(t) = A(t + t_0), \quad b(t) = B(t + t_0), \quad p(t) = P(t + t_0)$$

であり，

$$a(t) = \sum_{j=0}^{\infty} a_j t^j, \quad b(t) = \sum_{j=0}^{\infty} b_j t^j, \quad p(t) = \sum_{j=0}^{\infty} p_j t^j \tag{5.35}$$

とする．$a(t), b(t), p(t)$ の収束半径の最小値を $R > 0$ とする．$|t| < R$ のとき $a(t), b(t), p(t)$ は連続である．定理 5.12 により，初期条件

$$y(0) = \xi_0, \quad y'(0) = \xi_1 \tag{5.36}$$

を満たす (5.34) の解も $|t| < R$ において唯一つ存在する．この解が整級数で表されるということが，定理 5.13 の内容である．

最初に $y(t)$ が $|t| < R$ において

$$y(t) = \sum_{n=0}^{\infty} c_n t^n \tag{5.37}$$

と表されるとする．$y(0) = c_0, y'(0) = c_1$ であるから，

$$c_0 = \xi_0, \quad c_1 = \xi_1 \tag{5.38}$$

である．$|t| < R$ のとき

$$y'(t) = \sum_{n=1}^{\infty} nc_n t^{n-1} = \sum_{k=0}^{\infty} (k+1)c_{k+1} t^k$$
$$y''(t) = \sum_{n=2}^{\infty} n(n-1)c_n t^{n-2} = \sum_{k=0}^{\infty} (k+2)(k+1)c_{k+2} t^k$$

であるから，
$$a(t)y'(t) = \sum_{n=0}^{\infty} \left(\sum_{j+k=n} a_j(k+1)c_{k+1} \right) t^n,$$
$$b(t)y(t) = \sum_{n=0}^{\infty} \left(\sum_{j+k=n} b_j c_k \right) t^n.$$

(5.34) が成り立つとき，両辺の t^n の係数が等しいから，次の式が $n = 0, 1, 2, \cdots$ に対して成り立つ．

$$(n+2)(n+1)c_{n+2} = \sum_{j+k=n} (a_j(k+1)c_{k+1} + b_j c_k) + p_n. \tag{5.39}$$

この式は数列 $\{c_n\}_{n \geq 0}$ の**漸化式**で，$c_0, c_1, \cdots, c_{n+1}$ の値から c_{n+2} の値が一意的に定まる．$c_0 = \xi_0, c_1 = \xi_1$ であるから，c_2 の値が決まり，続けて $c_3, c_4, \cdots$, の値がすべて定まる．このとき (5.37) で定まる整級数を (5.34) の**形式解**という．収束性を考えないで形式的に計算して得た解という意味である．

この形式解が $|t| < R$ のとき絶対収束することを示す．これがわかれば，(5.37) は (5.36) を満たす解であり，定理が証明されたことになる．

$a(t), b(t), p(t)$ の収束半径の最小値が $R > 0$ であるとき，$0 < r < R$ ならば，$a(t)$ に対して 212 ページの評価式 (7.6)（ただし $t_0 = r$）が成り立つ．同様の評価式が $b(t), p(t)$ に対して成り立つ．$a(t), b(t), p(t)$ に対する M の値の内の最大値を改めて M とおくと，$n = 0, 1, 2, \cdots$ に対して

$$r^n |a_n| \leq M, \quad r^n |b_n| \leq M, \quad r^n |p_n| \leq M \tag{5.40}$$

が成り立つ．このとき $0 < s < r$ である s に対して

$$s^n |c_n| \leq K, \quad n = 0, 1, 2, \cdots \tag{5.41}$$

であるような K が存在することを示そう．これが成り立つならば，$|t| < s$ のとき，

$$\sum_{n=0}^{\infty} |c_n t^n| \leq \sum_{n=0}^{\infty} |c_n| s^n \left(\frac{|t|}{s}\right)^n \leq \sum_{n=0}^{\infty} K \left(\frac{|t|}{s}\right)^n = \frac{K}{1 - |t|/s}$$

により，$\sum_{n=0}^{\infty} |c_n t^n|$ は収束する．s は r にいくらでも近くとれ，r は R にいくらでも近くとれるから，結局 $\sum_{n=0}^{\infty} |c_n t^n|$ は $|t| < R$ のとき収束する．すなわち形式解は $|t| < R$ のとき絶対収束する．次の命題の証明は素朴な方法である．この種の証明によく用いられる優級数の方法については巻末のあとがき・参考図書の第5章を参照されたい．

命題 5.14

$n = 0, 1, 2, \cdots$ に対して (5.40) が成り立つとし，$c_0, c_1, \cdots$ を (5.38), (5.39) から定まる数列とし，$0 < s < r$ とし，次の2条件を満たす自然数 n_0 をとる．

$$\frac{M}{1 - s/r} \left(\frac{r}{n_0 + 2} + \frac{r^2}{(n_0 + 2)(n_0 + 1)} \right) < \frac{1}{2},$$

$$\frac{r^2}{(n_0 + 2)(n_0 + 1)} < \frac{1}{2}.$$

このとき，

$$\max\{|c_0|, s|c_1|, \cdots, s^{n_0+1}|c_{n_0+1}|, M\} = K$$

とおくと，(5.41) が成り立つ．

[証明] (5.39) より，
$$(n+2)(n+1)|c_{n+2}| \leq \sum_{j+k=n} (|a_j|(k+1)|c_{k+1}| + |b_j||c_k|) + |p_n|.$$
$0 < s < r$ とし，両辺に s^{n+2} を掛けると

$$(n+2)(n+1)s^{n+2}|c_{n+2}|$$
$$\leq \sum_{j+k=n} (|a_j|(k+1)s^{n+2}|c_{k+1}| + |b_j|s^{n+2}|c_k|) + s^{n+2}|p_n|$$
$$= \sum_{j+k=n} \left(|a_j|(k+1)s^{j+k+2}|c_{k+1}| + |b_j|s^{j+k+2}|c_k|\right) + s^{n+2}|p_n|.$$

$C_k = s^k|c_k|, \sigma = \dfrac{s}{r}$ とおく．(5.40) により，

$$|a_j|(k+1)s^{j+k+2}|c_{k+1}| = |a_j|r^j s \left(\frac{s}{r}\right)^j (k+1)C_{k+1}$$
$$\leq M s \sigma^j (k+1) C_{k+1},$$

$$|b_j|s^{j+k+2}|c_k| = |b_j|r^j s^2 \left(\frac{s}{r}\right)^j C_k$$
$$\leq M s^2 \sigma^j C_k,$$

$$s^{n+2}|p_n| = s^2 \left(\frac{s}{r}\right)^n r^n |p_n| \leq M s^2 \sigma^n$$

であるから，

$$(n+2)(n+1)C_{n+2}$$
$$\leq \sum_{j+k=n} \left(M s \sigma^j (k+1) C_{k+1} + M s^2 \sigma^j C_k\right) + M s^2 \sigma^n.$$

さしあたり，

$$\max\{C_0, C_1, \cdots, C_{n+1}, M\} = L \tag{5.42}$$

とおくと

5.3 解析的線形微分方程式

$$(n+2)(n+1)C_{n+2}$$
$$\leq ML\sum_{j+k=n}\left(s\sigma^j(k+1)+s^2\sigma^j\right)+Ls^2\sigma^n.$$

ここで

$$S_n=\sum_{j+k=n}\sigma^j(k+1)=\sum_{j=0}^n(n-j+1)\sigma^j$$
$$=(n+1)+n\sigma+(n-1)\sigma^2+\cdots+\sigma^n$$

とおく．$\sigma S_n=(n+1)\sigma+n\sigma^2+\cdots+2\sigma^n+\sigma^{n+1}$ であるから，

$$(1-\sigma)S_n=n+1-\sigma-\sigma^2-\cdots-\sigma^{n+1}<n+1.$$

ゆえに

$$S_n<\frac{n+1}{1-\sigma}.$$

また

$$\sum_{j+k=n}\sigma^j=\sum_{j=0}^n\sigma^j<\frac{1}{1-\sigma}.$$

ゆえに

$$(n+2)(n+1)C_{n+2}\leq ML\left(\frac{s}{1-\sigma}(n+1)+\frac{s^2}{1-\sigma}\right)+Ls^2\sigma^n,$$

$$C_{n+2}\leq\frac{M}{1-\sigma}\left(\frac{s}{n+2}+\frac{s^2}{(n+2)(n+1)}\right)L$$
$$+\frac{s^2}{(n+2)(n+1)}\sigma^n L.$$

$0<s<r$, $0<\sigma<1$ であるから，

$$C_{n+2} \leq \frac{M}{1-\sigma}\left(\frac{r}{n+2} + \frac{r^2}{(n+2)(n+1)}\right)L$$
$$+ \frac{r^2}{(n+2)(n+1)}L.$$

命題のように n_0 をとる. $n \geq n_0$ ならば,
$$C_{n+2} < \frac{1}{2}L + \frac{1}{2}L = L.$$

以上により最終的に命題の K, n_0 に対して, $k = 2, 3, \cdots$ に関する数学的帰納法により,
$$C_{n_0+k} \leq K$$

が成り立ち, (5.41) が証明された.　　　　　　　　　　証明終わり

ルジャンドルの方程式

前節の応用例としてルジャンドル (**Legendre**) の方程式
$$L(y) = (1-t^2)y'' - 2ty' + \alpha(\alpha+1)y = 0 \tag{5.43}$$

の解を $t = 0$ の近くで計算してみよう. $1-t^2 \neq 0$ のとき,
$$y'' = \frac{2t}{1-t^2}y' - \frac{\alpha(\alpha+1)}{1-t^2}y \tag{5.44}$$

であるから, $|t| < 1$ のとき
$$a(t) = \frac{2t}{1-t^2} = 2t\sum_{j=0}^{\infty}(t^2)^j,$$
$$b(t) = -\frac{\alpha(\alpha+1)}{1-t^2} = \sum_{j=0}^{\infty} -\alpha(\alpha+1)t^{2j}$$

と定義すると, (5.43) は (5.34) の形式 (ただし $p(t) = 0$) で表される. $a(t), b(t)$ の収束半径は $R = 1$ である. $a(t), b(t)$ の係数は

$$0 = a_0 = a_2 = a_4 = \cdots, \quad 2 = a_1 = a_3 = a_5 = \cdots,$$
$$-\alpha(\alpha+1) = b_0 = b_2 = b_4 = \cdots, \quad 0 = b_1 = b_3 = b_5 = \cdots$$

のように,n が偶数であるか奇数であるかに応じて分かれる.$\{c_n\}$ の漸化式

$$(n+2)(n+1)c_{n+2} = \sum_{j+k=n}(a_j(k+1)c_{k+1} + b_j c_k)$$
$$= \sum_{j=0}^{n}(a_j(n-j+1)c_{n-j+1} + b_j c_{n-j})$$

は次のようになる.

$$(n+2)(n+1)c_{n+2}$$
$$= -\alpha(\alpha+1)c_n + 2nc_n - \alpha(\alpha+1)c_{n-2} + 2(n-2)c_{n-2} - \cdots$$
$$= (-\alpha(\alpha+1) + 2n)c_n + (-\alpha(\alpha+1) + 2(n-2))c_{n-2} + \cdots$$

n を $n-2$ に置き換えると右辺の第 2 項以下になるはずであるから,

$$(n+2)(n+1)c_{n+2} = (-\alpha(\alpha+1) + 2n)c_n + n(n-1)c_n$$
$$= -(\alpha+n+1)(\alpha-n)c_n.$$

しかしこの場合は $y(t) = \sum_{j=0}^{\infty} c_j t^j$ を (5.44) ではなく,直接 (5.43) に代入してみる.

$$2ty'(t) = \sum_{j=1}^{\infty} 2t(jc_j t^{j-1}) = \sum_{k=1}^{\infty} 2kc_k t^k,$$
$$t^2 y''(t) = \sum_{j=2}^{\infty} t^2(j(j-1)c_j t^{j-2}) = \sum_{k=2}^{\infty} k(k-1)c_k t^k,$$
$$y''(t) = \sum_{j=2}^{\infty} j(j-1)c_j t^{j-2} = \sum_{k=0}^{\infty} (k+2)(k+1)c_{k+2} t^k$$

と表されるから,

$L(y)(t)$

$= 2c_2 + \alpha(\alpha+1)c_0 + (3 \cdot 2c_3 - 2c_1 + \alpha(\alpha+1)c_1)t$

$\quad + \sum_{k=2}^{\infty}((k+2)(k+1)c_{k+2} - k(k-1)c_k - 2kc_k + \alpha(\alpha+1)c_k)t^k$

$= 2c_2 + \alpha(\alpha+1)c_0 + (3 \cdot 2c_3 + (\alpha+2)(\alpha-1)c_1)t$

$\quad + \sum_{k=2}^{\infty}((k+2)(k+1)c_{k+2} + (\alpha+k+1)(\alpha-k)c_k)t^k.$

したがって，同じ漸化式

$$c_{n+2} = -\frac{(\alpha+n+1)(\alpha-n)}{(n+2)(n+1)}c_n, \quad n = 0, 1, 2, \cdots \qquad (5.45)$$

を得る．$n = 0$ とおくことにより，$c_2 = -\frac{(\alpha+1)\alpha}{2}c_0$．$n = 1$ とおくことにより，$c_3 = -\frac{(\alpha+2)(\alpha-1)}{3 \cdot 2}c_1$．$n = 2, 3$ とおくことにより，

$$c_4 = -\frac{(\alpha+3)(\alpha-2)}{4 \cdot 3}c_2 = \frac{(\alpha+3)(\alpha+1)\alpha(\alpha-2)}{4 \cdot 3 \cdot 2}c_0,$$

$$c_5 = -\frac{(\alpha+4)(\alpha-3)}{5 \cdot 4}c_3 = \frac{(\alpha+4)(\alpha+2)(\alpha-1)(\alpha-3)}{5 \cdot 4 \cdot 3 \cdot 2}c_1.$$

これから類推して $m = 1, 2, \cdots$ のとき

$$c_{2m} = (-1)^m \frac{(\alpha+2m-1)\cdots(\alpha+1)\cdot\alpha(\alpha-2)\cdots(\alpha-2m+2)}{(2m)!}c_0,$$

$$c_{2m+1} = (-1)^m \frac{(\alpha+2m)\cdots(\alpha+2)\cdot(\alpha-1)(\alpha-3)\cdots(\alpha-2m+1)}{(2m+1)!}c_1.$$

この式は m に関する数学的帰納法で確かめることができる．

$c_0 = 1, c_1 = 0$ とおき，t の偶数乗の項のみの和からなる解

$$\phi_\alpha(t) = 1 - \frac{(\alpha+1)\alpha}{2}t^2 + \frac{(\alpha+3)(\alpha+1)\alpha(\alpha-2)}{4\cdot3\cdot2}t^4 - \cdots$$

を得る．$c_0 = 0, c_1 = 1$ とおき，t の奇数乗の項のみの和からなる解

$$\psi_\alpha(t) = t - \frac{(\alpha+2)(\alpha-1)}{3\cdot2}t^3 \\ + \frac{(\alpha+4)(\alpha+2)(\alpha-1)(\alpha-3)}{5\cdot4\cdot3\cdot2}t^5 - \cdots$$

を得る．一般解は

$$y(t) = c_0\phi_\alpha(t) + c_1\psi_\alpha(t) \tag{5.46}$$

と表される．

$\phi_\alpha(t), \psi_\alpha(t)$ の収束半径は次のようになる．

- $\alpha \neq 0, \pm1, \pm2, \cdots$ のときは $c_n \neq 0, n = 0, 1, 2, \cdots$ である．(5.45) より，

$$\lim_{n\to\infty}\frac{|c_{n+2}|}{|c_n|} = \lim_{n\to\infty}\left|\frac{(\alpha+n+1)(\alpha-n)}{(n+2)(n+1)}\right| = 1$$

であるから，$\phi_\alpha(t), \psi_\alpha(t)$ の収束半径はともに 1 である．

- $\alpha = 2m, m = 0, 1, 2, \cdots$ のときは，$c_{2m} \neq 0, c_{2(m+1)} = 0$. 漸化式により，$k \geq m+1$ のとき，$c_{2k} = 0$ である．$\phi_{2m}(t)$ は $2m$ 次の多項式で，その収束半径は ∞ である．$\psi_{2m}(t)$ の係数はすべて 0 ではなく，その収束半径は 1 である．

- $\alpha = 2m+1, m = 0, 1, 2, \cdots$ のときは，$c_{2m+1} \neq 0, c_{2(m+1)+1} = 0$ である．漸化式により，$k \geq m+1$ のとき $c_{2k+1} = 0$ である．$\psi_{2m+1}(t)$ は $2m+1$ 次の多項式で，その収束半径は ∞ である．$\phi_{2m+1}(t)$ の係数はすべて 0 ではなく，その収束半径は 1 である．

以上により，n が 0 以上の整数のとき，ルジャンドルの方程式

$$(1-t^2)y'' - 2ty' + n(n+1)y = 0 \tag{5.47}$$

は n 次多項式解を持つ．逆に，n 次多項式解は上で与えた解の定数倍であることも一般解の式 (5.46) により証明できる．さらに n 次多項式

$$p_n(t) = \frac{d^n}{dt^n}(t^2-1)^n$$

が解であることを直接確かめることができ，$p_n(1) = 2^n n!$ である．したがって

$$P_n(t) = \frac{1}{2^n n!}\frac{d^n}{dt^n}(t^2-1)^n$$

は $P_n(1) = 1$ であるような (5.47) の多項式解である．$P_n(t)$ をルジャンドル (**Legendre**) の **n 次多項式**といい，古くからの結果が多々ある．たとえば，それらは**直交系**である．すなわち次が成り立つ．

$$\int_{-1}^{1} P_n(t)P_m(t)dt = \begin{cases} 0 & n \neq m \text{ のとき}, \\ 2/(2n+1) & n = m \text{ のとき}. \end{cases}$$

$P_0(t), P_1(t), \cdots, P_n(t)$ は 1 次独立で，任意の n 次多項式はその 1 次結合で表される．

第6章

連立線形微分方程式

n 次ベクトル値関数 $x(t)$ に関する線形微分方程式
$$x' = A(t)x + f(t)$$
の解の線形代数的構造を解説する．$A(t)$ が一般の行列の場合には解を具体的に表示できるわけではないが，その線形代数的性質はスカラー関数の場合と類似である．同次形の微分方程式
$$x' = A(t)x$$
は n 個の 1 次独立な解をもち，それらを用いて非同次方程式の解は定数変化法の公式により表示される．係数行列 $A(t)$ が定数行列 $A(t) \equiv A$ の場合には A の固有値，固有ベクトルを用いて，同次形の 1 次独立な解を計算でき，定数変化法の公式も具体的に書き下すことができる．A が複素行列の場合は取り扱いが楽であるが，実行列の場合には実関数の範囲で解を表示するための工夫が必要になる．そのために第 7 章の線形代数に関する補足を用いている．**かんどころ**は実線形空間の複素化である．

6.1 基本解と定数変化法

たとえば正規形の微分方程式

$$y^{(3)} + a_2(t)y^{(2)} + a_1(t)y^{(1)} + a_0(t)y = b(t)$$

の解 $\phi(t)$ に対して，

$$y_j = \phi^{(j-1)}(t), \ j = 1, 2, 3$$

とおくと，

$$\begin{bmatrix} y_1' \\ y_2' \\ y_3' \end{bmatrix} = \begin{bmatrix} 0 & 1 & 0 \\ 0 & 0 & 1 \\ -a_0(t) & -a_1(t) & -a_2(t) \end{bmatrix} \begin{bmatrix} y_1 \\ y_2 \\ y_3 \end{bmatrix} + \begin{bmatrix} 0 \\ 0 \\ b(t) \end{bmatrix}.$$

逆にこの 3 連立微分方程式の解の第 1 成分はもとのスカラー 3 階の微分方程式の解である．本節では，一般化した連立線形微分方程式の解の基本性質を列挙する．

$\boldsymbol{y}, \boldsymbol{f}(t)$ を n 次列ベクトル，$A(t)$ を n 次正方行列として，連立線形微分方程式

$$\boldsymbol{y}' = A(t)\boldsymbol{y} + \boldsymbol{f}(t) \tag{6.1}$$

を考える．はじめに $\boldsymbol{y}, A(t), \boldsymbol{f}(t)$ の成分は実数とする．$A(t), \boldsymbol{f}(t)$ の成分 $a_{ij}(t), f_j(t)$ は，実数 t のある区間 I で連続な関数とする．

$$F(t, \boldsymbol{y}) = A(t)\boldsymbol{y} + \boldsymbol{f}(t) \tag{6.2}$$

とおくと，$F(t, \boldsymbol{y})$ は $I \times \mathbb{R}^n$ で定義された連続関数である．この場合 $F(t, \boldsymbol{y}) - F(t, \boldsymbol{z}) = A(t)(\boldsymbol{y} - \boldsymbol{z})$ であるから，リプシッツ条件

$$\|F(t, \boldsymbol{y}) - F(t, \boldsymbol{z})\| \leq \|A(t)\|\|\boldsymbol{y} - \boldsymbol{z}\| \tag{6.3}$$

が成り立つ．

定理 6.1

$A(t), \boldsymbol{f}(t)$ がある区間 I で連続な実数関数であるならば，任意の $\tau \in I, \boldsymbol{\eta} \in \mathbb{R}^n$ に対して，初期条件

$$\boldsymbol{y}(\tau) = \boldsymbol{\eta} \tag{6.4}$$

を満たす（6.1）の解が I において唯一つ存在し，$t \in I$ に対して次の不等式が成り立つ．

$$\|\boldsymbol{y}(t)\| \leq \|\boldsymbol{\eta}\| e^{\left|\int_\tau^t \|A(s)\| ds\right|} + \left|\int_\tau^t \|\boldsymbol{f}(r)\| e^{\left|\int_r^t \|A(s)\| ds\right|} dr\right|. \tag{6.5}$$

[証明] 系 5.9 により，$\boldsymbol{y}(\tau) = \boldsymbol{\eta}$ を見たす解は I においてただ一つ存在し，(6.2) で定義される $F(t, \boldsymbol{y})$ により，

$$\|\boldsymbol{y}(t) - \boldsymbol{\eta}\| \leq \left|\int_\tau^t \|F(r, \boldsymbol{\eta})\| e^{\left|\int_r^t \|A(s)\| ds\right|} dr\right|$$

が成り立つ．ゆえに

$$\|\boldsymbol{y}(t)\| \leq \|\boldsymbol{\eta}\| + \left|\int_\tau^t \|F(r, \boldsymbol{\eta})\| e^{\left|\int_r^t \|A(s)\| ds\right|} dr\right|$$

である．不等式 $\|F(r, \boldsymbol{\eta})\| \leq \|A(r)\|\|\boldsymbol{\eta}\| + \|\boldsymbol{f}(r)\|$ を用いて

$$\left|\int_\tau^t (\|A(r)\|\|\boldsymbol{\eta}\| + \|\boldsymbol{f}(r)\|) e^{\left|\int_r^t \|A(s)\| ds\right|} dr\right|$$
$$= \|\boldsymbol{\eta}\| e^{\left|\int_\tau^t \|A(s)\| ds\right|} - \|\boldsymbol{\eta}\| + \left|\int_\tau^t \|\boldsymbol{f}(r)\| e^{\left|\int_r^t \|A(s)\| ds\right|} dr\right|.$$

ゆえに $t \in I$ に対して (6.5) が成り立つ． 証明終わり

次に $\boldsymbol{y}(t), A(t), \boldsymbol{f}(t)$ の成分が複素数である場合にも (6.2) に対

して定理 6.1 と同じ結果が成り立つ．実際

$$\Re z(t) = u(t), \quad \Im z(t) = v(t),$$
$$\Re A(t) = B(t), \quad \Im A(t) = C(t), \quad \Re f(t) = g(t), \quad \Im f(t) = h(t)$$

とおくと，(6.2) は次の連立方程式に帰着される．

$$u' = B(t)u - C(t)v + g(t), \quad v' = C(t)u + B(t)v + h(t).$$

この方程式はベクトル関数 $w(t) = (u(t), v(t))$ に関する連立線形微分方程式であり，初期条件 $w(\tau) = \zeta = (\xi, \eta) \in \mathbb{R}^{2n}$ を満たす解 $w(t)$ が I においてが唯一つ存在する．対応して，元の方程式 (6.2) に対して，初期条件 $y(\tau) = \xi + i\eta \in \mathbb{C}^n$ を満たす解 $y(t) = u(t) + iv(t)$ が I において唯一つ存在する．

線形微分方程式 (6.1) の解の集合は，単独の線形微分方程式と同様に次のような線形代数的性質をもつ．定理 6.1 により，解はすべて I で定義された連続微分可能な関数である．

同次形の方程式

$$x' = A(t)x \tag{6.6}$$

は係数が実数でも複素解を持ち得る．実際，$x_1(t), x_2(t)$ を実解とすると，$x(t) = x_1(t) + ix_2(t)$ は複素解である．

以下において係数の範囲が $\mathbb{R}, \mathbb{C}$ いずれでも同じ結果が成り立つ場合がある．そのような場合は係数の集合を $\mathbb{K}$ により代表させる：

$$\mathbb{K} = \mathbb{R} \quad \text{または} \quad \mathbb{K} = \mathbb{C}.$$

連続微分可能な関数 $x(t)$ に対して，$u(t) = x'(t) - A(t)x(t)$ で定義される関数 $u(t)$ は連続関数である．関数 $x(t)$ を関数 $u(t)$ に写す写像を $\mathcal{L}$ で表す：

$$(\mathcal{L}x)(t) = x'(t) - A(t)x(t).$$

$\mathcal{L}$ は線形作用素である．すなわち次の関係式が成り立つ：

$$\mathcal{L}(c_1\boldsymbol{x}_1 + c_2\boldsymbol{x}_2) = c_1\mathcal{L}\boldsymbol{x}_1 + c_2\mathcal{L}\boldsymbol{x}_2 \quad (c_1, c_2 \in \mathbb{K}).$$

同次形の方程式 (6.6) の解の集合を $\mathcal{S}$ とおく．$\mathcal{S}$ の要素は I で連続微分可能な関数であり，

$$\mathcal{S} = \{\boldsymbol{x} : \mathcal{L}\boldsymbol{x} = 0\}$$

のように表される．また，非同次方程式 (6.1) の解の集合を $\mathcal{T}_f$ とおく．すなわち

$$\mathcal{T}_f = \{\boldsymbol{y} : \mathcal{L}\boldsymbol{y} = \boldsymbol{f}\}.$$

$\mathcal{L}$ が線形作用素であるから次の定理（重ね合せの原理）が成り立つ．

定理 6.2

(i) $\mathcal{S}$ は $\mathbb{K}$ 上の線形空間である．すなわち $\boldsymbol{x}_1, \boldsymbol{x}_2$ が同次形の方程式 (6.6) の解ならば，その 1 次結合 $c_1\boldsymbol{x}_1 + c_2\boldsymbol{x}_2$ も解である．

(ii) $\boldsymbol{y}_1, \boldsymbol{y}_2 \in \mathcal{T}_f$ ならば，$\boldsymbol{y}_1 - \boldsymbol{y}_2 \in \mathcal{S}$．また，任意の $\boldsymbol{y}_0 \in \mathcal{T}_f$ に対して，

$$\mathcal{T}_f = \boldsymbol{y}_0 + \mathcal{S} = \{\boldsymbol{y}_0 + \boldsymbol{x} : \boldsymbol{x} \in \mathcal{S}\}.$$

(iii) $\boldsymbol{y}_1$ が $\boldsymbol{y}' = A(t)\boldsymbol{y} + \boldsymbol{f}_1(t)$ の解であり，$\boldsymbol{y}_2$ が $\boldsymbol{y}' = A(t)\boldsymbol{y} + \boldsymbol{f}_2(t)$ の解であるならば，$\boldsymbol{y}(t) = c_1\boldsymbol{y}_1(t) + c_2\boldsymbol{y}_2(t)$ は，次の方程式の解である．

$$\boldsymbol{y}' = A(t)\boldsymbol{y} + c_1\boldsymbol{f}_1(t) + c_2\boldsymbol{f}_2(t).$$

方程式 (6.6) の解の初期値問題の解の一意性により，次の補題が成り立つ．

補題 6.3

$x_1, x_2, \cdots, x_r$ を (6.6) の解とし，$\tau \in I$ とし，$c_1, c_2, \cdots, c_r \in \mathbb{K}$ とする．このとき

$$c_1 x_1(\tau) + c_2 x_2(\tau) + \cdots + c_r x_r(\tau) = 0 \qquad (6.7)$$

ならば，

$$c_1 x_1 + c_2 x_2 + \cdots + c_r x_r = 0 \qquad (6.8)$$

であり，逆も成り立つ．ゆえに $x_1(\tau), x_2(\tau), \cdots, x_r(\tau)$ が $\mathbb{K}^n$ のベクトルとして 1 次従属であることと，$x_1, x_2, \cdots, x_r$ が関数として $\mathbb{K}$ 上 1 次従属であることは同値である．また 1 次独立性についても同様である．

[証明] (6.8) ならば (6.7) であることは明らかである．逆に (6.7) が成り立つとする．このとき $x = c_1 x_1 + c_2 x_2 + \cdots + c_r x_r$ とおくと，x は初期条件 $x(\tau) = 0$ を満たす (6.6) の解である．初期条件に対する解の一意性より，$x = 0$ であり，(6.8) が成り立つ．

証明終わり

定理 6.4

同次形の方程式 (6.6) には 1 次独立な n 個の解

$$\phi_1, \phi_2, \cdots, \phi_n$$

が存在し，任意の解 x はその 1 次結合として

$$x = c_1 \phi_1 + c_2 \phi_2 + \cdots + c_n \phi_n \qquad (6.9)$$

のように表される．すなわち $\dim_{\mathbb{K}} \mathcal{S} = n$ である．

[証明] $\{\xi_1, \xi_2, \cdots, \xi_n\}$ を $\mathbb{K}^n$ の基底とし，$k = 1, 2, \cdots, n$ に対

して，I の点 τ における初期条件 $\boldsymbol{x}(\tau) = \boldsymbol{\xi}_k$ を満たす (6.6) の解を $\boldsymbol{x} = \boldsymbol{\phi}_k(t)$ とおく．$\boldsymbol{\phi}_1(\tau), \boldsymbol{\phi}_2(\tau), \cdots, \boldsymbol{\phi}_n(\tau)$ は 1 次独立であるから，補題 6.3 により，$\boldsymbol{\phi}_1, \boldsymbol{\phi}_2, \cdots, \boldsymbol{\phi}_n$ は 1 次独立である．

次に $\boldsymbol{x}$ を (6.6) の任意の解とする．$\boldsymbol{x}(\tau) = \boldsymbol{\xi}$ とおくと，

$$\boldsymbol{\xi} = c_1 \boldsymbol{\xi}_1 + c_2 \boldsymbol{\xi}_2 + \cdots + c_n \boldsymbol{\xi}_n \quad (c_1, c_2, \cdots, c_n \in \mathbb{K})$$

と表される．ゆえに

$$c_1 \boldsymbol{\phi}_1(\tau) + c_2 \boldsymbol{\phi}_2(\tau) \cdots + c_n \boldsymbol{\phi}_n(\tau) - \boldsymbol{x}(\tau) = 0$$

であるから，補題 6.3 により，

$$c_1 \boldsymbol{\phi}_1 + c_2 \boldsymbol{\phi}_2 \cdots + c_n \boldsymbol{\phi}_n - \boldsymbol{x} = 0,$$

すなわち (6.9) が成り立つ．したがって，$\{\boldsymbol{\phi}_1, \boldsymbol{\phi}_2, \cdots, \boldsymbol{\phi}_n\}$ は $\mathcal{S}$ の基底である． 証明終わり

同次形の方程式 (6.6) において，$A(t)$ が実数行列の場合は，$\mathcal{S}$ は次のような構造をもつ．実数解のみの集合を $\mathcal{S}^{\mathbb{R}}$ とおき，複素数解全体の集合を $\mathcal{S}^{\mathbb{C}}$ とおく．前者は実線形空間であり，後者は複素線形空間である．単独の線形微分方程式に対する命題 4.10 と同様に $\mathcal{S}^{\mathbb{C}}$ は $\mathcal{S}^{\mathbb{R}}$ の複素化である．

命題 6.5

$A(t)$ が実行列の場合，

$$\mathcal{S}^{\mathbb{C}} = \mathcal{S}^{\mathbb{R}} + i\mathcal{S}^{\mathbb{R}} = \{\boldsymbol{x} + i\boldsymbol{y} : \boldsymbol{x}, \boldsymbol{y} \in \mathcal{S}^{\mathbb{R}}\},$$
$$\dim_{\mathbb{R}} \mathcal{S}^{\mathbb{R}} = \dim_{\mathbb{C}} \mathcal{S}^{\mathbb{C}} = n.$$

$\mathcal{S}$ の基底は (6.6) の**基本解**を構成する，あるいは基本解であるという．

(6.6) の n 個の解 $\{\boldsymbol{\phi}_1, \boldsymbol{\phi}_2, \cdots, \boldsymbol{\phi}_n\}$ があるとき，$\boldsymbol{\phi}_j(t)$ の第 i 成分を $\phi_{ij}(t)$ のように表す $(i, j = 1, 2, \cdots, n)$．$\phi_{ij}(t)$ を (i, j) 成分とする n 次正方行列を $\Phi(t)$ とおく．

$$\Phi(t) = \begin{bmatrix} \phi_{11}(t) & \phi_{12}(t) & \cdots & \phi_{1n}(t) \\ \phi_{21}(t) & \phi_{22}(t) & \cdots & \phi_{2n}(t) \\ \cdots, & \cdots, & \cdots, & \cdots \\ \phi_{n1}(t) & \phi_{n2}(t) & \cdots & \phi_{nn}(t) \end{bmatrix}.$$

補題 6.3,定理 6.4 により，次の命題が成り立つ．

命題 6.6

(i) (6.6) の n 個の解 $\{\boldsymbol{\phi}_1, \boldsymbol{\phi}_2, \cdots, \boldsymbol{\phi}_n\}$ は，ある τ において $\Phi(\tau)$ が正則行列ならば，基本解であり，逆に基本解であるならば，すべての t において $\Phi(t)$ は正則行列である．

(ii) $\{\boldsymbol{\phi}_1, \boldsymbol{\phi}_2, \cdots, \boldsymbol{\phi}_n\}$ が基本解ならば，(6.6) の任意の解 $\boldsymbol{x}(t)$ は n 次列ベクトル $\boldsymbol{c}$ を用いて，

$$\boldsymbol{x}(t) = \Phi(t)\boldsymbol{c} \quad (t \in I) \tag{6.10}$$

のように表される．

$\{\boldsymbol{\phi}_1, \boldsymbol{\phi}_2, \cdots, \boldsymbol{\phi}_n\}$ が基本解であるとき，$\Phi(t)$ を **基本行列** という．$\boldsymbol{x}(t)$ が初期条件 $\boldsymbol{x}(\tau) = \boldsymbol{\xi}$ を満たすならば，$\boldsymbol{\xi} = \Phi(\tau)\boldsymbol{c}$ より，$\boldsymbol{c} = \Phi(\tau)^{-1}\boldsymbol{\xi}$ である．したがって

$$\boldsymbol{x}(t) = \Phi(t)\Phi(\tau)^{-1}\boldsymbol{\xi}.$$

右辺に現れた行列を

$$U(t, \tau) = \Phi(t)\Phi(\tau)^{-1}$$

とおき，微分方程式 (6.6) の **解作用素行列** という．

系 6.7

微分方程式 (6.6) の**解作用素行列**を $U(t,\tau)$ とおくと, 初期条件 $\boldsymbol{x}(\tau) = \boldsymbol{\xi}$ を満たす (6.6) の解 $\boldsymbol{x}(t)$ は

$$\boldsymbol{x}(t) = U(t,\tau)\boldsymbol{\xi}$$

のように表される.

解作用素行列 $U(t,\tau)$ とは, $\boldsymbol{\xi} \in \mathbb{R}^n$ に対して, τ において $\boldsymbol{\xi}$ を通る解の t における値を対応させる写像 (これを**解作用素**という) を表す行列である. したがって初期値に対する解の一意性により基本行列に依存せず決まる作用素である. この性質は次のように直接確かめられる.

線形空間の基底は正則行列で互いに変換される. $\boldsymbol{x}_1, \boldsymbol{x}_2, \cdots, \boldsymbol{x}_n$ が新たな基本解であるとき, 元の基本解 $\boldsymbol{\phi}_1, \cdots, \boldsymbol{\phi}_n$ を用いて

$$\boldsymbol{x}_j = c_{1j}\boldsymbol{\phi}_1 + c_{2j}\boldsymbol{\phi}_2 + \cdots + c_{nj}\boldsymbol{\phi}_n, \quad (j = 1, 2, \cdots, n) \quad (6.11)$$

のように表される. c_{ij} を (i,j) 成分とする n 次正方行列を C とおくと, C は基底変換の行列として正則行列である. $\boldsymbol{x}_j(t)$ の第 i 成分を $x_{ij}(t)$ とし, $x_{ij}(t)$ を (i,j) 成分とする n 次正方行列を $X(t)$ とおくと, (6.11) は次のように表わされる.

$$X(t) = \Phi(t)C \quad (t \in I).$$

したがって

$$X(t)X(\tau)^{-1} = (\Phi(t)C)(C^{-1}\Phi(\tau)^{-1}) = \Phi(t)\Phi(\tau)^{-1}.$$

が成り立つ. すなわち任意の基本行列 $X(t)$ に対して

$$U(t,\tau) = X(t)X(\tau)^{-1}.$$

各 τ に対して $U(t,\tau)$ は t の関数として基本行列であり,

$$U(\tau,\tau) = E.$$

ただし，E は単位行列である．

行列関数 $X(t)$ があるとき，各成分を微分してできる行列を $X'(t)$ とする．$X(t)$ が基本行列であるとき，その第 j 列 $\boldsymbol{x}_j(t)$ は $\boldsymbol{x}_j'(t) = A(t)\boldsymbol{x}_j(t)$ を満たすから，$X(t)$ は次の行列微分方程式

$$X'(t) = A(t)X(t) \tag{6.12}$$

の解である．行列微分方程式は，同次方程式 (6.6) を n 個並べたものに過ぎないから，$\tau \in I$ と n 次正方行列 M に対して，初期条件 $X(\tau) = M$ を満たす (6.12) の行列解 $X(t)$ は I において一意的に存在する．

命題 6.6 により，次の定理が成り立つ．

定理 6.8

(i) 正方行列 $X(t)$ を行列微分方程式 (6.12) の解とする．ある τ において $X(\tau)$ が正則行列であるならば，$X(t)$ は基本行列であり，逆に基本行列であるならば $X(t)$ はすべての t において正則行列である．

(ii) $X(t)$ が行列微分方程式 (6.12) の解で，$X(\tau) = E$ であるならば，$X(t) = U(t,\tau)$ である．

基本行列 $X(t)$ は正則行列であるから，行列式は 0 でない：

$$\det X(t) \neq 0.$$

この行列式は単独線形微分方程式のロンスキアンに相当する．基本行列の行列式は 1 階の線形微分方程式を満たす．次の問題の内容はリウヴィル・オストログラツキーの公式を拡張したものである．$A(t)$ の対角成分 $a_{ii}(t)$ の和を $A(t)$ のトレースと言い，次のように

書く.

$$\mathrm{tr}A(t) = \sum_{i=1}^{n} a_{ii}(t).$$

問題 6.9

基本行列の行列式 $\det X(t) = |X(t)|$ は

$$\frac{d}{dt}|X(t)| = \mathrm{tr}A(t)|X(t)|$$

を満たし,以下が成り立つことを示せ.

$$|X(t)| = |X(\tau)|e^{\int_\tau^t \mathrm{tr}A(s)ds}.$$

微分可能な関数を成分とする行列 $X(t), Y(t)$ の積 $X(t)Y(t) = Z(t)$ が定義できるとき,次の微分公式が成り立つ.

$$Z'(t) = X'(t)Y(t) + X(t)Y'(t).$$

問題 6.10

この微分公式を証明せよ.

以上のように準備して非同次方程式 (6.1) の一般解を基本行列を用いて表す**定数変化法**の公式を示す.2 階線形微分方程式の場合と同様に**定数変化法**を用いるが,この場合には同次方程式の一般解を表す (6.10) 式における定数ベクトル c を変数ベクトルに置き換えるのである.

定理 6.11

$\Phi(t)$ を同次方程式（6.6）の基本行列とする．このとき非同次方程式（6.1）の一般解 $y(t)$ は次のように表される．

$$y(t) = \Phi(t) \int \Phi(t)^{-1} f(t) dt. \qquad (6.13)$$

あるいは定点 τ をとると，任意定数ベクトル c を用いて

$$y(t) = \int_\tau^t \Phi(t)\Phi(s)^{-1} f(s) ds + \Phi(t)c. \qquad (6.14)$$

また初期条件 $y(\tau) = \eta$ を満たす解は

$$y(t) = \int_\tau^t \Phi(t)\Phi(s)^{-1} f(s) ds + \Phi(t)\Phi(\tau)^{-1}\eta. \qquad (6.15)$$

[証明] 非同次方程式（6.1）の解 $y(t)$ に対して，

$$u(t) = \Phi(t)^{-1} y(t)$$

とおく．$\Phi(t), y(t)$ の成分は連続微分可能であるから，$u(t)$ の成分も連続微分可能で

$$y(t) = \Phi(t) u(t)$$

と表される（つまり $u(t)$ は，$\mathbb{R}^n$ の基底 $\{\phi_1(t), \phi_2(t), \cdots, \phi_n(t)\}$ に関する $y(t)$ の座標である）．このように $y(t)$ を表して非同次方程式に代入する．$\Phi'(t) = A(t)\Phi(t)$ により，次の式が成り立つ．

$$A(t)\Phi(t) u(t) + \Phi(t) u'(t) = A(t)\Phi(t) u(t) + f(t).$$

したがって，$\Phi(t) u'(t) = f(t)$ であるから，$u'(t) = \Phi(t)^{-1} f(t)$，すなわち

$$u(t) = \int \Phi(t)^{-1} f(t).$$

$y(t) = \Phi(t) u(t)$ に代入すると（6.13）のようになる．あるいは

不定積分を定積分を用いて表すと，τ を定点，c を任意 n 次定数ベクトルとして

$$u(t) = \int_\tau^t \Phi(s)^{-1} f(s) ds + c.$$

ゆえに (6.13) は (6.14) と表される．$y(t)$ が初期条件 $y(\tau) = \eta$ を満たすならば，(6.14) において $t = \tau$ とおくと，$\eta = \Phi(\tau)c$．よって $c = \Phi(\tau)^{-1}\eta$ であり，(6.15) が成り立つ． 証明終わり

非同次方程式 (6.1) の初期値問題の解は解作用行列を用いて次のように表される．

系 6.12

同次方程式 (6.6) の解作用素を $U(t, s)$ とする．このとき，初期条件 $y(\tau) = \eta$ を満たす非同次方程式 (6.1) の解は次のように表わされる．

$$y(t) = \int_\tau^t U(t, s) f(s) ds + U(t, \tau) \eta. \qquad (6.16)$$

定理 6.11 や系 6.12 における非同次方程式の解 $y(t)$ を表す式を **定数変化法の公式**という．

問題 6.13

(1) 基本行列 $X(t)$ は次の微分公式を満たすことを証明せよ．

$$\frac{d}{dt} X(t)^{-1} = -A(t) X(t)^{-1}.$$

(2) 作用素行列 $U(t, s)$ は次の微分公式を満たすことを証明せよ．

$$\frac{\partial U}{\partial t}(t, s) = A(t) U(t, s), \quad \frac{\partial U}{\partial s}(t, s) = -U(t, s) A(s).$$

問題 6.14

K がすべての t に対して $A(t)K = KA(t)$ であるような正方行列ならば，解作用素行列 $U(t,\tau)$ に対しても $KU(t,\tau) = U(t,\tau)K$ が成り立つことを証明せよ．

6.2 定数係数連立線形微分方程式

$A(t)$ が定数行列ならば，同次方程式

$$\boldsymbol{x}' = A\boldsymbol{x} \tag{6.17}$$

の解は，指数関数と多項式を用いて表され，非同次方程式

$$\boldsymbol{y}' = A\boldsymbol{y} + \boldsymbol{f}(t) \tag{6.18}$$

に対する定数変化法の公式も，より具体的に書ける．

同次方程式 (6.17) の右辺は t に依存しない関数である．自励的な方程式 $\boldsymbol{x}' = \boldsymbol{f}(\boldsymbol{x})$ では，$\boldsymbol{x} = \phi(t)$ が初期条件

$$\boldsymbol{x}(0) = \boldsymbol{\xi} \tag{6.19}$$

を満たす解であるならば，平行移動した関数 $\boldsymbol{x} = \phi(t-\tau)$ は初期条件 $\boldsymbol{x}(\tau) = \boldsymbol{\xi}$ を満たす解である．行列微分方程式 $X' = AX$ についても，$X = \Phi(t)$ が初期条件 $X(0) = E$ を満たす解であるならば，$X = \Phi(t-\tau)$ は初期条件 $X(\tau) = E$ を満たす解である．したがって定理 6.8 により，次の関係式が成り立つ．

$$U(t,\tau) = \Phi(t-\tau).$$

(6.17) の基本行列 $\Phi(t)$ が，$\Phi(0) = E$ であるとき，**標準的な基本行列**と呼ぼう．

定理 6.15

(6.17) の標準的な基本行列 $\Phi(t)$ は

$$\Phi(t) = \sum_{k=0}^{\infty} \frac{t^k}{k!} A^k$$

で与えられる．右辺の行列級数は，任意の $\alpha > 0$ に対して t の区間 $[-\alpha, \alpha]$ において行列のノルムに関して一様収束する．

[証明] 前節の逐次近似解の定義式 (5.19) により，初期条件 (6.19) を満たす (6.17) の解の逐次近似解 $\{\boldsymbol{x}_m(t)\}_{m=0}^{\infty}$ は，次のように定義される．

$$\begin{cases} \boldsymbol{x}_0(t) = \boldsymbol{\xi} \\ \boldsymbol{x}_m(t) = \boldsymbol{\xi} + \int_0^t A\boldsymbol{x}_{m-1}(s)ds \quad (m \geq 1) \end{cases}$$

(6.17) の右辺の関数は，すべての $t \in \mathbb{R}, \boldsymbol{x} \in \mathbb{R}^n$ に対して定義された連続関数と見なされる．さらにリプシッツ条件 $\|A\boldsymbol{x} - A\boldsymbol{y}\| \leq \|\boldsymbol{x} - \boldsymbol{y}\|$ を満たす関数であるから，定理 5.7 により，この逐次近似解は $\mathbb{R}$ の任意の閉区間 $[-\alpha, \alpha], (\alpha > 0)$ において解 $\boldsymbol{x}(t)$ に一様収束する．

逐次近似解は上の定義より計算して次のようになる．

$$\boldsymbol{x}_m(t) = \sum_{k=0}^{m} \frac{t^k}{k!} A^k \boldsymbol{\xi}. \tag{6.20}$$

実際 $\boldsymbol{x}_0(t) = \boldsymbol{\xi}$ であるから，$m = 0$ のとき (6.20) が成り立つ．$m \geq 1$ として，$m-1$ のとき正しいとすると，

$$\boldsymbol{x}_m(t) = \boldsymbol{\xi} + \int_0^t A \sum_{j=0}^{m-1} \frac{s^j}{j!} A^j \boldsymbol{\xi} ds$$
$$= \boldsymbol{\xi} + \sum_{j=0}^{m-1} \frac{t^{j+1}}{(j+1)!} A^{j+1} \boldsymbol{\xi} = \sum_{k=0}^{m} \frac{t^k}{k!} A^k \boldsymbol{\xi}.$$

すなわち m のときも (6.20) が成り立つ．

したがって解 $\boldsymbol{x}(t)$ は，

$$\boldsymbol{x}(t) = \sum_{k=0}^{\infty} \frac{t^k}{k!} A^k \boldsymbol{\xi}$$

のように無限級数で表され，右辺の級数は任意の $\alpha > 0$ に対して $[-\alpha, \alpha]$ で一様収束する．

単位行列 E の第 j 列を $\boldsymbol{e}_j$ とおく．$\Phi(0) = E$ であるような基本行列 $\Phi(t)$ の第 j 列 $\boldsymbol{\phi}_j(t)$ は，初期条件 $\boldsymbol{x}(0) = \boldsymbol{e}_j$ を満たす解であるから，

$$\boldsymbol{\phi}_j(t) = \lim_{m \to \infty} \sum_{k=0}^{m} \frac{t^k}{k!} A^k \boldsymbol{e}_j = \sum_{k=0}^{\infty} \frac{t^k}{k!} A^k \boldsymbol{e}_j.$$

$E_m(t) = \sum_{k=0}^{m} \frac{t^k}{k!} A^k$ とおく．$\boldsymbol{\phi}_j(t) = \lim_{m \to \infty} E_m(t) \boldsymbol{e}_j$ であるから，$E_m(t)$ の第 j 列が $\boldsymbol{\phi}_j(t)$ に $[-\alpha, \alpha]$ において一様収束する．

$$\|E_m(t) - \Phi(t)\| = \left(\sum_{j=1}^{n} \|E_m(t)\boldsymbol{e}_j - \boldsymbol{\phi}_j(t)\|^2 \right)^{1/2}$$

であるから，

$$\Phi(t) = \lim_{m \to \infty} E_m(t) = \sum_{k=0}^{\infty} \frac{t^k}{k!} A^k$$

と表され，右辺の行列級数は任意の $\alpha > 0$ に対して $[-\alpha, \alpha]$ において，行列のノルムに関して一様収束する．　　　　　証明終わり

実数の指数関数のマクローリン展開から類推して

$$e^A = \sum_{k=0}^{\infty} \frac{1}{k!} A^k$$

のように行列の指数関数 e^A を定義する．特に定数 t に対して $e^{tE} = e^t \cdot E$ が成り立つ．上の定理より $e^A = \Phi(1)$ であるから，この右辺の行列級数は収束し，

$$\Phi(t) = \sum_{k=0}^{\infty} \frac{t^k}{k!} A^k = \sum_{k=0}^{\infty} \frac{1}{k!} (tA)^k = e^{tA} \qquad (6.21)$$

と表される．

系 6.16

$\bm{x}' = A\bm{x}$ の初期条件 $\bm{x}(\tau) = \bm{\xi}$ を満たす解は次のように表される．

$$\bm{x}(t) = e^{(t-\tau)A} \bm{\xi}.$$

行列の指数関数について，次の微分公式と指数法則が成り立つ．

定理 6.17

(ⅰ) $\dfrac{d}{dt} e^{tA} = A e^{tA} = e^{tA} A.$

(ⅱ) $e^{0A} = E.$

(ⅲ) 正方行列 A, B が可換，すなわち $AB = BA$ ならば，

$$e^A e^B = e^{A+B}.$$

特に $e^A e^B = e^B e^A$ である．

[証明] $\Phi'(t) = A\Phi(t)$ により，(ⅰ) の最初の微分公式が成り立つ．また $AE_m(t) = E_m(t)A$ であるから，$m \to \infty$ のときの極限をとれば，$A\Phi(t) = \Phi(t)A$ であり，$Ae^{tA} = e^{tA}A$ が成り立つ．

(ⅱ) は明らかである．

(ⅲ) を証明する．$AB = BA$ ならば，$E_m(t)B = BE_m(t)$ が成り立つ．$m \to \infty$ のときの極限をとれば，$\Phi(t)B = B\Phi(t)$，すなわち $e^{tA}B = Be^{tA}$ が成り立つ．$X(t) = e^{tA}e^{tB}$ とおくと，積の微分公式を用いて

$$X'(t) = Ae^{tA}e^{tB} + e^{tA}Be^{tB}$$
$$= Ae^{tA}e^{tB} + Be^{tA}e^{tB} = (A+B)X(t).$$

$X(t)$ は微分方程式 $\boldsymbol{x}' = (A+B)\boldsymbol{x}$ の基本行列で $X(0) = E^2 = E$ を満たす．ゆえに $X(t) = e^{t(A+B)}$ であり，$t=1$ とおくと (ⅲ) の公式を得る． 証明終わり

上の定理から，次の公式が成り立つ．

- $e^{t_1 A}e^{t_2 A} = e^{(t_1+t_2)A}$
- $(e^A)^{-1} = e^{-A}$
- $e^{tA} = e^{t((A-\lambda E)+\lambda E)} = e^{\lambda t}e^{t(A-\lambda E)}$

ただし，t, t_1, t_2 は実数，λ は複素数である．

問題 6.18

次の式を証明せよ：$\det e^A = e^{\operatorname{tr} A}$．

例題 6.19

次の微分方程式の標準的な基本行列を求めよ．

$$\begin{cases} x_1' = \alpha x_1 - \omega x_2 \\ x_2' = \omega x_1 + \alpha x_2 \end{cases}$$

ただし，α, ω は実数とする．

[解] $E = \begin{bmatrix} 1 & 0 \\ 0 & 1 \end{bmatrix}$, $F = \begin{bmatrix} 0 & -1 \\ 1 & 0 \end{bmatrix}$ とおくと，この方程式の係数行列 A は次のように表される．

$$A = \begin{bmatrix} \alpha & -\omega \\ \omega & \alpha \end{bmatrix} = \alpha E + \omega F.$$

$EF = FE = F$ であるから，$e^{tA} = e^{t(\alpha E)} e^{t(\omega F)}$ である．

$$e^{t(\alpha E)} = e^{(t\alpha)E} = \sum_{k=0}^{\infty} \frac{(t\alpha)^k}{k!} E^k$$
$$= \sum_{k=0}^{\infty} \frac{(t\alpha)^k}{k!} E = e^{t\alpha} E.$$

次に $F^2 = -E$, $F^3 = -F$, $F^4 = E$, $F^5 = F, \cdots$ であるから，

$e^{t(\omega F)}$
$= E + t\omega F - \frac{(t\omega)^2}{2!} E - \frac{(t\omega)^3}{3!} F + \frac{(t\omega)^4}{4!} E + \frac{(t\omega)^5}{5!} F - \cdots$
$= \left(1 - \frac{(t\omega)^2}{2!} + \frac{(t\omega)^4}{4!} - \cdots \right) E + \left(t\omega - \frac{(t\omega)^3}{3!} + \frac{(t\omega)^5}{5!} - \cdots \right) F$
$= (\cos t\omega) E + (\sin t\omega) F.$

以上により

$$e^{tA} = e^{\alpha t} \begin{bmatrix} \cos \omega t & -\sin \omega t \\ \sin \omega t & \cos \omega t \end{bmatrix}.$$

非同次形の方程式の解を表す**定数変化法の公式**は，標準的な基本行列 $\Phi(t) = e^{tA}$ を用いて，次のように表される．

定理 6.20

非同次方程式 $\boldsymbol{y}' = A\boldsymbol{y} + \boldsymbol{f}(t)$ の一般解は次のように与えられる．

$$\boldsymbol{y}(t) = e^{tA} \int e^{-tA} \boldsymbol{f}(t) dt.$$

また初期条件 $\boldsymbol{y}(\tau) = \boldsymbol{\eta}$ を満たす解は次のように与えられる．

$$\boldsymbol{y}(t) = \int_\tau^t e^{(t-s)A} \boldsymbol{f}(s) ds + e^{(t-\tau)A} \boldsymbol{\eta}.$$

6.3 複素基本行列のスペクトル分解

e^{tA} に関する第 6.2 節の結果は，A が複素行列の場合も成り立つ．e^{tA} は，tA の無限級数で表される．そのままでは単なる無限級数表示であるが，A の固有値，固有空間により，e^{tA} はスペクトル分解され指数関数と多項式の積として表現される．その結果はたとえば解の漸近挙動を調べるときに役立つ．

A を n 次複素正方行列とし，その**特性多項式** $\Delta(\lambda)$ を

$$\Delta(\lambda) = \det(\lambda E - A)$$

と定義する．その因数分解を

$$\Delta(\lambda) = (\lambda - \lambda_1)^{m_1} (\lambda - \lambda_2)^{m_2} \cdots (\lambda - \lambda_r)^{m_r} \tag{6.22}$$

とする．ただし $i \neq j$ のとき $\lambda_i \neq \lambda_j$ である．各固有値 λ_j に対し

$$G_{\lambda_j} = \mathcal{N}((A - \lambda_j E)^{m_j}) = \{\boldsymbol{z} \in \mathbb{C}^n : (A - \lambda_j E)^{m_j} \boldsymbol{z} = 0\}.$$

とおき，固有値 λ_j の**一般固有空間**という．なお

$$\mathcal{N}((A - \lambda_j E)^h) = \mathcal{N}((A - \lambda_j E)^{h+1})$$

となる $h \geq 1$ が存在し，そのような h の最小値を h_j で表し固有値 λ_j の**標数**という．このとき，$h_j \leq m_j$ であり，$k \geq h_j$ ならば，

$\mathcal{N}((A - \lambda_j E)^k) = \mathcal{N}((A - \lambda_j E)^{h_j}) = G_{\lambda_j}$ である．さらに $\dim G_{\lambda_j} = m_j$ であり，直和分解

$$\mathbb{C}^n = G_{\lambda_1} \oplus G_{\lambda_2} \oplus \cdots \oplus G_{\lambda_r}$$

が成り立つ．この分解による $\mathbb{C}^n$ から G_{λ_j} への射影の行列を P_{λ_j} とする．このとき

$$E = P_{\lambda_1} + P_{\lambda_2} + \cdots + P_{\lambda_r} \tag{6.23}$$

が成り立つ．この式を行列 A に伴う単位行列の射影分解という（付録の第 7 章 7.3 項に詳しい解説がある）．

このとき

$$e^{tA} = e^{tA} E = e^{tA} \sum_{j=1}^{r} P_{\lambda_j} = \sum_{j=1}^{r} e^{tA} P_{\lambda_j} \tag{6.24}$$

と表される．$e^{tA} P_{\lambda_j}$ は次のように指数関数と多項式の積で表される．A と P_{λ_j} は可換（命題 7.7）であるから，$e^{tA} P_{\lambda_j} = P_{\lambda_j} e^{tA}$ が成り立つ．

定理 6.21

複素行列 A の特性多項式の因数分解が (6.22) であるとき

$$e^{tA} P_{\lambda_j} = e^{\lambda_j t} \sum_{k=0}^{h_j - 1} \frac{t^k}{k!} (A - \lambda_j E)^k P_{\lambda_j}, \tag{6.25}$$

$$e^{tA} = \sum_{j=1}^{r} e^{\lambda_j t} \sum_{k=0}^{h_j - 1} \frac{t^k}{k!} (A - \lambda_j E)^k P_{\lambda_j}. \tag{6.26}$$

[証明] P_{λ_j} と A は可換であるから，P_{λ_j} と e^{tA} も可換である．$\lambda_j t \cdot E$ と $A - (\lambda_j t \cdot E)$ は可換であるから，

$$e^{tA}P_{\lambda_j} = e^{\lambda_j t \cdot E + t(A - \lambda_j E)}P_{\lambda_j}$$
$$= e^{\lambda_j t}e^{t(A - \lambda_j E)}P_{\lambda_j}$$

と変形できる．(6.21) により

$$e^{t(A-\lambda_j)}P_{\lambda_j} = \sum_{k=0}^{\infty}\left(\frac{t^k}{k!}(A - \lambda_j E)^k P_{\lambda_j}\right)$$

であるが，標数 h_j の意味より，右辺の和は $k = h_j - 1$ までの有限和である．ゆえに (6.25) が成り立つ．

(6.24), (6.25) より, (6.26) が成り立つ． 証明終わり

(6.26) を e^{tA} のスペクトル分解という．

系6.22

複素行列 A の特性多項式の因数分解が (6.22) であるとし, $j = 1, \cdots, r$ に対して G_{λ_j} の基底 $\{\boldsymbol{u}_1^{[j]}, \cdots, \boldsymbol{u}_{m_j}^{[j]}\}$ をとり, $\kappa = 1, \cdots, m_j$ に対して

$$\boldsymbol{\phi}_\kappa^{[j]}(t) = e^{\lambda_j t}\sum_{k=0}^{h_j - 1}\frac{t^k}{k!}(A - \lambda_j E)^k \boldsymbol{u}_\kappa^{[j]} \tag{6.27}$$

とおく．このとき，これらを集めてできる n 個の $\mathbb{C}^n$ 値関数

$$\boldsymbol{\phi}_1^{[1]}, \cdots, \boldsymbol{\phi}_{m_1}^{[1]}, \cdots, \boldsymbol{\phi}_1^{[r]}, \cdots, \boldsymbol{\phi}_{m_r}^{[r]}$$

は $\boldsymbol{x}' = A\boldsymbol{x}$ の基本解である．

[証明] 実際 $U^{[j]} = [\boldsymbol{u}_1^{[j]}, \cdots, \boldsymbol{u}_{m_j}^{[j]}]$ とおき, $U = [U^{(1)}, U^{(2)}, \cdots, U^{(r)}]$ とおくと, U は n 次正則行列である．したがって, $e^{tA}U$ は基本行列であるから, $e^{tA}\boldsymbol{u}_\kappa^{[j]}$ が (6.27) で与えられることを示せばよい．$\boldsymbol{u}_\kappa^{[j]} \in G_{\lambda_j}$ より, $\boldsymbol{u}_\kappa^{[j]} = P_j\boldsymbol{u}_\kappa^{[j]}$ であるから, (6.25) によ

り，(6.27) が成り立つ． 証明終わり

系 6.23

複素行列 A の特性多項式の因数分解が (6.22) であるとする．非同次方程式 $\boldsymbol{y}' = A\boldsymbol{y} + \boldsymbol{f}(t)$ の初期条件 $\boldsymbol{y}(\tau) = \boldsymbol{\eta}$ を満たす解 $\boldsymbol{y}(t)$ は，$\boldsymbol{y}(t) = \sum_{j=1}^{r} P_{\lambda_j}\boldsymbol{y}(t)$ と分解され，$P_{\lambda_j}\boldsymbol{y}(t)$ は次のように与えられる．

$$\begin{aligned} &P_{\lambda_j}\boldsymbol{y}(t) \\ &= \int_{\tau}^{t} e^{\lambda_j(t-s)} \sum_{k=0}^{h_j-1} \frac{(t-s)^k}{k!} (A - \lambda_j E)^k P_{\lambda_j}\boldsymbol{f}(s)ds \\ &\quad + e^{\lambda_j(t-s)} \sum_{k=0}^{h_j-1} \frac{(t-\tau)^k}{k!} (A - \lambda_j E)^k P_{\lambda_j}\boldsymbol{\eta}. \end{aligned}$$

[証明] 解 $\boldsymbol{y}(t)$ を与える定数変化法の公式

$$\boldsymbol{y}(t) = \int_{\tau}^{t} e^{(t-s)A} f(s)ds + e^{(t-\tau)A}\boldsymbol{\eta}$$

に，定理 6.22 による $P_{\lambda_j} e^{tA}$ の分解公式を当てはめて，系の式を得る． 証明終わり

6.4 実基本行列のスペクトル分解

本節では A は実行列とする．定理 6.21 における e^{tA} のスペクトル分解や，系 6.22 で与えられた基本解は A が実行列の場合にも通用する．A が虚数固有値を持つ場合には，基本解には複素関数もふくまれ，スペクトル分解は見かけ上複素行列で表されている．この節では，実行列による e^{tA} のスペクトル分解と，実関数の基本解

を与える．

🍂 実基本解

A を n 次実行列とし，その特性多項式の因数分解を

$$\Delta(\lambda) = \prod_{j=1}^{p}(\lambda - \lambda_j)^{\ell_j} \prod_{k=1}^{q}((\lambda - \alpha_k)^2 + \omega_k^2)^{m_k}. \qquad (6.28)$$

とし，λ_j は実固有値，$\mu_k = \alpha_k + i\omega_k$ は虚数固有値とする．$q = 0$ の場合，すなわち A の固有値が実数 $\lambda_1, \cdots, \lambda_p$ のみの場合（たとえば A が実対称行列の場合）は系 6.22 で与えられる基本解は実関数解である．しかし，$q \geq 1$，すなわち，A が虚数の固有値を持つ場合には，系 6.22 の基本解には複素関数解が含まれる．一方 e^{tA} は実行列であるから，この n 個の列は実関数からなる基本解である．ここではよりわかりやすい実関数の基本解を構成する．

命題 6.24

A が実行列のとき，λ が固有値ならば $\overline{\lambda}$ も固有値で，$P_{\overline{\lambda}} = \overline{P_\lambda}$ である．

[証明] A が実行列のとき，固有値 λ と実ベクトル $\boldsymbol{x}$ に対して，

$$(A - \overline{\lambda}E)^k \overline{P_\lambda} \boldsymbol{x} = \overline{(A - \lambda E)^k P_\lambda \boldsymbol{x}} = \boldsymbol{0}$$

であるから，$\overline{\lambda}$ も固有値で，$\overline{P_\lambda \boldsymbol{x}} \in G_{\overline{\lambda}}$ である．

$\Delta(\lambda)$ の因数分解を (6.28) とする．実ベクトル $\boldsymbol{x}$ の分解式

$$\boldsymbol{x} = \sum_{i=1}^{p} P_{\lambda_i}\boldsymbol{x} + \sum_{j=1}^{q}(P_{\mu_j}\boldsymbol{x} + P_{\overline{\mu_j}}\boldsymbol{x})$$

において，両辺の共役ベクトルをとると，

$$\boldsymbol{x} = \sum_{i=1}^{p} \overline{P_{\lambda_i}}\boldsymbol{x} + \sum_{j=1}^{q}(\overline{P_{\mu_j}}\boldsymbol{x} + \overline{P_{\overline{\mu_j}}}\boldsymbol{x}).$$

ここで

$$\overline{P_{\lambda_i}}\boldsymbol{x} \in G_{\overline{\lambda_i}} = G_{\lambda_i}, \quad \overline{P_{\mu_j}}\boldsymbol{x} \in G_{\overline{\mu_j}}, \quad \overline{P_{\overline{\mu_j}}}\boldsymbol{x} \in G_{\overline{\overline{\mu_j}}} = G_{\mu_j}$$

であるから,

$$\overline{P_{\lambda_i}}\boldsymbol{x} = P_{\lambda_i}\boldsymbol{x}, \quad \overline{P_{\mu_j}}\boldsymbol{x} = P_{\overline{\mu_j}}\boldsymbol{x}, \quad \overline{P_{\overline{\mu_j}}}\boldsymbol{x} = P_{\mu_j}\boldsymbol{x}.$$

$\boldsymbol{x} = \boldsymbol{e}_1, \cdots, \boldsymbol{e}_n$ に対してもこの式が成り立つから, 任意の固有値 λ に対して $\overline{P_\lambda} = P_{\overline{\lambda}}$. 証明終わり

ここで A の虚数固有値の一般固有空間 G_μ の構造を少し調べておこう.

補題 6.25

実行列 A の虚数固有値 μ に対して,

$$G_\mu \cap \mathbb{R}^n = \{\boldsymbol{0}\}, \ G_\mu \cap i\mathbb{R}^n = \{\boldsymbol{0}\}$$

であり, したがって

$$\boldsymbol{z} \in G_\mu, \ \boldsymbol{z} \neq \boldsymbol{0} \Longrightarrow \Re\boldsymbol{z} \neq \boldsymbol{0}, \ \Im\boldsymbol{z} \neq \boldsymbol{0}.$$

とくに $\boldsymbol{z}_1, \boldsymbol{z}_2 \in G_\mu$ に対して,

$$\Re\boldsymbol{z}_1 = \Re\boldsymbol{z}_2 \Rightarrow \boldsymbol{z}_1 = \boldsymbol{z}_2, \ \Im\boldsymbol{z}_1 = \Im\boldsymbol{z}_2 \Rightarrow \boldsymbol{z}_1 = \boldsymbol{z}_2,$$
$$\Re\boldsymbol{z}_1 = \Re\boldsymbol{z}_2 \Leftrightarrow \Im\boldsymbol{z}_1 = \Im\boldsymbol{z}_2.$$

[証明] 実際, 実ベクトル $\boldsymbol{x}$ に対して, $(A - \mu E)^m \boldsymbol{x} = \boldsymbol{0}$ ならば $(A - \overline{\mu} E)^m \boldsymbol{x} = \boldsymbol{0}$ であり, すなわち $\boldsymbol{x} \in G_\mu \cap G_{\overline{\mu}}$ である. $G_\mu \cap$

$G_{\overline{\mu}} = \{0\}$ であるから，$\boldsymbol{x} = \boldsymbol{0}$. また実ベクトル $\boldsymbol{y}$ に対して $(A - \mu E)^m (i\boldsymbol{y}) = \boldsymbol{0}$ ならば，$(A - \mu E)^m \boldsymbol{y} = \boldsymbol{0}$ である．直前の結果より $\boldsymbol{y} = \boldsymbol{0}$ すなわち $i\boldsymbol{y} = \boldsymbol{0}$ である．

したがって $\boldsymbol{z} \in G_\mu$ のとき $\Re \boldsymbol{z} = \boldsymbol{0}$ または $\Im \boldsymbol{z} = \boldsymbol{0}$ ならば，$\boldsymbol{z} = \boldsymbol{0}$ である．言い換えて，$\boldsymbol{z}_1, \boldsymbol{z}_2 \in G_\mu$，$\Re \boldsymbol{z}_1 = \Re \boldsymbol{z}_2$ ならば，$\Re(\boldsymbol{z}_1 - \boldsymbol{z}_2) = \boldsymbol{0}$ であるから，$\boldsymbol{z}_1 - \boldsymbol{z}_2 = \boldsymbol{0}$ である．同様に $\Im \boldsymbol{z}_1 = \Im \boldsymbol{z}_2$ ならば，$\boldsymbol{z}_1 - \boldsymbol{z}_2 = \boldsymbol{0}$ である． 証明終わり

A の虚数固有値 $\mu = \alpha + i\omega, \omega \neq 0$ に対して

$$Q_\mu = \Re P_\mu = \frac{1}{2}(P_\mu + \overline{P_\mu}) = \frac{1}{2}(P_\mu + P_{\overline{\mu}}),$$
$$R_\mu = \Im P_\mu = \frac{1}{2i}(P_\mu - \overline{P_\mu}) = \frac{1}{2i}(P_\mu - P_{\overline{\mu}})$$

とおく．この定義式と $P_\mu^2 = P_\mu, P_{\overline{\mu}}^2 = P_{\overline{\mu}}, P_\mu P_{\overline{\mu}} = 0$ であることを用いて計算して次の補題を得る．

補題 6.26

(i) $Q_\mu^2 = \frac{1}{2}Q_\mu$　(ii) $R_\mu^2 = -\frac{1}{2}Q_\mu$　(iii) $R_\mu Q_\mu = \frac{1}{2}R_\mu$

(iv) $R_\mu = 2R_\mu Q_\mu$　(v) $2P_\mu Q_\mu = P_\mu,\ 2iP_\mu R_\mu = P_\mu.$

(i) より，$(2Q_\mu)^2 = 2Q_\mu$ であるから，$2Q_\mu$ は射影行列である．A の虚数固有値 μ に対して

$$\Re G_\mu = \{\Re \boldsymbol{z} : \boldsymbol{z} \in G_\mu\},\quad \Im G_\mu = \{\Im \boldsymbol{z} : \boldsymbol{z} \in G_\mu\}$$

とおく．$\Re G_\mu$ は $\mathbb{R}$ 上のベクトル空間であることは容易に確かめられる．また，$\boldsymbol{z} \in G_\mu$ ならば，$-i\boldsymbol{z} \in G_\mu$ であるから，$\Im G_\mu = \Re G_\mu$ である．また $\boldsymbol{z} \in G_\mu \iff \overline{\boldsymbol{z}} \in G_{\overline{\mu}}$ であるから，$\Re G_\mu = \Re G_{\overline{\mu}}$ であり，結局

$$\Re G_\mu = \Re G_{\overline{\mu}} = \Im G_\mu = \Im G_{\overline{\mu}}. \tag{6.29}$$

補題 6.27

$\mu = \alpha + i\omega$ が A の虚数固有値で，その標数が h ならば次のことが成り立つ．

（ⅰ）　　　　　　$G_\mu \oplus G_{\overline{\mu}} = \Re G_\mu + i\Re G_\mu$.

（ⅱ）　　　　　$G_\mu \oplus G_{\overline{\mu}} = \mathcal{N}(((A - \mu E)(A - \overline{\mu}E))^h)$.

この補題の証明は線形代数の演習問題である．

問題 6.28

補題 6.27 を証明せよ．

系 6.29

$\mu = \alpha + i\omega$ が A の虚数固有値で，その標数が h ならば次のことが成り立つ．

$$\begin{aligned}\Re G_\mu &= (G_\mu \oplus G_{\overline{\mu}}) \cap \mathbb{R}^n \\ &= \mathcal{N}(((A - \alpha E)^2 + \omega^2 E)^h) \cap \mathbb{R}^n.\end{aligned}$$

補題 6.27 の (i) より，$G_\mu \oplus G_{\overline{\mu}}$ は $\Re G_\mu$ の複素化である．それでは G_μ は $\Re G_\mu + i\Re G_\mu$ の中のどのような部分空間であるかを調べると，次の補題のようになる．

補題 6.30

μ が A の虚数固有値のとき

$$G_\mu = \{\boldsymbol{u} + i2R_\mu\boldsymbol{u} : \boldsymbol{u} \in \Re G_\mu\} \tag{6.30}$$
$$= \{-2R_\mu\boldsymbol{u} + i\boldsymbol{u} : \boldsymbol{u} \in \Re G_\mu\} \tag{6.31}$$

[証明] $\boldsymbol{w} = \boldsymbol{u} + i\boldsymbol{v} \in G_\mu$ とする．$P_\mu \mathbb{C}^n = G_\mu$ であるから $\boldsymbol{w} = P_\mu \boldsymbol{z}$ であるような $\boldsymbol{z} = \boldsymbol{x} + i\boldsymbol{y} \in \mathbb{C}^n$ がある．$P_\mu = Q_\mu + iR_\mu$ であるから，

$$\boldsymbol{u} + i\boldsymbol{v} = (Q_\mu + iR_\mu)(\boldsymbol{x} + i\boldsymbol{y}).$$

ゆえに

$$\boldsymbol{u} = Q_\mu \boldsymbol{x} - R_\mu \boldsymbol{y}, \tag{6.32}$$
$$\boldsymbol{v} = R_\mu \boldsymbol{x} + Q_\mu \boldsymbol{y}.$$

ところで $2R_\mu^2 = -Q_\mu$, $2R_\mu Q_\mu = R_\mu$ であるから，

$$2R_\mu \boldsymbol{u} = 2R_\mu(Q_\mu \boldsymbol{x} - R_\mu \boldsymbol{y}) = R_\mu \boldsymbol{x} + Q_\mu \boldsymbol{y}.$$

ゆえに $\boldsymbol{w} = \boldsymbol{u} + i2R_\mu\boldsymbol{u}$ と表される．

逆にある $\boldsymbol{u} \in \Re G_\mu$ を用いて $\boldsymbol{w} = \boldsymbol{u} + i2R_\mu\boldsymbol{u}$ と表されるとする．$\boldsymbol{u}$ は，ある $\boldsymbol{x}, \boldsymbol{y} \in \mathbb{R}^n$ を用いて (6.32) のように表される．このとき上記により，$2R_\mu \boldsymbol{u} = R_\mu \boldsymbol{x} + Q_\mu \boldsymbol{y}$ であるから，

$$\boldsymbol{w} = Q_\mu \boldsymbol{x} - R_\mu \boldsymbol{y} + i(R_\mu \boldsymbol{x} + Q_\mu \boldsymbol{y}) = P_\mu(\boldsymbol{x} + i\boldsymbol{y}) \in G_\mu$$

ゆえに (6.30) が成り立つ．

$\boldsymbol{w} \in G_\mu$ ならば，$i\boldsymbol{w} \in G_\mu$ である．ゆえに (6.30) が成り立つことと，(6.31) が成り立つことは同等である． 証明終わり

図 6-1　$G_\mu \oplus G_{\overline{\mu}}$

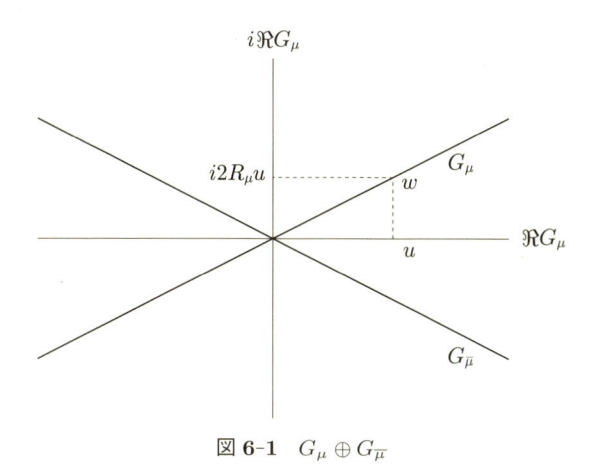

次の定理 6.32 は見やすい基本解を得る一つの方法を与える．定理の前に一つ補題を用意する．

補題 6.31

μ が実行列 A の虚数固有値であるとき，$z_1, \cdots, z_m$ が G_μ の基底ならば，

$$\Re z_1, \Im z_1, \cdots, \Re z_m, \Im z_m$$

は $\Re G_\mu = (G_\mu \oplus G_{\overline{\mu}}) \cap \mathbb{R}^n$ の実基底である．

[証明]　$z \in G_\mu$ のとき，$iz \in G_\mu$ であるから，$\Re z, \Im z \in \Re G_\mu$ である．$z_1, z_2, \cdots, z_m$ を G_μ の基底とし，$\Re z_j = x_j, \Im z_j = y_j$ とおく．$x_1, y_1, \cdots, x_m, y_m$ が $\mathbb{R}$ 上 1 次独立であることを示す．実数 $a_j, b_j, j = 1, \cdots, m$ に対して

$$\sum_{j=1}^m (a_j x_j + b_j y_j) = 0$$

とする．このとき，

$$0 = \sum_{j=1}^{m} \left(a_j \frac{\boldsymbol{z}_j + \overline{\boldsymbol{z}_j}}{2} + b_j \frac{\boldsymbol{z}_j - \overline{\boldsymbol{z}_j}}{2i} \right)$$
$$= \sum_{j=1}^{m} \frac{a_j - ib_j}{2} \boldsymbol{z}_j + \sum_{j=1}^{p} \frac{a_j + ib_j}{2} \overline{\boldsymbol{z}}_j.$$

$\boldsymbol{z}_j \in G_\mu, \overline{\boldsymbol{z}_j} \in G_{\overline{\mu}}$ であるから，直和条件により

$$\sum_{j=1}^{m} \frac{a_j - ib_j}{2} \boldsymbol{z}_j = \sum_{j=1}^{m} \frac{a_j + ib_j}{2} \overline{\boldsymbol{z}}_j = 0$$

である．ゆえに $a_j - ib_j = a_j + ib_j = 0$ であり，$a_j = b_j = 0$. したがって

$$\boldsymbol{x}_1, \boldsymbol{y}_1, \cdots, \boldsymbol{x}_m, \boldsymbol{y}_m$$

は，$\mathbb{R}$ 上 1 次独立な $\Re G_\mu$ のベクトルであり，補題 6.27 と命題 7.8 により，$\dim_{\mathbb{R}} \Re G_\mu = 2m$ であるから，$G_\mu \oplus G_{\overline{\mu}}$ の実基底である．

証明終わり

定理6.32

A が実行列で，$\Delta(\lambda)$ の因数分解（6.28）が成り立つとする．実固有値 λ_j に対して，G_{λ_j} の実基底 $U^{[j]} = \{\boldsymbol{u}_1^{[j]}, \cdots, \boldsymbol{u}_{\ell_j}^{[j]}\}$ をとり，$i = 1, \cdots, \ell_j$ に対して

$$\boldsymbol{\phi}_i^{[j]}(t) = e^{\lambda_j t} \sum_{\kappa=0}^{h_j - 1} \frac{t^\kappa}{\kappa!} (A - \lambda_j E)^\kappa \boldsymbol{u}_i^{[j]}$$

と定義し，$\Phi^{[j]} = \{\boldsymbol{\phi}_1^{[j]}, \cdots, \boldsymbol{\phi}_{\ell_j}^{[j]}\}$ とおく．虚数固有値 $\mu_k = \alpha_k + i\omega_k$ に対して，G_{μ_k} の基底 $V^{[k]} = \{\boldsymbol{v}_1^{[k]}, \cdots, \boldsymbol{v}_{m_k}^{[k]}\}$ をとり，$i = 1, \cdots, m_k$ に対して

$$\boldsymbol{\psi}_i^{[k]}(t) = e^{\mu_k t} \sum_{\kappa=0}^{h_k-1} \frac{t^\kappa}{\kappa!} (A - \mu_k E)^\kappa \boldsymbol{v}_i^{[k]} \qquad (6.33)$$

と定義し，$\Psi^{[k]} = \{\boldsymbol{\psi}_1^{[k]}, \cdots, \boldsymbol{\psi}_{m_k}^{[k]}\}$ とおく．さらに

$$\Re\Psi^{[k]} = \{\Re\boldsymbol{\psi}_1^{[k]}, \cdots, \Re\boldsymbol{\psi}_{m_k}^{[k]}\}$$
$$\Im\Psi^{[k]} = \{\Im\boldsymbol{\psi}_1^{[k]}, \cdots, \Im\boldsymbol{\psi}_{m_k}^{[k]}\}$$

とおく．このとき

$$\{\Phi^{[1]}, \cdots, \Phi^{[p]}, \Re\Psi^{[1]}, \Im\Psi^{[1]}, \cdots, \Re\Psi^{[q]}, \Im\Psi^{[q]}\}$$

は $x' = Ax$ の実関数基本解である．

[証明] $\Re\boldsymbol{v}_i^{[k]} = \boldsymbol{x}_i^{[k]}, \Im\boldsymbol{v}_i^{[k]} = \boldsymbol{y}_i^{[k]}$ とおき，

$$X^{[k]} = \{\boldsymbol{x}_1^{[k]}, \cdots, \boldsymbol{x}_{m_k}^{[k]}\}, Y^{[k]} = \{\boldsymbol{y}_1^{[k]}, \cdots, \boldsymbol{y}_{m_k}^{[k]}\}$$

とおく．補題 6.31 により，$\{X^{[k]}, Y^{[k]}\}$ は $G_{\mu_k} \oplus G_{\overline{\mu_k}}$ の実基底である．したがって，

$$\{U^{[1]}, \cdots, U^{[p]}, X^{[1]}, Y^{[1]}, \cdots, X^{[q]}, Y^{[q]}\}$$

は $\mathbb{R}^n$ の基底であり，これらのベクトルを $t=0$ における初期値とする n 個の解は $x' = Ax$ の実基本解である．$\boldsymbol{u}_i^{[j]}$ を初期値とする解は $\phi_i^{[j]}$ である．一方

$$\psi_i^{[k]}(t) = e^{tA} \boldsymbol{v}_i^{[k]} = e^{tA}(\boldsymbol{x}_i^{[k]} + \sqrt{-1}\boldsymbol{y}_i^{[k]})$$

であり，A は実行列であるから，

$$\Re\psi_i^{[k]}(t) = e^{tA}\boldsymbol{x}_i^{[k]}, \quad \Im\psi_i^{[k]}(t) = e^{tA}\boldsymbol{y}_i^{[k]}.$$

ゆえに定理 6.32 が成り立つ． 証明終わり

μ が A の標数 h の固有値とする.このとき $\bm{w} \in G_\mu$ ならば,$(A-\mu E)^h \bm{w} = 0$ であるから,$(A-\mu E)^{m-1}\bm{w} \neq 0, (A-\mu E)^m \bm{w} = 0$ である $m \leq h$ が $\bm{v}$ に対して定まる.この m を $\bm{w}$ の昇数と仮に名づけておく.

系 6.33

$\mu = \alpha + i\omega$ $(\omega \neq 0)$ が A の標数 h の虚数固有値で,$\bm{w} \in G_\mu, \bm{w} \neq 0$ であり,$\bm{w}$ の昇数は m であるとする.このとき

$$\bm{\psi}(t) = e^{\mu t} \sum_{j=0}^{h-1} \frac{t^j}{j!} (A-\mu E)^j \bm{w} \tag{6.34}$$

に対し,その実部,虚部は次のように表される.

$$\Re \bm{\psi}(t) = e^{\alpha t}((\cos \omega t)\bm{c}(t) - (\sin \omega t)\bm{d}(t)), \tag{6.35}$$

$$\Im \bm{\psi}(t) = e^{\alpha t}((\cos \omega t)\bm{d}(t) + (\sin \omega t)\bm{c}(t)). \tag{6.36}$$

ただし,$\bm{c}(t), \bm{d}(t)$ は実ベクトルの値をとる $m-1$ 次多項式である.

[証明] $\bm{w}$ の昇数が m ならば,(6.34) の右辺の j に関する和は $j = m-1$ までである.

$$\bm{\psi}(t) = e^{t\alpha}(\cos \omega t + i \sin \omega t) \sum_{j=0}^{m-1} \frac{t^j}{j!} (A-\mu E)^j \bm{w}.$$

簡単のため

$$\Re((A-\mu E)^j \bm{w}) = \bm{u}_j, \quad \Im((A-\mu E)^j \bm{w}) = \bm{v}_j$$

とおくと,$\bm{u}_j, \bm{v}_j$ は実ベクトルであり,

$$\sum_{j=0}^{m-1} \frac{t^j}{j!}(A-\mu E)^j \boldsymbol{w} = \sum_{j=0}^{m-1} \frac{t^j}{j!}(\boldsymbol{u}_j + i\boldsymbol{v}_j). \qquad (6.37)$$

したがって

$$\boldsymbol{c}(t) = \sum_{j=1}^{m-1} \frac{t^j}{j!} \boldsymbol{u}_j, \quad \boldsymbol{d}(t) = \sum_{j=1}^{m-1} \frac{t^j}{j!} \boldsymbol{v}_j$$

とおくと，(6.35)，(6.36) のように表される．$0 \leq j \leq m-1$ のとき $(A-\mu E)^j \boldsymbol{w} \in G_\mu, (A-\mu E)^j \boldsymbol{w} \neq 0$ であるから，補題 6.25 により，$\boldsymbol{u}_j \neq 0, \boldsymbol{v}_j \neq 0$ である．ゆえに $\boldsymbol{c}(t), \boldsymbol{d}(t)$ は次数 $m-1$ の実ベクトル値多項式である． 証明終わり

$\boldsymbol{w} = \boldsymbol{u} + i\boldsymbol{v}, \boldsymbol{u}, \boldsymbol{v} \in \mathbb{R}^n$ のように $\boldsymbol{w}$ を実部と虚部で表すと

$$(A-\mu E)^j (\boldsymbol{u} + i\boldsymbol{v}) = \boldsymbol{u}_j + i\boldsymbol{v}_j.$$

両辺の実部，虚部を比較することにより，$\boldsymbol{u}_j, \boldsymbol{v}_j$ はともに $\boldsymbol{u}, \boldsymbol{v}$ を含んだ式になる．したがって $\boldsymbol{c}(t), \boldsymbol{d}(t)$ も $\boldsymbol{u}, \boldsymbol{v}$ を含んだ式になる．ところが，$\psi(t) = e^{tA}(\boldsymbol{u} + i\boldsymbol{v})$ であるから，$\Re \psi(t) = e^{tA}\boldsymbol{u}, \Im \psi(t) = e^{tA}\boldsymbol{v}$ であり，(6.35)(6.36) の表現と矛盾するように見える．しかし，補題 6.30 により，

$$G_\mu = \{\boldsymbol{u} + i2R_\mu \boldsymbol{u} : \boldsymbol{u} \in \Re G_\mu\} = \{-2R_\mu \boldsymbol{v} + i\boldsymbol{v} : \boldsymbol{v} \in \Re G_\mu\}$$

が成り立つから，$\boldsymbol{w} = \boldsymbol{u} + i\boldsymbol{v} \in G_\mu$ のとき，$\boldsymbol{u}, \boldsymbol{v}$ の一方が決まれば，他方も決まる．したがって上記の矛盾は解消される．この間の事情を次の節でより詳しく調べよう．

実基本行列のスペクトル分解

因数分解 (6.28) が成り立つとき

$$\mathbb{C}^n = (\oplus_{j=1}^p G_{\lambda_j}) \oplus (\oplus_{k=1}^q G_{\mu_k} \oplus G_{\overline{\mu_k}})$$

である．系 6.29 により，$\mathbb{R}^n$ は次のように分解する．

$$\mathbb{R}^n = (\oplus_{j=1}^p (G_{\lambda_j} \cap \mathbb{R}^n)) \oplus (\oplus_{k=1}^q \Re G_{\mu_k}). \tag{6.38}$$

$P_{\mu_k} + P_{\overline{\mu_k}} = 2Q_{\mu_k}$ であるから，直和分解 (6.38) に対応する単位行列の射影分解は

$$E = \sum_{j=1}^p P_{\lambda_j} + \sum_{k=1}^q 2Q_{\mu_k}$$

である．

$\mathbb{R}^n$ の直和分解 (6.38) に対応する e^{tA} の分解を与えよう．A を実行列とし，その特性多項式の因数分解 (6.28) が成り立つとする．このとき e^{tA} のスペクトル分解は (6.24) より

$$e^{tA} = \sum_{j=1}^p e^{tA} P_{\lambda_j} + \sum_{k=1}^q e^{tA}(P_{\mu_k} + P_{\overline{\mu_k}}) \tag{6.39}$$

$$= \sum_{j=1}^p e^{tA} P_{\lambda_j} + \sum_{k=1}^q e^{tA}(2Q_{\mu_k}). \tag{6.40}$$

と表現される．$e^{tA} P_{\lambda_j}$ は，(6.25) により，実指数関数と実多項式の積で表される．ここでは右辺の虚数固有値に対応する項が実指数関数，三角関数と実行列を係数とする多項式を用いて表されることを示す．それにより定理 6.32 における $\psi_i^{[k]}(t)$ の実部，虚部の関数形がわかる．

最初に次の命題が成り立つ．

命題 6.34

μ が A の虚数固有値ならば，

$$e^{tA}P_\mu = 2\Re(e^{tA}P_\mu)P_\mu = 2i\Im(e^{tA}P_\mu)P_\mu.$$

[証明]　$P_\mu P_{\overline{\mu}} = O$ であるから,

$$\overline{e^{tA}P_\mu}P_\mu = e^{tA}P_{\overline{\mu}}P_\mu = O.$$

左辺を書き換えて

$$(\Re(e^{tA}P_\mu) - i\Im(e^{tA}P_\mu))P_\mu = O,$$

すなわち

$$\Re(e^{tA}P_\mu)P_\mu = i\Im(e^{tA}P_\mu)P_\mu.$$

$P_\mu = P_\mu^2$ により, $e^{tA}P_\mu = e^{tA}P_\mu^2$ と表され,

$$\begin{aligned}e^{tA}P_\mu &= (\Re(e^{tA}P_\mu) + i\Im(e^{tA}P_\mu))P_\mu \\ &= 2\Re(e^{tA}P_\mu)P_\mu \\ &= 2i\Im(e^{tA}P_\mu)P_\mu.\end{aligned}$$

ゆえに命題 6.34 が成り立つ.　　　　　　　　　　　　証明終わり

$\Re(e^{tA}P_\mu)$ を分解する. $e^{tA} = e^{t((A-\mu)E+\mu E)} = e^{\mu t}e^{t(A-\mu E)}$ に着目し, 次のように定義する.

定義 6.35

μ が A の虚数固有値であるとき,

$$C_\mu(t) = \Re(e^{t(A-\mu E)}P_\mu), \ S_\mu(t) = \Im(e^{t(A-\mu E)}P_\mu)$$

とおく.

問題 6.36

次の等式を証明せよ．

$$C_\mu(s+t) = C_\mu(s)C_\mu(t) - S_\mu(s)S_\mu(t),$$
$$S_\mu(s+t) = S_\mu(s)C_\mu(t) + C_\mu(s)S_\mu(t).$$

定義 6.35 により，μ の標数が h のとき，

$$C_\mu(t) = \sum_{k=0}^{h-1} \frac{t^k}{k!} \Re((A-\mu E)^k P_\mu),$$
$$S_\mu(t) = \sum_{k=0}^{h-1} \frac{t^k}{k!} \Im((A-\mu E)^k P_\mu)$$

と表される．右辺の次数が実際に $h-1$ であることを示そう．

命題 6.37

μ を A の虚数固有値とし，その標数を h とする．このとき，$0 \leq k \leq h-1$ に対して

$$\Re((A-\mu E)^k P_\mu) \neq O, \quad \Im((A-\mu E)^k P_\mu) \neq O.$$

特に，$C_\mu(t), S_\mu(t)$ は実行列を係数とする $h-1$ 次多項式である．

[証明] P_μ の n 個の列ベクトルは G_μ を生成するから，μ の標数が h であるとき，$(A-\mu E)^{h-1} P_\mu \neq O$ である．したがって $\mathbb{R}^n$ の標準基底 $e_1, e_2, \cdots, e_n$ のうち，$(A-\mu E)^{h-1} P_\mu e_j \neq 0$ である e_j がある．このとき，$1 \leq k \leq h-1$ に対して，$(A-\mu E)^k P_\mu e_j \neq 0$ である．$(A-\mu E)^k P_\mu e_j \in G_\mu$ であるから，補題 6.25 により，

$$\Re\left((A-\mu E)^k P_\mu e_j\right) \neq 0, \quad \Im\left((A-\mu E)^k P_\mu e_j\right) \neq 0$$

である．すなわち $(A-\mu E)^k P_\mu$ の第 j 列の実部，虚部は零ベクトルではない．ゆえに命題 6.37 が成り立つ． 証明終わり

問題 6.38

命題 6.37 の仮定のもとで $0 \leq k \leq h-1$ に対して

$$\Re((A-\mu E)^k P_\mu)P_\mu \neq O, \quad \Im((A-\mu E)^k P_\mu)P_\mu \neq O$$

を証明し，$C_\mu(t)P_\mu, S_\mu(t)P_\mu$ は $h-1$ 次多項式であることを示せ．

定理 6.39

$\mu = \alpha + i\omega$ が A の虚数固有値ならば，

$$\begin{aligned}
& e^{tA}P_\mu \\
&= 2e^{\alpha t}(\cos\omega t\, C_\mu(t) - \sin\omega t\, S_\mu(t))P_\mu && (6.41) \\
&= 2ie^{\alpha t}(\sin\omega t\, C_\mu(t) + \cos\omega t\, S_\mu(t))P_\mu && (6.42) \\
&= 2e^{\mu t}C_\mu(t)P_\mu && (6.43) \\
&= 2ie^{\mu t}S_\mu(t)P_\mu. && (6.44)
\end{aligned}$$

[証明] $\quad e^{tA}P_\mu = e^{\mu t}e^{t(A-\mu E)}P_\mu$

$$= e^{\alpha t}(\cos\omega t + i\sin\omega t)(C_\mu(t) + iS_\mu(t))$$

と表される．したがって

$$\Re(e^{tA}P_\mu) = e^{\alpha t}(\cos\omega t\, C_\mu(t) - \sin\omega t\, S_\mu(t)),$$
$$\Im(e^{tA}P_\mu) = e^{\alpha t}(\sin\omega t\, C_\mu(t) + \cos\omega t\, S_\mu(t)).$$

ゆえに命題 6.34 により，(6.41), (6.42) が成り立つ．
次に $C_\mu(t)$ の定義により，

$$C_\mu(t)P_\mu = \frac{1}{2}\left(e^{t(A-\mu E)}P_\mu + \overline{e^{t(A-\mu E)}P_\mu}\right)P_\mu$$

$$= \frac{1}{2}\left(e^{t(A-\mu E)}P_\mu^2 + e^{t(A-\bar\mu E)}P_{\bar\mu}P_\mu\right)$$

$$= \frac{1}{2}e^{t(A-\mu E)}P_\mu.$$

同様に

$$S_\mu(t)P_\mu = \frac{1}{2i}e^{t(A-\mu E)}P_\mu.$$

ゆえに

$$C_\mu(t)P_\mu = iS_\mu(t)P_\mu. \tag{6.45}$$

これを用いて

$$2e^{\alpha t}(\cos\omega t\, C_\mu(t) - \sin\omega t\, S_\mu(t))P_\mu$$
$$= 2e^{\alpha t}(\cos\omega t\, C_\mu(t) + i\sin\omega t\, C_\mu(t))P_\mu$$
$$= 2e^{\mu t}C_\mu(t)P_\mu = 2e^{\mu t}(iS_\mu(t)P_\mu)$$

となり，(6.43)，(6.44) のような表現も成り立つ．

証明終わり

定理 6.40

$\mu = \alpha + i\omega$ が A の虚数固有値で，$\boldsymbol{w} = \boldsymbol{u} + i\boldsymbol{v} \in G_\mu$ であるとき，

$$\boldsymbol{\psi}(t) = e^{tA}\boldsymbol{w} = e^{\mu t}\sum_{j=0}^{h-1}\frac{t^j}{j!}(A-\mu E)^j\boldsymbol{w} \tag{6.46}$$

の実部，虚部は次のように表される．

$$\begin{cases} \Re\psi(t) = 2e^{\alpha t}(\cos\omega t C_\mu(t) - \sin\omega t S_\mu(t))\boldsymbol{u}, \\ \Im\psi(t) = 2e^{\alpha t}(\cos\omega t C_\mu(t) - \sin\omega t S_\mu(t))\boldsymbol{v}. \end{cases}$$

$$\begin{cases} \Re\psi(t) = -2e^{\alpha t}(\cos\omega t S_\mu(t) + \sin\omega t C_\mu(t))\boldsymbol{v}, \\ \Im\psi(t) = 2e^{\alpha t}(\cos\omega t S_\mu(t) + \sin\omega t C_\mu(t))\boldsymbol{u}. \end{cases}$$

$$\begin{cases} \Re\psi(t) = 2e^{\alpha t}C_\mu(t)((\cos\omega t)\boldsymbol{u} - (\sin\omega t)\boldsymbol{v}), \\ \Im\psi(t) = 2e^{\alpha t}C_\mu(t)((\cos\omega t)\boldsymbol{v} + (\sin\omega t)\boldsymbol{u}). \end{cases}$$

$$\begin{cases} \Re\psi(t) = 2e^{\alpha t}S_\mu(t)((\cos\omega t)(-\boldsymbol{v}) - (\sin\omega t)\boldsymbol{u}), \\ \Im\psi(t) = 2e^{\alpha t}S_\mu(t)((\cos\omega t)\boldsymbol{u} + (\sin\omega t)(-\boldsymbol{v})). \end{cases}$$

[証明] $\boldsymbol{w} \in G_\mu$ のとき, $\boldsymbol{w} = P_\mu \boldsymbol{w}$ であるから, 定理 6.39 により,

$$\begin{aligned} \psi(t) &= e^{tA}\boldsymbol{w} = e^{tA}P_\mu \boldsymbol{w} \\ &= 2e^{\alpha t}(\cos\omega t C_\mu(t) - \sin\omega t S_\mu(t))(\boldsymbol{u} + i\boldsymbol{v}) \\ &= 2ie^{\alpha t}(\sin\omega t C_\mu(t) + \cos\omega t S_\mu(t))(\boldsymbol{u} + i\boldsymbol{v}) \\ &= 2e^{\alpha t}(\cos\omega t + i\sin\omega t)C_\mu(t)(\boldsymbol{u} + i\boldsymbol{v}) \\ &= 2ie^{\alpha t}(\cos\omega t + i\sin\omega t)S_\mu(t)(\boldsymbol{u} + i\boldsymbol{v}) \end{aligned}$$

それぞれの表し方に応じて, 実部, 虚部を計算して定理を得る.

証明終わり

$C_\mu(t), S_\mu(t)$ をさらに分解して, $e^{tA}P_\mu$ の別の表現を得る. 便宜上, 実行列 A の虚数固有値 μ に対して

$$\Re(A - \mu E)^k = A_k(\mu), \quad \Im(A - \mu E)^k = B_k(\mu)$$

とおき, μ の標数を h として,

$$M_\mu(t) = \sum_{k=0}^{h-1} \frac{t^k}{k!}(A_k(\mu) - 2B_k(\mu)R_\mu),$$

$$N_\mu(t) = \sum_{k=0}^{h-1} \frac{t^k}{k!}(2A_k(\mu)R_\mu + B_k(\mu))$$

と定義する.

定理 6.41

μ が A の虚数の固有値であるとき,

$$e^{tA}P_\mu = e^{\mu t}M_\mu(t)P_\mu = ie^{\mu t}N_\mu(t)P_\mu.$$

[証明]
$$C_\mu(t) = \sum_{k=0}^{h-1} \frac{t^k}{k!}(\Re(A - \mu E)^k P_\mu), \qquad (6.47)$$

$$S_\mu(t) = \sum_{k=0}^{h-1} \frac{t^k}{k!}(\Im(A - \mu E)^k P_\mu) \qquad (6.48)$$

を $A_k(\mu), B_k(\mu), Q_\mu, R_\mu$ を用いて表現すると次のようになる.

$$\begin{aligned}
\Re((A - \mu E)^k P_\mu) &= (A_k(\mu) - 2B_k(\mu)R_\mu)Q_\mu \\
&= -(2A_k(\mu)R_\mu + B_k(\mu))R_\mu, \\
\Im((A - \mu E)^k P_\mu) &= (2A_k(\mu)R_\mu + B_k(\mu))Q_\mu \\
&= (A_k(\mu) - 2B_k(\mu)R_\mu)R_\mu.
\end{aligned}$$

実際

$$(A - \mu E)^k = A_k(\mu) + iB_k(\mu), \quad P_\mu = Q_\mu + iR_\mu$$

と表されるから,

$$\Re((A-\mu E)^k P_\mu) = A_k(\mu)Q_\mu - B_k(\mu)R_\mu,$$
$$\Im((A-\mu E)^k P_\mu) = A_k(\mu)R_\mu + B_k(\mu)Q_\mu.$$

補題 6.26 の関係式 $R_\mu = 2R_\mu Q_\mu, Q_\mu = -2R_\mu^2$ により, $\Re((A-\mu E)^k P_\mu), \Im((A-\mu E)^k P_\mu)$ の上記の表現が成り立つ.

したがって $C_\mu(t), S_\mu(t)$ は次のように表される.

$$C_\mu(t) = M_\mu(t)Q_\mu = -N_\mu(t)R_\mu,$$
$$S_\mu(t) = M_\mu(t)R_\mu = N_\mu(t)Q_\mu.$$

この表現式を (6.47), (6.48) の右辺に代入して

$$C_\mu(t) + iS_\mu(t) = M_\mu(t)P_\mu = N_\mu(t)(iP_\mu)$$

を得る. これを $e^{tA}P_\mu = e^{\mu t}(C_\mu(t) + iS_\mu(t))$ に代入し, 定理を得る. 証明終わり

系 6.42

$\mu = \alpha + i\omega$ が A の虚数固有値で, $\boldsymbol{w} = \boldsymbol{u} + i\boldsymbol{v} \in G_\mu$ であるとき, (6.46) で与えられる $\boldsymbol{\psi}(t)$ の実部, 虚部は次のように表現される.

$$\begin{cases} \Re\boldsymbol{\psi}(t) = e^{\alpha t}M_\mu(t)((\cos\omega t)\boldsymbol{u} - (\sin\omega t)\boldsymbol{v}), \\ \Im\boldsymbol{\psi}(t) = e^{\alpha t}M_\mu(t)((\cos\omega t)\boldsymbol{v} + (\sin\omega t)\boldsymbol{u}). \end{cases}$$

$$\begin{cases} \Re\boldsymbol{\psi}(t) = e^{\alpha t}N_\mu(t)((\cos\omega t)(-\boldsymbol{v}) - (\sin\omega t)\boldsymbol{u}), \\ \Im\boldsymbol{\psi}(t) = e^{\alpha t}N_\mu(t)((\cos\omega t)\boldsymbol{u} + (\sin\omega t)(-\boldsymbol{v})). \end{cases}$$

実行列 A の特性多項式の因数分解を (6.28) とするとき, $\mathbb{R}^n$ の直和分解 (6.38) に対応して e^{tA} は (6.39), (6.40) のように分解する. 実数固有値 λ_j に対しては,

$$e^{tA}P_{\lambda_j} = e^{t\lambda_j}\sum_{k=0}^{h_j-1}\frac{t^k}{k!}(A-\lambda_j E)^k P_{\lambda_j}$$

であり，右辺は実関数である．虚数固有値 $\mu_k, \overline{\mu_k}$ に対応する項は定理 6.39 と定理 6.41 により次のように実関数で表される．

定理 6.43

$\mu = \alpha + i\omega$ が A の虚数固有値ならば

$$\begin{aligned}
& e^{tA}(P_\mu + P_{\overline{\mu}}) \\
&= e^{tA}(2Q_\mu) \\
&= 2e^{\alpha t}(\cos\omega t C_\mu(t) - \sin\omega t S_\mu(t))(2Q_\mu) \\
&= -2e^{\alpha t}(\sin\omega t C_\mu(t) + \cos\omega t S_\mu(t))(2R_\mu) \\
&= 4e^{\alpha t}C_\mu(t)(\cos\omega t Q_\mu - \sin\omega t R_\mu) \\
&= -4e^{\alpha t}S_\mu(t)(\sin\omega t Q_\mu + \cos\omega t R_\mu) \\
&= 2e^{\alpha t}M_\mu(t)(\cos\omega t Q_\mu - \sin\omega t R_\mu) \\
&= -2e^{\alpha t}N_\mu(t)(\sin\omega t Q_\mu + \cos\omega t R_\mu).
\end{aligned}$$

6.5 連成振動方程式への応用

連成振動方程式

第 1 章で取り上げた連成振動の方程式 (1.12)，すなわち

$$\begin{cases} m_1 x_1'' = -k_1 x_1 + k_2(x_2 - x_1) \\ m_2 x_2'' = -k_2(x_2 - x_1) \end{cases} \tag{6.49}$$

は，$p_1 = m_1 x_1', p_2 = m_2 x_2'$ とおくと，次の連立微分方程式に変換される．

$$\frac{d}{dt}\begin{bmatrix} x_1 \\ x_2 \\ p_1 \\ p_2 \end{bmatrix} = \begin{bmatrix} 0 & 0 & 1/m_1 & 0 \\ 0 & 0 & 0 & 1/m_2 \\ -k_1 - k_2 & k_2 & 0 & 0 \\ k_2 & -k_2 & 0 & 0 \end{bmatrix}\begin{bmatrix} x_1 \\ x_2 \\ p_1 \\ p_2 \end{bmatrix}. \quad (6.50)$$

右辺の 4 次正方行列を A とおく．特性多項式 $\Delta(\lambda) = \det(\lambda E - A)$ を計算すると，

$$\Delta(\lambda) = \frac{m_1 m_2 \lambda^4 + (k_1 m_2 + k_2 m_1 + k_2 m_2)\lambda^2 + k_1 k_2}{m_1 m_2}.$$

簡単のため，$m_1 = m$, $k_1 = k$, $m_2 = 1$, $k_2 = 1$ の場合を考える．このとき

$$\Delta(\lambda) = \frac{m\lambda^4 + (k + m + 1)\lambda^2 + k}{m}.$$

$\Delta(\lambda) = 0$ を λ^2 に関して解くと，二つの解をもち，いずれも負である．具体的には，判別式 D は

$$D = (k + m + 1)^2 - 4mk = (k - m)^2 + 2(k + m) + 1 > 1$$

であるから，$1 < \sqrt{D} < (k + m + 1)$ であり，

$$\lambda^2 = \frac{-(k + m + 1) \pm \sqrt{D}}{2m} < 0.$$

したがって $k + m + 1 = b$, $mk = c$ とおき

$$\omega_1 = \left(\frac{b - \sqrt{b^2 - 4c}}{2m}\right)^{1/2}, \quad \omega_2 = \left(\frac{b + \sqrt{b^2 - 4c}}{2m}\right)^{1/2}$$

とおくと，$0 < \omega_1 < \omega_2$ であり，特性値は次の 4 個の純虚数であり，いずれの重複度も 1 である．

$$\lambda_1 = i\omega_1, \quad \overline{\lambda_1} = -i\omega_1, \quad \lambda_2 = i\omega_2, \quad \overline{\lambda_2} = -i\omega_2.$$

$j = 1, 2$ とする．$\lambda_j = i\omega_j$ が $\Delta(\lambda) = 0$ の解であるから，$\omega = \omega_j$ は次の方程式の解である．

$$m\omega^4 - (k + m + 1)\omega^2 + k = 0.$$

λ_j の固有ベクトル $v(\lambda_j)$ に対して，$t = 0$ において $v(\lambda_j)$ である解 ψ_j は

$$\psi_j(t) = e^{t\lambda_j} v(\lambda_j) = (\cos(\omega_j t) + i\sin(\omega_j t))v(\lambda_j)$$

である．定理 6.32 により，$\{\Re\psi_1, \Im\psi_1, \Re\psi_2, \Im\psi_2\}$ は連立方程式 (6.50) の基本解である．

$v(\lambda_j)$ を求める．$\lambda E - A$ のガウス・ジョルダン標準形を調べるために，$\lambda E - A$ を行基本変形して次の行列 $G(\lambda)$ を得る．

$$G(\lambda) = \begin{bmatrix} 1 & 0 & 0 & -(1+\lambda^2)/\lambda \\ 0 & 1 & 0 & -1/\lambda \\ 0 & 0 & 1 & (k+(k+1)\lambda^2)/\lambda^2 \\ 0 & 0 & 0 & \Delta(\lambda)/m\lambda^2 \end{bmatrix}.$$

λ が A の固有値ならば，$G(\lambda)$ の $(4, 4)$ 成分は 0 であり，$G(\lambda)$ はガウス・ジョルダン標準形である．したがって $v(\lambda_j)$ は（列ベクトル v の転置行列を ${}^t v$ と表して）次のようになる．

$$\begin{aligned}
{}^t v(\lambda_j) &= [\lambda_j(1+\lambda_j^2), \lambda_j, -(k+(k+1)\lambda_j^2), \lambda_j^2] \\
&= [i\omega_j(1-\omega_j^2), i\omega_j, -k+(k+1)\omega_j^2, -\omega_j^2] \\
&= i\omega_j[1-\omega_j^2, 1, 0, 0] + [0, 0, -k+(k+1)\omega_j^2, -\omega_j^2].
\end{aligned}$$

固有値 λ_j の重複度は 1 であるから，$t = 0$ において，$v(\lambda_j)$ を初期値とする (6.50) の解 ψ_j は

6.5 連成振動方程式への応用

$$\psi_j(t) = e^{t\lambda_j} v(\lambda_j) = (\cos\omega_j t + i\sin\omega_j t) v(\lambda_j)$$

である．これより，

$$\Re\psi_j(t) = \begin{bmatrix} -\omega_j(1-\omega_j^2)\sin\omega_j t \\ -\omega_j \sin\omega_j t \\ (-k+(k+1)\omega_j^2)\cos\omega_j t \\ -\omega_j^2 \cos\omega_j t \end{bmatrix},$$

$$\Im\psi_j(t) = \begin{bmatrix} \omega_j(1-\omega_j^2)\cos\omega_j t \\ \omega_j \cos\omega_j t \\ (-k+(k+1)\omega_j^2)\sin\omega_j t \\ -\omega_j^2 \sin\omega_j t \end{bmatrix}.$$

こうして得た $\{\Re\psi_1, \Im\psi_1, \Re\psi_2, \Im\psi_2\}$ は連成振動の方程式 (6.49) の基本解であるから，一般実関数解はその実数係数 1 次結合で表される．(6.49) の一般解の第 1, 第 2 成分は連成振動の方程式 (6.49) の一般解を与え，任意定数 c_1, d_1, c_2, d_2 を用いて次のように表される．

$$\begin{bmatrix} x_1(t) \\ x_2(t) \end{bmatrix} = \begin{bmatrix} \sum_{j=1}^{2} \omega_j(1-\omega_j^2)(-c_j\sin\omega_j t + d_j\cos\omega_j t) \\ \sum_{j=1}^{2} \omega_j(-c_j\sin\omega_j t + d_j\cos\omega_j t) \end{bmatrix}.$$

三角関数を合成して，次のように表すこともできる．

$$\begin{bmatrix} x_1(t) \\ x_2(t) \end{bmatrix} = \sum_{j=1}^{2} \omega_j A_j \sin(\omega_j t + \theta_j) \begin{bmatrix} 1-\omega_j^2 \\ 1 \end{bmatrix}.$$

$A_j, \theta_j, j=1,2$ は任意定数である．比 ω_1/ω_2 が有理数ならば，解は周期解であるが，無理数の場合は擬周期関数といわれる関数（概周期関数の特別な場合）で，周期解ではない．また，$1-\omega_j^2 \neq 0$ であることは直接確かめられる．

第 7 章

付録

　本書で使用した基礎事項の概説と証明である．基礎事項は以下の通りである．
- 代数学分野：複素数の平方根と有理式の部分分数分解．
- 解析学分野：ベクトル値関数の微積分と整級数の計算法．
- 線形代数：関数の 1 次独立性，部分空間の直和と射影行列，複素行列の一般固有空間，実行列の一般固有空間と実ベクトル空間の複素化．

いずれもよく知られた事項で，解説の必要もないかもしれないが，本書だけで完結するよう読者の便宜を図って付け加えた．

7.1 代数学に関する補足

複素数の平方根

α, β が実数，$\beta \neq 0$ のとき

$$\sqrt{\alpha + i\beta} = \pm \left(\sqrt{\frac{1}{2}(\alpha + \sqrt{\alpha^2 + \beta^2})} + i\frac{\beta}{|\beta|}\sqrt{\frac{1}{2}(-\alpha + \sqrt{\alpha^2 + \beta^2})} \right).$$

[証明] $\sqrt{a^2 - 4b} = x + iy$ $(\alpha, \beta, x, y \in \mathbb{R})$ とおく．$(x+iy)^2 = \alpha + i\beta$ を満たす x, y は

$$x^2 - y^2 = \alpha, \quad 2xy = \beta.$$

このとき

$$(x^2 + y^2)^2 = (x^2 - y^2)^2 + 4x^2y^2 = \alpha^2 + \beta^2$$

であるから，

$$x^2 + y^2 = \sqrt{\alpha^2 + \beta^2}.$$

また $2xy = \beta$ より，$x^2 y^2 = \beta^2/4$ である．したがって

$$x^2 = \frac{1}{2}(\alpha + \sqrt{\alpha^2 + \beta^2}), \quad y^2 = \frac{1}{2}(-\alpha + \sqrt{\alpha^2 + \beta^2}).$$

x の値は二つ，y の値は二つであるから，x, y の組み合わせは 4 通りであるが，$2xy = \beta \neq 0$ から，2 通りに絞られる．$x, y \neq 0$ であり，xy の符号は β の符号，すなわち $\beta/|\beta|$ と一致する．ゆえに

$$\sqrt{\alpha + i\beta} = \pm \left(\sqrt{\frac{1}{2}(\alpha + \sqrt{\alpha^2 + \beta^2})} + i\frac{\beta}{|\beta|}\sqrt{\frac{1}{2}(-\alpha + \sqrt{\alpha^2 + \beta^2})} \right).$$

証明終わり

部分分数

多項式 $F_1(\lambda), F_2(\lambda)$ の最大公約多項式が 1 であるとき，$F_1(\lambda), F_2(\lambda)$ は互いに素であるという．多項式の最大公約式はユークリッドの互除法により計算でき，その結果として

$$G_2(\lambda)F_1(\lambda) + G_1(\lambda)F_2(\lambda) = 1$$

であるような多項式 $G_2(\lambda), G_1(\lambda)$ も計算できる．これにより次のような有理式の部分分数分解の定理 7.1 が導かれ，有理関数の不定積分の計算に用いられる．それと類似の方法により高階の線形微分方程式の解を低階の微分方程式の解の和として表すことができる．

多項式 $G(\lambda), F(\lambda)$ が互いに素であるとき，有理式 $G(\lambda)/F(\lambda)$ は既約であるという．また $\deg G(\lambda) < \deg F(\lambda)$ であるとき，$G(\lambda)/F(\lambda)$ は真分数であるという．

定理 7.1

既約な有理式 $G(\lambda)/F(\lambda)$ の分母が

$$F(\lambda) = F_1(\lambda)F_2(\lambda)\cdots F_r(\lambda)$$

に因数分解され，右辺の多項式はどの二つも互いに素であるとする．このとき

$$\frac{G(\lambda)}{F(\lambda)} = \frac{G_1(\lambda)}{F_1(\lambda)} + \cdots + \frac{G_r(\lambda)}{F_r(\lambda)}$$

であるような多項式 $G_1(\lambda), \cdots, G_r(\lambda)$ が存在する．左辺が真分数ならば，右辺の各分数も真分数とすることができ，その場合分子は一意的に定まる．

[証明] 煩雑であるから，多項式 $F(\lambda)$ を表すとき，λ を省略する．$r = 2$ の場合，F_1, F_2 が互いに素であるから，ユークリッドの互除法により，

$$M_2 F_1 + M_1 F_2 = 1 \qquad (7.1)$$

である M_1, M_2 を計算できる．その結果 $G_1 = GM_1, G_2 = GM_2$ とおくと，

$$G_2 F_1 + G_1 F_2 = G \qquad (7.2)$$

が成り立つ．もし G_2 と F_2 が共通因数 H をもつならば，G も H で割り切れ，G/F が既約であることに矛盾する．ゆえに G_2, F_2 は互いに素である．同様に G_1 と F_1 も互いに素である．ゆえに

$$\frac{G}{F_1 F_2} = \frac{G_1}{F_1} + \frac{G_2}{F_2}$$

が成り立ち，右辺の分数も既約である．

左辺が真分数であるとする．この場合，$\deg G_1 < \deg F_1$ ならば，(7.2) の両辺の次数比較により，$\deg G_2 < \deg F_2$ である．同様に逆も成り立つ．$\deg G_1 \geq \deg F_1$ の場合は割り算により，$G_1 = A_1 F_1 + R_1$ とすると，$\deg R_1 < \deg F_1$ であり，

$$G_2 F_1 + (A_1 F_1 + R_1) F_2 = G \Longrightarrow (G_2 + A_1 F_2) F_1 + R_1 F_2 = G$$

が成り立つ．$\deg R_1 < \deg F_1$ であるから，$H_2 = G_2 + A_1 F_2$ とおくと，$\deg H_2 < \deg F_2$ である．

一般の $r \geq 2$ の場合には，r に関する数学的帰納法により，部分分数分解可能であることを証明できる．次に真分数の場合の分解の一意性を示す．いま真分数が

$$\frac{G}{F_1 F_2 \cdots F_r} = \sum_{j=1}^{r} \frac{G_j}{F_j} = \sum_{j=1}^{r} \frac{H_j}{F_j}$$

のように分解されるとする．このとき

$$F = F_1 F_2 \cdots F_r, \quad \widehat{F}_j = F/F_j, j = 1, \cdots r$$

とおくと, $G = \sum_{j=1}^{r} G_j \widehat{F_j} = \sum_{j=1}^{r} H_j \widehat{F_j}$ であるから, $\sum_{j=1}^{r}(G_j - H_j)\widehat{F_j} = 0$. ゆえに

$$(G_1 - H_1)\widehat{F_1} = -\sum_{j=2}^{r}(G_2 - H_2)\widehat{F_j}.$$

$2 \leq j \leq r$ のとき, $\widehat{F_j}$ は F_1 で割り切れるから, 右辺は F_1 で割り切れる. ゆえに左辺も F_1 で割り切れるが,

$$\widehat{F_1} = F_2 F_3 \cdots F_r$$

であるから, $\widehat{F_1}$ と F_1 は互いに素である. したがって $G_1 - H_1$ が F_1 で割り切れ, $\deg(G_1 - H_1) < \deg F_1$ であるから, $G_1 = H_1$ である. 同様に $G_j = H_j, j = 2, \cdots, r$. 　　　　証明終わり

7.2 解析学に関する補足

ベクトル値関数

$\mathbb{R}^d$ の値をとるベクトル値関数の微積分に関する注意事項をまとめておこう. 記述を簡単にするため, $d = 2$ として解説する.

$$\boldsymbol{x} = \begin{bmatrix} x_1 \\ x_2 \end{bmatrix}, \quad \boldsymbol{y} = \begin{bmatrix} y_1 \\ y_2 \end{bmatrix}, \quad A = \begin{bmatrix} a_{11} & a_{12} \\ a_{21} & a_{22} \end{bmatrix}$$

のようなベクトル $\boldsymbol{x}, \boldsymbol{y}$ と行列 A をとる. 内積 $\boldsymbol{x} \cdot \boldsymbol{y}$ とノルム $\|\boldsymbol{x}\|$, $\|A\|$ を次のように定める.

$$\boldsymbol{x} \cdot \boldsymbol{y} = x_1 y_1 + x_2 y_2, \quad \|\boldsymbol{x}\| = \sqrt{\boldsymbol{x} \cdot \boldsymbol{x}} = \sqrt{x_1^2 + x_2^2},$$
$$\|A\| = \sqrt{a_{11}^2 + a_{21}^2 + a_{12}^2 + a_{22}^2}.$$

A の第 1, 2 列をそれぞれ $\boldsymbol{a}_1 = \begin{bmatrix} a_{11} \\ a_{21} \end{bmatrix}, \boldsymbol{a}_2 = \begin{bmatrix} a_{12} \\ a_{22} \end{bmatrix}$ とおき, A を列ベクトルに分解して $A = [\boldsymbol{a}_1, \boldsymbol{a}_2]$ と表すと

$$\|A\| = \sqrt{\|\boldsymbol{a}_1\|^2 + \|\boldsymbol{a}_2\|^2}.$$

このときノルムの性質

$$\|\boldsymbol{x}\| \geq 0, \quad \|\boldsymbol{x}\| = 0 \iff \boldsymbol{x} = \boldsymbol{0},$$

$$\|k\boldsymbol{x}\| = |k|\|\boldsymbol{x}\| \quad (k \in \mathbb{R}), \quad \|\boldsymbol{x} + \boldsymbol{y}\| \leq \|\boldsymbol{x}\| + \|\boldsymbol{y}\|$$

が成り立つ.

さらに

$$\|A\boldsymbol{x}\| \leq \|A\|\|\boldsymbol{x}\|$$

が成り立つ. また 2 次正方行列 B に対して

$$\|AB\| \leq \|A\|\|B\|.$$

[証明] 最後の二つの不等式を証明する. $A = [\boldsymbol{a}_1, \boldsymbol{a}_2]$ のとき, $A\boldsymbol{x} = x_1\boldsymbol{a}_1 + x_2\boldsymbol{a}_2$ であるから, コーシー・シュワルツの不等式により

$$\|A\boldsymbol{x}\| \leq |x_1|\|\boldsymbol{a}_1\| + |x_2|\|a_2\|$$
$$\leq \sqrt{|x_1|^2 + |x_2|^2}\sqrt{\|\boldsymbol{a}_1\|^2 + \|\boldsymbol{a}_2\|^2} = \|\boldsymbol{x}\|\|A\|.$$

さらに $B = [\boldsymbol{b}_1, \boldsymbol{b}_2]$ のとき AB の第 1, 2 列はそれぞれ $A\boldsymbol{b}_1, A\boldsymbol{b}_2$ であるから, $AB = [A\boldsymbol{b}_1, A\boldsymbol{b}_2]$. ゆえに

$$\|AB\| = \sqrt{\|A\boldsymbol{b}_1\|^2 + \|A\boldsymbol{b}_2\|^2}$$
$$\leq \sqrt{(\|A\|\|\boldsymbol{b}_1\|)^2 + (\|A\|\|\boldsymbol{b}_2\|)^2}$$
$$= \|A\|\sqrt{\|\boldsymbol{b}_1\|^2 + \|\boldsymbol{b}_2\|^2} = \|A\|\|B\|.$$

証明終わり

連続あるいは微分可能な関数 $f_1(t), f_2(t)$ を成分とするベクトル値関数を

$$\boldsymbol{f}(t) = \begin{bmatrix} f_1(t) \\ f_2(t) \end{bmatrix}$$

とおく．各成分を微分あるいは積分してできる関数を

$$\boldsymbol{f}'(t) = \begin{bmatrix} f_1'(t) \\ f_2'(t) \end{bmatrix}, \quad \int \boldsymbol{f}(t)dt = \begin{bmatrix} \int f_1(t)dt \\ \int f_2(t)dt \end{bmatrix}$$

とおく．定数 c に対して

$$(c\boldsymbol{f}(t))' = c\boldsymbol{f}'(t), \quad \int c\boldsymbol{f}(t)dt = c\int \boldsymbol{f}(t)dt$$

が成り立ち，行列 A に対して次も成り立つ．

$$(A\boldsymbol{f}(t))' = A\boldsymbol{f}'(t), \quad \int A\boldsymbol{f}(t)dt = A\int \boldsymbol{f}(t)dt.$$

補題7.2

(ⅰ) $\{a_n\}_{n=1}^{\infty}$ が定符号の実数列なら，

$$\left|\sum_{n=1}^{\infty} a_n\right| = \sum_{n=1}^{\infty} |a_n|.$$

(ⅱ) t_1, t_2 を両端とする区間で実数値関数 $u(t)$ が定符号なら，

$$\left|\int_{t_1}^{t_2} u(t)dt\right| = \left|\int_{t_1}^{t_2} |u(t)|dt\right|.$$

(ⅲ) t_1, t_2 を両端とする区間で，$\|f(t)\| \leq u(t)$ なら，

$$\left\|\int_{t_1}^{t_2} f(t)dt\right\| \leq \left|\int_{t_1}^{t_2} \|f(t)\|dt\right| \qquad (7.3)$$

$$\leq \left|\int_{t_1}^{t_2} u(t)dt\right|. \qquad (7.4)$$

問題 7.3

この補題 7.2 を証明せよ.

$f'(t)$ が $I = [a,b]$ で存在して,連続ならば

$$\int_{t_1}^{t_2} f'(t)dt = f(t_2) - f(t_1).$$

したがって $\|f'(t)\| \leq L \ (t \in I)$ ならば,

$$\|f(t_2) - f(t_1)\| \leq L|t_2 - t_1|$$

が成り立つ.この不等式が成り立つとき,$f(t)$ は区間 I でリプシッツ (**Lipsichtz**) 連続である,あるいはリプシッツ条件を満たすという.また L をリプシッツ定数という.

2 変数関数 $f_1(x_1, x_2), f_2(x_1, x_2)$ をそれぞれ第 1,2 成分とする 2 次列ベクトル値関数を $f(x)$ で表す:

$$f(x) = \begin{bmatrix} f_1(x_1, x_2) \\ f_2(x_1, x_2) \end{bmatrix}.$$

f_1, f_2 が偏微分可能であるとき,$\dfrac{\partial f_i}{\partial x_j}(x_1, x_2)$ を (i,j) 成分とする 2 次正方行列を $\dfrac{D(f_1, f_2)}{D(x_1, x_2)}(x)$ のように表し,$f(x)$ のヤコビ (**Jacob**) 行列という:

$$\frac{D(f_1, f_2)}{D(x_1, x_2)}(x) = \begin{bmatrix} \dfrac{\partial f_1}{\partial x_1}(x_1, x_2) & \dfrac{\partial f_1}{\partial x_2}(x_1, x_2) \\ \dfrac{\partial f_2}{\partial x_1}(x_1, x_2) & \dfrac{\partial f_2}{\partial x_2}(x_1, x_2) \end{bmatrix}.$$

ヤコビ行列を列に分割して,第 1,2 列をそれぞれ $\dfrac{\partial f}{\partial x_1}, \dfrac{\partial f}{\partial x_2}$ のように表す.

すべての偏導関数が連続関数であるとき,$f(x)$ は連続微分可能,あるいは C^1 級であるという.さらに $x_1 = x_1(t_1, t_2), x_2 = x_2(t_1, t_2)$ が C^1 級の関数であるとき,合成関数 $g(t_1, t_2) = f(x_1(t_1, t_2), x_2(t_1, t_2))$ も C^1 級で

$$\frac{D(g_1, g_2)}{D(t_1, t_2)}(t) = \frac{D(f_1, f_2)}{D(x_1, x_2)}(\boldsymbol{x}(t))\frac{D(x_1, x_2)}{D(t_1, t_2)}(t).$$

$\boldsymbol{f}(\boldsymbol{x})$ のヤコビ行列を $D\boldsymbol{f}(\boldsymbol{x})$ で表せば，この式は簡明に

$$D\boldsymbol{g}(t) = D\boldsymbol{f}(\boldsymbol{x}(t))D\boldsymbol{x}(t)$$

と表される．

補題7.4

関数 $\boldsymbol{f} : \mathbb{R}^d \to \mathbb{R}^d$ が2点 $\boldsymbol{u}, \boldsymbol{v}$ を含むある開集合 D で連続微分可能で，$\boldsymbol{u}, \boldsymbol{v}$ を結ぶ線分が D に含まれるとする．この線分上で $\|D\boldsymbol{f}(\boldsymbol{x})\| \leq L$ であるならば，

$$\|\boldsymbol{f}(\boldsymbol{u}) - \boldsymbol{f}(\boldsymbol{v})\| \leq L\|\boldsymbol{u} - \boldsymbol{v}\|.$$

[証明] $\mathbb{R}^d$ の2点 $\boldsymbol{u}, \boldsymbol{v}$ を両端とする線分上の点 $\boldsymbol{x}$ は，パラメタ $s \in [0,1]$ を用いて $\boldsymbol{x} = \boldsymbol{x}(s) = (1-s)\boldsymbol{v} + s\boldsymbol{u}$ のように表され，

$$\boldsymbol{f}(\boldsymbol{u}) - \boldsymbol{f}(\boldsymbol{v}) = \boldsymbol{f}(\boldsymbol{x}(1)) - \boldsymbol{f}(\boldsymbol{x}(0)) = \int_0^1 \frac{d}{ds}\boldsymbol{f}(\boldsymbol{x}(s))ds.$$

$\frac{d}{ds}\boldsymbol{f}(\boldsymbol{x}(s)) = D\boldsymbol{f}(\boldsymbol{x}(s))\boldsymbol{x}'(s) = D\boldsymbol{f}(\boldsymbol{x}(s))(\boldsymbol{u} - \boldsymbol{v})$ であり，$\boldsymbol{u}$ と $\boldsymbol{v}$ を結ぶ線分上で $\|D\boldsymbol{f}(\boldsymbol{x}(s))\| \leq L \ (s \in [0,1])$ であるから，

$$\|\frac{d}{ds}\boldsymbol{f}(\boldsymbol{x}(s))\| \leq L\|\boldsymbol{u} - \boldsymbol{v}\|.$$

ゆえに $\|\boldsymbol{f}(\boldsymbol{u}) - \boldsymbol{f}(\boldsymbol{v})\| \leq L\|\boldsymbol{u} - \boldsymbol{v}\|$. 　　　　　証明終わり

整級数

整級数について本書で必要な基礎事項をまとめておく．

t を独立変数とし，$a_0, a_1, \cdots,$ を実または複素数列として定まる無限級数

$$\sum_{n=0}^{\infty} a_n t^n \tag{7.5}$$

を**整級数** または**冪級数**という．本書では t を実変数とするが，複素変数としても類似の結果が成り立つ．ある $t = t_0 \neq 0$ においてこの級数が収束するならば，

$$\lim_{n \to \infty} |a_n t_0^n| = 0$$

であるから，$|a_n t_0^n| \leq M, n = 0, 1, 2, \cdots$ であるような $M \geq 0$ が存在する．したがって

$$|a_n| \leq \frac{M}{|t_0|^n}, \quad n = 0, 1, 2, \cdots. \tag{7.6}$$

この評価式をもとにして次のことがわかる．

- (7.5) は，$t = t_0 \neq 0$ で収束すれば，$|t| < |t_0|$ を満たすすべての t で絶対収束する．すなわち $\sum_{n=0}^{\infty} |a_n t^n|$ が収束する．
- (7.5) は，$t = t_1 \neq 0$ で発散すれば，$|t| > |t_1|$ を満たすすべての t で発散する．

したがって次のいずれかである．

（ⅰ）(7.5) が，すべての t で絶対収束する．

（ⅱ）(7.5) が，$t = 0$ のときのみ収束する．

（ⅲ）次のような $\rho > 0$ がある：(7.5) は，$|t| < \rho$ ならば絶対収束し，$|t| > \rho$ ならば発散する．

この場合分けに応じて，(7.5) の**収束半径** R を次のように定義する．（ⅰ）の場合は $R = \infty$，（ⅱ）の場合は $R = 0$，（ⅲ）の場合は $R = \rho$．(7.5) が収束する t の集合 I を，その**収束域**という．（ⅰ）の場合は $I = (-\infty, \infty)$，（ⅱ）の場合は $I = \{0\}$，（ⅲ）の場合は，I は区間

$$(-R, R), (-R, R], [-R, R), [-R, R]$$

のいずれかである．どの場合にも I は区間である．$t \in I$ に対して

(7.5) の和で定義される関数

$$f(t) = \sum_{n=1}^{\infty} a_n t^n, \ \ t \in I$$

は，I において連続である．

また $|t| < R$ のとき，$f(t)$ は微分可能で，

$$f'(t) = \sum_{n=1}^{\infty} n a_n t^{n-1} \qquad (7.7)$$

のように (7.5) の各項を微分した整級数で表される．すなわち整級数は項別微分可能である．(7.7) の右辺の整級数の収束半径は (7.5) の収束半径 R に等しい．したがって整級数 (7.7) の和である $f'(t)$ も $|t| < R$ のとき微分可能で

$$f''(t) = \sum_{n=2}^{\infty} n(n-1) a_n t^{n-2}$$

が成り立ち，収束半径は変わらない．これを何回でも続けることができ，$|t| < R$ のとき，すべての $k = 0, 1, 2, \cdots$，に対して $f^{(k)}(t)$ が存在し，

$$f^{(k)}(t) = \sum_{n=k}^{\infty} (n)_k a_n t^{n-k} = \sum_{m=0}^{\infty} (m+k)_k a_{m+k} t^m$$

と表される．ただし，$(n)_0 = 1$ と定め，$1 \leq k \leq n$ のとき

$$(n)_k = n(n-1)(n-2)\cdots(n-k+1) = \frac{n!}{(n-k)!}.$$

また他の整級数

$$g(t) = \sum_{n=0}^{\infty} b_n t^n$$

があるとき，t において $f(t), g(t)$ が収束するならば，定数 a, b に対して

$$af(t) + bg(t) = \sum_{n=0}^{\infty} (aa_n + bb_n)t^n$$

である．また t において $f(t), g(t)$ が絶対収束するならば，

$$f(t)g(t) = \sum_{n=0}^{\infty} \left(\sum_{j+k=n}^{n} a_j b_k \right) t^n = \sum_{n=0}^{\infty} \left(\sum_{k=0}^{n} a_{n-k} b_k \right) t^n$$

のように計算できる．

t_0 を実軸上の定点とする．$F(t + t_0)$ が

$$F(t + t_0) = \sum_{n=0}^{\infty} a_n t^n$$

のように整級数の和で表されるとき，あるいは変数を書き換えて

$$F(t) = \sum_{n=0}^{\infty} a_n (t - t_0)^n.$$

と表されるとき，関数 $F(t)$ は $t = t_0$ において**解析的**であるという．この右辺を $F(t)$ の t_0 を中心とする**整級数展開**という．$\sum_{n=0}^{\infty} a_n t^n$ の収束半径を，この整級数展開の収束半径という．

7.3 線形代数に関する補足

🌳 関数の1次独立性

ある区間 I で定義された連続関数 $f(t)$ は，すべての $t \in I$ において $f(t) = 0$ であるとき，恒等的に零であるといい，$f = 0$ と表す．ある区間 I で定義された連続関数 $f_1, f_2, \cdots, f_r$ と定数 $c_1, c_2, \cdots, c_r$ により

$$f(t) = c_1 f_1(t) + c_2 f_2(t) + \cdots + c_r f_r(t), \quad t \in I$$

のように定義される関数 f を，$f_1, f_1, \cdots, f_r$ の **1 次結合**といい，$c_1, c_2, \cdots, c_r$ をその**係数**という．このような1次結合が $f = 0$ となるのは $c_1 = c_2 = \cdots = c_r = 0$ であるときのみならば，$f_1, f_2, \cdots, f_r$ は **1 次独立**であるという．1次独立でないときは，**1 次従属**であるという．この場合係数 $c_1, c_2, \cdots, c_r$ を実数の範囲で考えてこの条件が成り立つならば，$f_1, f_2, \cdots, f_r$ は $\mathbb{R}$ 上 **1 次独立**であるという．これに対して $c_1, c_2, \cdots, c_r$ の範囲を複素数にまで拡大してこの条件が成り立つならば，$f_1, f_2, \cdots, f_r$ は $\mathbb{C}$ 上 **1 次独立**であるという．明らかに $\mathbb{C}$ 上1次独立ならば，$\mathbb{R}$ 上1次独立である．たとえば，

$$f_1(t) = 1, \quad f_2(t) = t, \quad f_3(t) = t^2, \cdots, \quad f_r(t) = t^{r-1}$$

は $\mathbb{C}$ 上1次独立である．また

$$g_1(t) = t, \quad g_2(t) = \sqrt{-1}\, t$$

とおくと，g_1, g_2 は $\mathbb{R}$ 上1次独立であるが，$\mathbb{C}$ 上1次独立ではない．

区間 I で定義されるベクトル値関数に対しても，同様に1次独立性，1次従属性を定義する．

直和と射影

d 次複素ベクトル z 全体からなる複素ベクトル空間を $\mathbb{C}^d$ で表す．z の各成分を共役複素数で置き換えたベクトルを $\overline{z}$，各成分の実部で置き換えたベクトルを $\Re z$，各成分の虚部で置き換えたベクトルを $\Im z$ のように表し，それぞれ z の共役ベクトル，実部，虚部という．このとき

$$\Re z = \frac{1}{2}(z + \overline{z}), \quad \Im z = \frac{1}{2\sqrt{-1}}(z - \overline{z})$$

である．複素行列 B に対しても同様に，$\overline{B}, \Re B, \Im B$ を定義する．

$\mathbb{C}^d$ （または $\mathbb{R}^d$）の部分空間の族 $V_1, V_2, \cdots, V_r$ があるとき，

$$V_1 + \cdots + V_r = \{z_1 + \cdots + z_r : z_1 \in V_1, \cdots, z_r \in V_r\}$$

で表される部分空間を $V_1, \cdots, V_r$ の和空間という．次の条件

$$z_1 + \cdots + z_r = 0, \quad z_1 \in V_1, \cdots, z_r \in V_r$$
$$\implies z_1 = \cdots = z_r = 0 \tag{7.8}$$

が成り立つとき，$V_1, \cdots, V_r$ は**直和条件**を満たすという．このとき和空間を

$$V_1 \oplus \cdots \oplus V_r \quad \text{または} \quad \bigoplus_{j=1}^{r} V_j$$

と表し，$V_1, \cdots, V_r$ の**直和**（部分空間）であるという．直和に関して次の諸命題が成り立つ．

（ i ）$\dim V_1 \oplus \cdots \oplus V_r = \dim V_1 + \cdots + \dim V_r$.

（ ii ）二つの部分空間 V_1, V_2 に対する直和条件は，$V_1 \cap V_2 = \{0\}$ と同値である．

（iii）直和条件を満たす部分空間族の部分族は直和条件を満たす．

（iv）$V_1, \cdots, V_r$ が直和条件を満たすとき，$j_1, \cdots, j_p, k_1, \cdots, k_q$ が $1, 2, \cdots, r$ の異なる数であるならば，

$$(V_{j_1} \oplus \cdots \oplus V_{j_p}) \cap (V_{k_1} \oplus \cdots \oplus V_{k_q}) = \{0\}.$$

（v）$j = 1, 2, \cdots, r$ に対して

$$V_j \cap (V_1 + \cdots + V_{j-1} + V_{j+1} + \cdots V_r) = \{0\} \qquad (7.9)$$

ならば，$V_1, \cdots, V_r$ は直和条件を満たす．

問題 7.5

上記の諸命題を証明せよ．

$V = \mathbb{C}^d$ または $V = \mathbb{R}^d$ とし，

$$V = V_1 \oplus \cdots \oplus V_r \qquad (7.10)$$

であるとき，V は部分空間 $V_1, \cdots, V_r$ に**直和分解**されるという．このとき任意の $\boldsymbol{z} \in V$ は

$$\boldsymbol{z} = \boldsymbol{z}_1 + \boldsymbol{z}_2 + \cdots + \boldsymbol{z}_r, \quad \boldsymbol{z}_1 \in V_1, \cdots, \boldsymbol{z}_r \in V_r$$

として表され，右辺の和の成分は $\boldsymbol{z}$ に対して一意的に定まる．$\boldsymbol{z}$ を $\boldsymbol{z}_j$ に写す写像は線形写像であり，ある行列 P_j（射影行列という）により $P_j \boldsymbol{z} = \boldsymbol{z}_j$ と表され，

$$\sum_{j=1}^{r} P_j = E, \quad P_j P_k = \delta_{jk} P_j \qquad (7.11)$$

が成り立つ．ここで E は単位行列，δ_{jk} はクロネッカーの記号，すなわち $j = k$ のときは $\delta_{jk} = 1$，$j \neq k$ のときは $\delta_{jk} = 0$ である．(7.11) を直和分解 (7.10) に対応する単位行列の射影分解という．$\dim V_j = m_j$ とし，V_j の基底 $\{\boldsymbol{u}_1^j, \cdots, \boldsymbol{u}_{m_j}^j\}$ があるとき，それを並べてできる $d \times m_j$ 行列を $U^{[j]}$ とし，さらにそれを並べてできる $d \times d$ 行列を $U = [U^{[1]}, \cdots, U^{[r]}]$ とおく．k 次単位行列を E_k で表

し，次のような対角行列

$$E^{[j]} = \delta_{1j}E_{m_1} \oplus \delta_{2j}E_{m_2} \oplus \cdots \oplus \delta_{rj}E_{m_r}$$

をつくる．たとえば $E^{[1]}$ は最初の m_1 個の対角成分は 1 で，残りの対角成分は零である対角行列である．$E^{[2]}$ は $m_1 + 1$ 番目から $m_1 + m_2$ 番目までの対角成分は 1 で，残りの対角成分は零である対角行列である．このとき次が成り立つ．

$$P_j = UE^{[j]}U^{-1}. \tag{7.12}$$

問題 7.6

(7.12) を証明せよ．

複素行列の一般固有空間

一般の d 次正方行列 B に対して，

$$N(B) = \{z \in \mathbb{C}^d : Bz = 0\}, \quad R(B) = \{Bz : z \in \mathbb{C}^d\}$$

とおき，B の核，B の像といい，いずれも $\mathbb{C}^d$ の部分空間である．A を d 次正方行列とする．

$$Az = \lambda z$$

であるような $z \in \mathbb{C}^d, z \neq 0$ と複素数 λ がある場合，λ を A の固有値，z を（固有値 λ に対応する）A の固有ベクトルという．単位行列を E で表すと，$Az = \lambda z \Leftrightarrow (A - \lambda E)z = 0$ である．ゆえに

$$\Delta(\lambda) = \det(\lambda E - A)$$

とおくと，$\Delta(\lambda) = 0$ のとき，λ は A の固有地である．$\Delta(\lambda)$ は λ

の d 次多項式で，A の固有多項式といい，方程式 $\Delta(\lambda) = 0$ を A の固有方程式という．
固有値 λ に対して

$$W_\lambda(A) = \{z \in \mathbb{C}^d; Az = \lambda z\} = N(A - \lambda E)$$

とおき，λ に対応する A の固有空間という．$W_\lambda(A)$ を略して W_λ と書く場合もある．W_λ は固有ベクトルと零ベクトルからなる集合である．

固有値の集合を $\sigma(A) = \{\lambda_1, \lambda_2, \cdots, \lambda_r\}$ とおき，A のスペクトルという．λ_i が固有方程式の m_i 重解とすると，

$$\Delta(\lambda) = (\lambda - \lambda_1)^{m_1}(\lambda - \lambda_2)^{m_2} \cdots (\lambda - \lambda_r)^{m_r}$$

のように因数分解され，$\Delta(A) = O$ が成り立つ（ケーリー・ハミルトン (Cayley-Hamilton) の定理）．

$$G_{\lambda_i} = G_{\lambda_i}(A) = N((A - \lambda_i)^{m_i})$$

とおくと，$\dim G_{\lambda_i} = m_i$ であり，次の直和分解が成り立つ．

$$\mathbb{C}^d = G_{\lambda_1} \oplus G_{\lambda_2} \oplus \cdots \oplus G_{\lambda_r}. \tag{7.13}$$

m_i を λ_i の（代数的）重複度といい，G_{λ_i} を λ_i に対応する A の一般固有空間という．$\dim W_{\lambda_i}$ を幾何学的重複度という場合もある．$\mathbb{C}^d$ の直和分解 (7.13) に対応する単位行列 E の射影分解を

$$E = P_{\lambda_1} + P_{\lambda_2} + \cdots + P_{\lambda_r}$$

のように表し，A に伴う単位行列の射影分解という．

固有値 λ に対して，部分空間 $N((A - \lambda E)^k)$ は k が増加するとき集合として大きくなるが，いつまでも大きくなるわけではなく，λ の代数的重複度を m とすると m 以下のある値 h で増大がとまる．すなわち

$$N((A-\lambda E)) \subsetneq N((A-\lambda E)^2) \cdots \subsetneq N((A-\lambda E)^h)$$

であり，

$$k \geq h \Rightarrow N((A-\lambda E)^h) = N((A-\lambda E)^k)$$

であるような $h \leq m$ が存在する．h を λ の標数という．したがって一般固有空間は

$$G_\lambda = N((A-\lambda E)^h)$$

として与えらる．$h=1$ のとき，$G_\lambda = W_\lambda$ である．

命題7.7

A の固有値 λ の標数を h とするとき，

$$\begin{cases} (A-\lambda E)^k P_\lambda \neq 0 & k \leq h-1 \text{ のとき} \\ (A-\lambda E)^k P_\lambda = 0 & k \geq h \text{ のとき} \end{cases} \quad (7.14)$$

また $AP_\lambda = P_\lambda A$ が成り立つ．

[証明] $R(P_\lambda) = G_\lambda$ であるから，(7.14) が成り立つ．
また $\boldsymbol{z} = \sum_{j=1}^{r} P_{\lambda_j}\boldsymbol{z}$ と表されるから

$$A\boldsymbol{z} = AP_{\lambda_1}\boldsymbol{z} + AP_{\lambda_2}\boldsymbol{z} + \cdots + AP_{\lambda_r}\boldsymbol{z} \quad (7.15)$$

である．

$$(A-\lambda_j E)^{h_j} AP_{\lambda_j}\boldsymbol{z} = A(A-\lambda_j E)^{h_j} P_{\lambda_j}\boldsymbol{z} = A0 = 0$$

であるから，$AP_{\lambda_j}\boldsymbol{z} \in G_{\lambda_j}$．ゆえに (7.15) は $A\boldsymbol{z}$ の直和成分への分解を表し，$AP_{\lambda_j}\boldsymbol{z} = P_{\lambda_j} A\boldsymbol{z}$，すなわち $AP_{\lambda_j} = P_{\lambda_j} A$．

証明終わり

実行列の一般固有空間と実ベクトル空間の複素化

本節では，実ベクトルと複素ベクトルが共存するので，まず次の基本的定義を改めて掲げておく．$z_1, z_2 \cdots, z_r \in \mathbb{C}^d$ とする．複素数 $\alpha_1, \cdots, \alpha_r$ に対して $\sum_{j=1}^r \alpha_j z_j = 0$ ならば，$\alpha_1 = \cdots = \alpha_r = 0$ であるとき，$z_1, z_2 \cdots, z_r$ は $\mathbb{C}$ 上 1 次独立であるという．これに対して実数 $a_1, \cdots, a_r$ に対して $\sum_{j=1}^r a_j z_j = 0$ ならば，$a_1 = \cdots = a_r = 0$ であるとき，$z_1, z_2 \cdots, z_r$ は $\mathbb{R}$ 上 1 次独立であるという．$\mathbb{C}$ 上 1 次独立ならば，$\mathbb{R}$ 上 1 次独立である．また，$x_1, x_2 \cdots, x_r$ が実ベクトルのとき，$\mathbb{R}$ 上 1 次独立ならば，$\mathbb{C}$ 上 1 次独立である．しかし，たとえば $x \neq 0$ が実ベクトルのとき，x, ix は $\mathbb{R}$ 上 1 次独立であるが，$\mathbb{C}$ 上 1 次独立ではない．

複素ベクトル空間 $\mathbb{C}^d$ の部分空間 W に対して，

$$\overline{W} = \{\overline{z} : z \in W\}, \quad W^{\mathbb{R}} = W \cap \mathbb{R}^d$$

とおく．容易に次のことを確かめられる．

- $\overline{W}$ は複素ベクトル空間 $\mathbb{C}^d$ の部分空間である．
- $\overline{\overline{W}} = W, \ W \subset \overline{W} \iff \overline{W} \subset W \iff W = \overline{W}$,
- $W^{\mathbb{R}}$ は実ベクトル空間 $\mathbb{R}^d$ の部分空間である．

また

$$\Re W = \{\Re z : z \in W\}, \quad \Im W = \{\Im z : z \in W\}$$

とおくと，

- $\Re W, \Im W$ は $\mathbb{R}^d$ の部分空間である．
- $\Re W = \Im W$．実際，$z \in W$ のとき $\pm iz \in W$ であり，$\Re z = \Im(iz), \ \Im z = \Re(-iz)$ である．

$\mathbb{R}^d$ のある部分空間 V により

$$W = V + iV = \{x + iy : x, y \in V\}$$

と定義される W は $\mathbb{C}^d$ の部分空間であり，W を V の複素化とい

う．このとき，$V = \Re W = \Im W = W^{\mathbb{R}}$ が成り立つ．

たとえば B が実行列のとき，少々煩わしい記号であるが，

$$N^{\mathbb{C}}(B) = \{z \in \mathbb{C}^d : Bz = 0\}, \quad N^{\mathbb{R}}(B) = \{x \in \mathbb{R}^d : Bx = 0\}$$

とおくと次が成り立つ．

$$N^{\mathbb{C}}(B) = N^{\mathbb{R}}(B) + iN^{\mathbb{R}}(B), \tag{7.16}$$

$$\Re N^{\mathbb{C}}(B) = N^{\mathbb{R}}(B). \tag{7.17}$$

実際 $z = x + iy, x, y \in \mathbb{R}^d$ のとき，$\Re Bz = Bx, \Im Bz = By$ であるから，$Bz = 0 \iff Bx = By = 0$．ゆえに (7.16)，(7.17) が成り立つ．

定理 3.20 の証明と同様に次の定理を証明できる．

命題7.8

W が V の複素化ならば，V の基底は W の基底であり

$$\dim_{\mathbb{C}} W = \dim_{\mathbb{R}} V. \tag{7.18}$$

ただし左辺は $\mathbb{C}^d$ の部分空間としての W の次元を表し，右辺は $\mathbb{R}^d$ の部分空間としての V の次元を表す．

系7.9

B が実行列ならば，

$$\dim_{\mathbb{C}} N^{\mathbb{C}}(B) = \dim_{\mathbb{R}} N^{\mathbb{R}}(B).$$

A が実行列の場合も，A の重複度 m の固有値 λ に対して

$$G_\lambda = \{z \in \mathbb{C}^d : (A - \lambda E)^m z = 0\} = N^{\mathbb{C}}((A - \lambda E)^m)$$

とおく．標数を h とすれば，実は $G_\lambda = N^{\mathbb{C}}((A - \lambda E)^h)$ である．

系 7.10

λ が実行列 A の実固有値ならば,

$$G_\lambda(A) = G_\lambda^{\mathbb{R}}(A) + iG_\lambda^{\mathbb{R}}(A), \quad (7.19)$$

$$\dim_{\mathbb{R}} G_\lambda^{\mathbb{R}}(A) = \dim_{\mathbb{C}} G_\lambda(A). \quad (7.20)$$

λ の標数が h ならば, $1 \le k \le h$ のとき

$$\dim_{\mathbb{R}} N^{\mathbb{R}}((A - \lambda E)^{k-1}) < \dim_{\mathbb{R}} N^{\mathbb{R}}((A - \lambda E)^k). \quad (7.21)$$

[証明] $(A - \lambda E)^k$ は実行列であるから,

$$N^{\mathbb{C}}((A - \lambda E)^k) = N^{\mathbb{R}}((A - \lambda E)^k)) + iN^{\mathbb{R}}((A - \lambda E)^k))$$

である. 命題 7.8 により,

$$\dim_{\mathbb{R}} N^{\mathbb{R}}((A - \lambda E)^k)) = \dim_{\mathbb{C}} N^{\mathbb{C}}((A - \lambda E)^k).$$

$1 \le k \le h$ のとき,

$$\dim_{\mathbb{C}} N^{\mathbb{C}}((A - \lambda E)^{k-1}) < \dim_{\mathbb{C}} N^{\mathbb{C}}((A - \lambda E)^k)$$

であるから,

$$\dim_{\mathbb{R}} N^{\mathbb{R}}((A - \lambda E)^{k-1}) < \dim_{\mathbb{R}} N^{\mathbb{R}}((A - \lambda E)^k).$$

ゆえに (7.21) が成り立つ. $G_\lambda = N((A - \lambda E)^h)$ であるから (7.19), (7.20) が成り立つ. 証明終わり

μ が実行列 A の虚数固有値であるとき, $\overline{\mu}$ も A の固有値である. $\Re\mu = \alpha, \Im\mu = \omega$ とおくと $\omega \ne 0$ であり,

$$(A - \mu E)(A - \overline{\mu}E) = (A - \alpha E)^2 + \omega^2 E$$

と表され, これは実行列である.

命題7.11

μ が実行列 A の虚数固有値で，その標数が h であるとき，$1 \leq k \leq h$ に対して

$$N^{\mathbb{C}}((A-\mu E)^k) \oplus N^{\mathbb{C}}((A-\overline{\mu}E)^k)$$
$$= N^{\mathbb{C}}((A-\mu E)^k(A-\overline{\mu}E)^k).$$

[証明] $G_\mu \cap G_{\overline{\mu}} = \{\mathbf{0}\}$ であるから，$N^{\mathbb{C}}((A-\mu E)^k) \cap N^{\mathbb{C}}((A-\overline{\mu}E)^k) = \{\mathbf{0}\}$. すなわち $N^{\mathbb{C}}((A-\mu E)^k), N^{\mathbb{C}}((A-\overline{\mu}E)^k$ は直和条件を満たす．

$$N^{\mathbb{C}}((A-\mu E)^k) \oplus N^{\mathbb{C}}((A-\overline{\mu}E)^k) \subset N^{\mathbb{C}}((A-\mu E)^k(A-\overline{\mu}E)^k)$$

は明らかである．

逆に

$$N^{\mathbb{C}}((A-\mu E)^k) \oplus N^{\mathbb{C}}((A-\overline{\mu}E)^k) \supset N^{\mathbb{C}}((A-\mu E)^k(A-\overline{\mu}E)^k) \quad (7.22)$$

を示す．$(\lambda-\mu)^k, (\lambda-\overline{\mu})^k$ は互いに素な多項式であるから，$G(\lambda)(\lambda-\mu)^k + H(\lambda)(\lambda-\overline{\mu})^k = 1$ である多項式 $G(\lambda), H(\lambda)$ が存在する．λ を行列 A に置き換えると，$G(A)(A-\mu E)^k + H(A)(A-\overline{\mu}E)^k = E$ である．したがって任意のベクトル $\mathbf{z}$ に対して

$$\mathbf{z} = G(A)(A-\mu E)^k \mathbf{z} + H(A)(A-\overline{\mu}E)^k \mathbf{z}$$

が成り立つ．いま

$$(A-\mu E)^k(A-\overline{\mu}E)^k \mathbf{z} = \mathbf{0} \quad (7.23)$$

とする．このとき

$$(A - \overline{\mu}E)G(A)(A - \mu E)^k \boldsymbol{z} = G(A)(A - \overline{\mu}E)(A - \mu E)^k \boldsymbol{z} = \boldsymbol{0}$$

$$(A - \mu E)H(A)(A - \overline{\mu}E)^k \boldsymbol{z} = H(A)(A - \mu E)(A - \overline{\mu}E)^k \boldsymbol{z} = \boldsymbol{0}$$

であるから (7.22) が成り立つ. 証明終わり

命題7.12

$\mu = \alpha + i\omega$ が実行列 A の虚数固有値 ($\omega \neq 0$) で，その標数を h とする．このとき $1 \leq k \leq h$ に対して次が成り立つ.
(i) $N^{\mathbb{R}}((A - \alpha E)^2 + \omega^2 E)^k) = \Re N^{\mathbb{C}}((A - \alpha E)^2 + \omega^2 E)^k)$
$\qquad\qquad\qquad\qquad = \Re N^{\mathbb{C}}((A - \mu E)^k).$
(ii) $\dim_{\mathbb{R}} N^{\mathbb{R}}((A - \alpha E)^2 + \omega^2 E)^k)$
$\qquad = \dim_{\mathbb{C}} N^{\mathbb{C}}((A - \alpha E)^2 + \omega^2 E)^k) = 2\dim_{\mathbb{C}} N((A - \mu E)^k).$

[証明] (i) $(A - \alpha E)^2 + \omega^2 E)^k$ は実行列であるから，(7.17) により

$$N^{\mathbb{R}}((A - \alpha E)^2 + \omega^2 E)^k) = \Re N^{\mathbb{C}}((A - \alpha E)^2 + \omega^2 E)^k).$$

$W_k = N^{\mathbb{C}}((A - \mu E)^k)$ とおくと，$N^{\mathbb{C}}((A - \overline{\mu}E)^k) = \overline{W_k}$ であるから，命題 7.11 より $N^{\mathbb{C}}((A - \alpha E)^2 + \omega^2 E)^k) = W_k \oplus \overline{W_k}$. ゆえに

$$\Re N^{\mathbb{C}}((A - \alpha E)^2 + \omega^2 E)^k) = \Re W_k + \Re \overline{W_k}.$$

$\Re \overline{W_k} = \Re W_k$ であるから，$\Re N^{\mathbb{C}}((A - \alpha E)^2 + \omega^2 E)^k) = \Re W_k$.
 (ii) 系 7.9 により，

$$\dim_{\mathbb{R}} N^{\mathbb{R}}((A - \alpha E)^2 + \omega^2 E)^k) = \dim_{\mathbb{C}} N^{\mathbb{C}}((A - \alpha E)^2 + \omega^2 E)^k).$$

次に

$$N^{\mathbb{C}}((A - \alpha E)^2 + \omega^2 E)^k) = N^{\mathbb{C}}((A - \mu E)^k) \oplus N^{\mathbb{C}}((A - \overline{\mu}E)^k)$$

であるから，

$$\dim_{\mathbb{C}} N^{\mathbb{C}}((A-\alpha E)^2 + \omega^2 E)^k)$$
$$= \dim_{\mathbb{C}} N^{\mathbb{C}}((A-\mu E)^k) + \dim_{\mathbb{C}} N^{\mathbb{C}}((A-\overline{\mu} E)^k).$$

$N^{\mathbb{C}}((A-\overline{\mu}E)^k) = \overline{N^{\mathbb{C}}((A-\mu E)^k)}$ により

$$\dim_{\mathbb{C}} N^{\mathbb{C}}((A-\overline{\mu} E)^k) = \dim_{\mathbb{C}} N^{\mathbb{C}}((A-\mu E)^k).$$

ゆえに

$$\dim_{\mathbb{C}} N^{\mathbb{C}}((A-\alpha E)^2 + \omega^2 E)^k) = 2\dim_{\mathbb{C}} N^{\mathbb{C}}((A-\mu E)^k).$$

証明終わり

系7.13

μ が実行列 A の虚数固有値であるとき、$H_\mu = G_\mu \oplus G_{\overline{\mu}}$ とおく。このとき

$$H_\mu = \Re G_\mu + i\Re G_\mu, \quad H_\mu \cap \mathbb{R}^d = \Re G_\mu.$$

また μ の重複度を m とすると

$$\dim_{\mathbb{R}} \Re G_\mu = \dim_{\mathbb{C}} H_\mu = 2m.$$

実行列 A の固有値を分類して、異なる実数の固有値を $\lambda_1, \cdots, \lambda_p$ とし、異なる虚数の固有値を $\mu_1, \overline{\mu_1}, \cdots, \mu_q, \overline{\mu_q}$ とする。λ_j の重複度を ℓ_j とし、μ_k の重複度を m_k とおく。

$$\Re \mu_k = \alpha_k, \Im \mu_k = \omega_k (\neq 0)$$

とおくと、$\Delta(\lambda)$ は実係数多項式の範囲で次のように規約因数に分解される。

$$\Delta(\lambda) = \prod_{j=1}^{p}(\lambda - \lambda_j)^{\ell_j} \prod_{k=1}^{q}((\lambda - \alpha_k)^2 + \omega_k^2)^{m_k}. \qquad (7.24)$$

命題 7.14

実行列 A の固有多項式の因数分解が (7.24) であるとき，次が成り立つ.

（ⅰ） $\dim G_{\lambda_j}^{\mathbb{R}} = \ell_j, \ \dim \Re G_{\mu_k} = 2m_k.$

（ⅱ） $\mathbb{R}^d = G_{\lambda_1}^{\mathbb{R}} \oplus \cdots \oplus G_{\lambda_p}^{\mathbb{R}} \oplus \Re G_{\mu_1} \oplus \cdots \oplus \Re G_{\mu_q}$

（ⅲ）直和分解 (ⅱ) に対応する単位行列の射影分解は

$$E = P_{\lambda_1} + \cdots + P_{\lambda_p} + 2\Re P_{\mu_1} + \cdots + 2\Re P_{\mu_q}$$

で与えられる.

問題 7.15

命題 7.14 を証明せよ.

問題の略解

問題 略解

問題 2.2

[証明] $\frac{dv}{dt} = g - (k/m)v^2$ と変形され, $g = a^2, k/m = b^2$ とおくと,
$$\frac{dv}{dt} = a^2 - (bv)^2 = (a - bv)(a + bv).$$
$a + bv = u$ とおくと, $a - bv = a - (u - a) = 2a - u$ であるから,
$$\frac{1}{b}\frac{du}{dt} = (2a - u)u.$$
$$\frac{du}{dt} = b(2a - u)u = 2ab\left(1 - \frac{u}{2a}\right)u.$$
(2.3) と同じ形式であるから, たとえば, $0 < u < 2a$ を満たす解は
$$u(t) = \frac{2a}{1 + e^{-(2abt - c_0)}}.$$
対応して
$$v(t) = \frac{1}{b}(u(t) - a) = \frac{a}{b}\frac{1 - e^{-(2abt - c_0)}}{1 + e^{-(2abt - c_0)}} = \frac{a}{b}\frac{e^{abt - c_0} - e^{-(abt - c_0)}}{e^{abt - c_0} + e^{-(abt - c_0)}}$$
終端速度 $v_\infty = \sqrt{\frac{mg}{k}}$ を用いると
$$v(t) = v_\infty \tanh\left(\frac{g}{v_\infty}t - c_0\right).$$

証明終わり

問題 2.3

[証明] $f'(x) = g(x)$ とおくと, $z = g(x)$ は微分方程式
$$\frac{dz}{dx} = \alpha\sqrt{1 + z^2}$$
を満たす. その逆関数 $x = g^{-1}(z)$ は, $dx/dz = 1/(\alpha\sqrt{1 + z^2})$ を満たす. $x = 0$ のとき, $z = g(0) = f'(0) = 0$ であるから, 積分して

$$x = \frac{1}{\alpha}\sinh^{-1} z$$

したがって

$$z = \sinh(\alpha x) = \frac{e^{\alpha x} - e^{-\alpha x}}{2}.$$

$z = g(x) = f'(x)$ であるから，

$$f(x) = \int_0^x \frac{e^{\alpha t} - e^{-\alpha t}}{2} dt = \frac{1}{\alpha}\left(\frac{e^{\alpha x} + e^{-\alpha x}}{2} - 1\right)$$
$$= \frac{1}{\alpha}(\cosh(\alpha x) - 1).$$

この結果より $f'(x) = \sinh(\alpha x)$ である．鎖の OP 部分の長さ s に対しては，(1.13) と (1.15) より，$f'(x) = \alpha s$ すなわち，$\sinh(\alpha x) = \alpha s$ が成り立つ．この式を用いて $\alpha = g\sigma/S$ の値は，次のように決まる．鎖の右端 A の座標を $(a, f(a))$ とし，鎖の OA 部分の長さを ℓ とすると，

$$\sinh(\alpha a) = \alpha \ell. \tag{7.25}$$

$x > 0$ のとき，$\sinh x > x$ であるから，この条件を満たす $\alpha > 0$ があるとすると，$\alpha a < \alpha \ell$，すなわち $a < \ell$．逆に $a < \ell$ とする．このとき (7.25) を満たす $\alpha > 0$ の値が唯一つ存在することを容易に確かめることができる． 証明終わり

問題 2.5

[証明] 微分方程式を

$$\frac{a-by}{y} dy = \frac{-c+kx}{x} dx$$

のように変形し，両辺の不定積分を計算する．

$$G(y) = \int \frac{a-by}{y} dy = a\log|y| - by + C_1,$$
$$F(x) = \int \frac{-c+kx}{x} dx = -c\log|x| + kx + C_2$$

であるから，

$$a\log|y| - by + c\log|x| - kx = C_2 - C_1$$
$$\log|y|^a|x|^c = kx + by + C_2 - C_1$$
$$|y|^a|x|^c = e^{kx+by} e^{C_2-C_1}$$
$$\frac{|y|^a}{e^{by}} \frac{|x|^c}{e^{kx}} = C, \quad C = e^{C_2-C_1}$$

証明終わり

問題 3.5

[証明]
$$\frac{d}{dt}e^{\lambda t} = \frac{d}{dt}(e^{at}\cos bt + ie^{at}\sin bt)$$
$$= \frac{d}{dt}e^{at}\cos bt + i\frac{d}{dt}e^{at}\sin bt.$$

右辺の微分を計算すると

$$\frac{d}{dt}e^{at}\cos bt = ae^{at}\cos bt - e^{at}b\sin bt,$$
$$\frac{d}{dt}e^{at}\sin bt = ae^{at}\sin bt + e^{at}b\cos bt.$$

ゆえに

$$\frac{d}{dt}e^{\lambda t} = e^{at}(a\cos bt - b\sin bt + i(a\sin bt + b\cos bt))$$
$$= e^{at}(a+ib)(\cos bt + i\sin bt)$$
$$= \lambda e^{\lambda t}$$

証明終わり

問題 3.15

[証明] $\psi_\tau(\tau) = 0$ は明らかである.
$$\psi_\tau(t) = x_2(t)\int_\tau^t f(s)\frac{x_1(s)}{W(x_1,x_2)(s)}ds$$
$$- x_1(t)\int_\tau^t f(s)\frac{x_2(s)}{W(x_1,x_2)(s)}ds$$

と書き換えて,$\psi_\tau'(t)$ を計算してみると,
$$\psi_\tau'(t) = \int_\tau^t f(s)\frac{x_1(s)x_2'(t) - x_2(s)x_1'(t)}{W(x_1,x_2)(s)}ds$$

を得る.ゆえに $\psi_\tau'(\tau) = 0$. 証明終わり

問題 4.25

[証明] たとえば $n = 3$ のとき,つまり

$$x''' + a_2 x'' + a_1 x' + a_0 x = 0$$

の場合に証明する.$W(t) = W(x_1, x_2, x_3)(t)$ とおく.3 文字 $1, 2, 3$ の置換 σ の全体を S とおく.行列式の展開定理より

$$W(t) = \sum_{\sigma \in S}\epsilon(\sigma)x_{j_1}(t)x_{j_2}'(t)x_{j_3}''(t), \quad \sigma = \begin{pmatrix} 1 & 2 & 3 \\ j_1 & j_2 & j_3 \end{pmatrix},$$

ただし,σ が偶置換ならば $\epsilon(\sigma) = 1$,奇置換ならば $\epsilon(\sigma) = -1$. $W(t)$ を微分す

ると

$$W'(t) = \sum_{\sigma \in S} \epsilon(\sigma) x'_{j_1}(t) x'_{j_2}(t) x''_{j_3}(t) + \sum_{\sigma \in S} \epsilon(\sigma) x_{j_1}(t) x''_{j_2}(t) x''_{j_3}(t)$$
$$+ \sum_{\sigma \in S} \epsilon(\sigma) x_{j_1}(t) x'_{j_2}(t) x'''_{j_3}(t).$$

右辺の第 1 項は 1 行と 2 行が同じ行列の行列式であるから 0 であり,右辺の第 2 項は 2 行と 3 行が同じ行列の行列式であるから 0 である.ゆえに右辺は第 3 項のみが残り,

$$x'''_j(t) = -a_2 x''_j - a_1 x'_j - a_0 x_j, \quad j = 1, 2, 3$$

であるから,

$$\sum_{\sigma \in S} \epsilon(\sigma) x_{j_1}(t) x'_{j_2}(t) x'''_{j_3}(t)$$
$$= -a_2 \sum_{\sigma \in S} \epsilon(\sigma) x_{j_1}(t) x'_{j_2}(t) x''_{j_3}(t) - a_1 \sum_{\sigma \in S} \epsilon(\sigma) x_{j_1}(t) x'_{j_2}(t) x'_{j_3}(t)$$
$$- a_0 \sum_{\sigma \in S} \epsilon(\sigma) x_{j_1}(t) x'_{j_2}(t) x_{j_3}(t).$$

上記と同じ理由で右辺第 2,3 項は零である.ゆえに

$$W'(t) = -a_2 W(t)$$

が成り立ち,$W(t) = e^{-a_3(t-t_0)} W(t_0)$ である. 証明終わり

問題 5.1

[証明]　$\|D_x f(t,x)\|$ は $(t,x) \in K$ において一様連続であるから,$\epsilon > 0$ に対して,次のような $\delta > 0$ がある:

$$|t - s| < \delta \Longrightarrow \|D_x f(t,x)\| - \epsilon < \|D_x f(s,x)\| < \|D_x f(t,x)\| + \epsilon.$$

不等式

$$\|D_x f(t,x)\| - \epsilon < \|D_x f(s,x)\| \leq L(s)$$

より,$L(t) - \epsilon \leq L(s)$.不等式

$$\|D_x f(s,x)\| < \|D_x f(t,x)\| + \epsilon \leq L(t) + \epsilon$$

より $L(s) \leq L(t) + \epsilon$.ゆえに $|t - s| \leq \delta$ ならば $|L(t) - L(s)| < \epsilon$.
　証明終わり

問題 5.4

[証明]　$t \leq \tau$ の場合,条件 (5.17) は,$u(t) \leq m(t) - R(t)$ と表されるから

$$R'(t) = a(t)u(t) \leq a(t)m(t) - a(t)R(t).$$

ゆえに $R'(t) + a(t)R(t) \leq a(t)m(t)$. 今度の場合は $A(t) = e^{\alpha(t)}$ とおくと,

$$(R(t)A(t))' \leq m(t)a(t)A(t)$$

を得る. t から τ までの積分をとると

$$-R(t)A(t) \leq \int_t^\tau m(s)a(s)A(s)ds.$$

ゆえに

$$-R(t) \leq \int_t^\tau m(s)a(s)A(s)A(t)^{-1}ds = \int_t^\tau m(s)a(s)e^{\int_t^s a(r)dr}ds.$$

右辺の積分 $e^{\int_t^s a(r)dr}$ において $t<s$ であるから,

$$\int_t^s a(r)dr = \left|\int_s^t a(r)dr\right|$$

であることに気づくと

$$-R(t) \leq \int_t^\tau m(s)a(s)e^{\left|\int_s^t a(r)dr\right|}ds.$$

以上により,

$$u(t) \leq m(t) + \int_t^\tau m(s)a(s)e^{\left|\int_s^t a(r)dr\right|}ds$$
$$= m(t) + \left|\int_\tau^t m(s)a(s)e^{\left|\int_s^t a(r)dr\right|}ds\right|.$$

証明終わり

問題 6.9

[証明] たとえば $n=3$ の場合を考える. 行列式の成分に関する展開式

$$|X(t)| = \sum_J \epsilon(j_1, j_2, j_3) x_{1j_1}(t) x_{2j_2}(t) x_{3j_3}(t)$$

を用いる. $\epsilon(j_1, j_2, j_3)$ は $\{1,2,3\}$ を並べ替えた順列 $J = \{j_1, j_2, j_3\}$ に依存して決まる数で, J が偶順列ならば 1, 奇順列ならば -1 である.

$$(x_{1j_1}(t)x_{2j_2}(t)x_{3j_3}(t))'$$
$$= x'_{1j_1}(t)x_{2j_2}(t)x_{3j_3}(t)) + x_{1j_1}(t)x'_{2j_2}(t)x_{3j_3}(t))'$$
$$+ x_{1j_1}(t)x_{2j_2}(t)x'_{3j_3}(t)$$

であるから,

$$\frac{d}{dt}|X(t)|$$
$$= \begin{vmatrix} x'_{11}(t) & x'_{12}(t) & x'_{13}(t) \\ x_{21}(t) & x_{22}(t) & x_{23}(t) \\ x_{31}(t) & x_{32}(t) & x_{33}(t) \end{vmatrix} + \begin{vmatrix} x_{11}(t) & x_{12}(t) & x_{13}(t) \\ x'_{21}(t) & x'_{22}(t) & x'_{23}(t) \\ x_{31}(t) & x_{32}(t) & x_{33}(t) \end{vmatrix}$$
$$+ \begin{vmatrix} x_{11}(t) & x_{12}(t) & x_{13}(t) \\ x_{21}(t) & x_{22}(t) & x_{23}(t) \\ x'_{31}(t) & x'_{32}(t) & x'_{33}(t) \end{vmatrix}.$$

$\boldsymbol{\xi}_i(t) = [x_{i1}(t), x_{i2}(t), x_{i3}(t)], i = 1, 2, 3$ とおく．このとき，$X'(t) = A(t)X(t)$ の両辺の第 1 行を比較して

$$\boldsymbol{\xi}'_1(t) = a_{11}(t)\boldsymbol{\xi}_1(t) + a_{12}(t)\boldsymbol{\xi}_2(t) + a_{13}(t)\boldsymbol{\xi}_3(t)$$

が成り立つ．行列式の行に関する演算法則（交代的多重線形性）により，

$$\begin{vmatrix} x'_{11}(t) & x'_{12}(t) & x'_{13}(t) \\ x_{21}(t) & x_{22}(t) & x_{23}(t) \\ x_{31}(t) & x_{32}(t) & x_{33}(t) \end{vmatrix} = a_{11}(t) \begin{vmatrix} x_{11}(t) & x_{12}(t) & x_{13}(t) \\ x_{21}(t) & x_{22}(t) & x_{23}(t) \\ x_{31}(t) & x_{32}(t) & x_{33}(t) \end{vmatrix}.$$

同様に

$$\boldsymbol{\xi}'_2(t) = a_{21}(t)\boldsymbol{\xi}_1(t) + a_{22}(t)\boldsymbol{\xi}_2(t) + a_{23}(t)\boldsymbol{\xi}_3(t)$$
$$\boldsymbol{\xi}'_3(t) = a_{31}(t)\boldsymbol{\xi}_1(t) + a_{32}(t)\boldsymbol{\xi}_2(t) + a_{33}(t)\boldsymbol{\xi}_3(t)$$

により，残りの第 2 項，第 3 項の行列式を計算すると，結局

$$\frac{d}{dt}|X(t)| = (a_{11}(t) + a_{22}(t) + a_{33}(t))|X(t)|$$

が成り立つ． 証明終わり

問題 6.10

[証明] たとえば $X(t), Y(t)$ がともに n 次正方行列とする．$X(t), Y(t), Z(t)$ の成分は $z_{ij}(t) = \sum_{k=1}^n x_{ik}(t)y_{kj}(t)$．このとき

$$z'_{ij}(t) = \sum_{k=1}^n (x'_{ik}(t)y_{kj}(t) + x_{ik}(t)y'_{kj}(t)).$$

これを行列で表せば，$Z'(t) = X'(t)Y(t) + X(t)Y'(t)$． 証明終わり

問題 6.13 解省略

問題 6.14

[証明] $Y(t) = U(t,\tau)K, Z(t) = KU(t,\tau)$ とおく．$Y'(t) = A(t)Y(t)$ が成り

立つことは容易にわかる．また条件 $A(t)K = KA(t)$ を用いて

$$Z'(t) = K\frac{\partial U}{\partial t}(t,\tau) = KA(t)U(t,\tau)$$
$$= A(t)KU(t,\tau) = A(t)Z(t).$$

さらに $Y(\tau) = K = Z(\tau)$ も成り立つ．ゆえに行列微分方程式の解の初期条件に対する一意性により，$Y(t) = Z(t)$． 証明終わり

問題 6.18

[証明]　$X(t) = e^{tA}$ に対して問題 6.9 の結果を適用し，$t = 1, \tau = 0$ とおく．
証明終わり

問題 6.28

[証明]　(1) (6.29) より，$G_\mu \oplus G_{\overline{\mu}} \subset \Re G_\mu + i\Re G_\mu$ である．逆の包含関係を示すために $\boldsymbol{x}, \boldsymbol{y} \in \Re G_\mu$ とする．このとき，ある $\boldsymbol{z} \in G_\mu$ により，$\boldsymbol{x} = \Re \boldsymbol{z}$ であり，ある $\boldsymbol{w} \in G_\mu$ により，$\boldsymbol{y} = \Re \boldsymbol{w}$ である．ゆえに

$$\boldsymbol{x} + i\boldsymbol{y} = \frac{1}{2}(\boldsymbol{z} + \overline{\boldsymbol{z}}) + i\frac{1}{2i}(\boldsymbol{w} - \overline{\boldsymbol{w}}) = \frac{1}{2}(\boldsymbol{z} + \boldsymbol{w} + \overline{\boldsymbol{z}} - \overline{\boldsymbol{w}})$$

が成り立ち，$\boldsymbol{x} + i\boldsymbol{y} \in G_\mu \oplus G_{\overline{\mu}}$ である．ゆえに $G_\mu \oplus G_{\overline{\mu}} \supset \Re G_\mu + i\Re G_\mu$．

(2) 命題 7.11 において $k = h$ の場合であるから，証明は省く．

問題 6.36

[証明]　$C_\mu(t) + iS_\mu(t) = e^{(A-\mu E)t}P_\mu$ であるから，

$$C_\mu(t) + iS_\mu(t) = e^{(A-\mu E)(s+t)}P_\mu = e^{(A-\mu E)s}e^{(A-\mu E)t}P_\mu{}^2$$
$$= e^{(A-\mu E)s}P_\mu e^{(A-\mu E)t}P_\mu$$
$$= (C_\mu(s) + iS_\mu(s))(C_\mu(t) + iS_\mu(t))$$

最後の式を展開し，最初の式と比較して問題の等式を得る． 証明終わり

問題 6.38

[証明]　$\overline{(A - \mu E)^k P_\mu} P_\mu = (A - \overline{\mu} E)^k P_{\overline{\mu}} P_\mu = O$
であるから，$\Re((A-\mu E)^k P_\mu)P_\mu = i\Im((A-\mu E)^k P_\mu)P_\mu$ である．$(A-\mu E)^k P_\mu = (A-\mu E)^k P_\mu^2$ であるから，

$$(A - \mu E)^k P_\mu = 2\Re((A - \mu E)^k P_\mu)P_\mu = 2i\Im((A - \mu E)^k P_\mu)P_\mu.$$

$(A - \mu E)^k P_\mu \neq O$ であるから，問題の結論が成り立つ． 証明終わり

問題 7.3

[証明]　(1) 証明省略，(2) 証明省略

(3) $t_1 \leq t_2$ の場合．

$$\boldsymbol{v} = \int_{t_1}^{t_2} \boldsymbol{f}(t)dt$$

とおく．$v=0$ のときは明らかであるから，$v \neq 0$ とする．$u = (1/\|v\|)v$ とおくと，$\|u\|=1$ であり，$\|v\| = u \cdot v$ のように内積を用いて表され，
$$\|v\| = u \cdot \int_{t_1}^{t_2} f(t)dt = \int_{t_1}^{t_2} u \cdot f(t)dt.$$
コーシー・シュワルツの不等式を用いて
$$u \cdot f(t) \leq |u \cdot f(t)| \leq \|u\|\|f(t)\| = \|f(t)\|$$
であるから，(7.3)，(7.4) が成り立つ．
$t_1 > t_2$ のときは
$$\left\|\int_{t_1}^{t_2} f(t)dt\right\| = \left\|\int_{t_2}^{t_1} f(t)dt\right\| \leq \int_{t_2}^{t_1} \|f(t)\|dt \leq \int_{t_2}^{t_1} u(t).$$
$t_1 > t_2$ であるから，
$$\int_{t_2}^{t_1} \|f(t)\|dt = \left|\int_{t_1}^{t_2} \|f(t)\|dt\right|, \quad \int_{t_2}^{t_1} u(t)dt = \left|\int_{t_1}^{t_2} u(t)dt\right|.$$
証明終わり

問題 7.5

[証明] （ⅰ）たとえば，V_1 の基底を $u_1, \cdots, u_p$，V_2 の基底を $v_1, \cdots, v_q$ とすると，$u_1, \cdots, u_p, v_1, \cdots v_q$ が $V_1 \oplus V_2$ の基底になり，$\dim V_1 + \dim V_2 = p + q = \dim(V_1 \oplus V_2)$．

（ⅱ）V_1, V_2 が直和条件を満たすとして，$z \in V_1 \cap V_2$ とする．$0 = z + (-z)$ であり，$z \in V_1, (-z) \in V_2$ であるから，$z = 0$ である．逆に $V_1 \cap V_2 = \{0\}$ とする．$z_1 \in V_1, z_2 \in V_2, z_1 + z_2 = 0$ ならば，$z_1 = -z_2 \in V_1 \cap V_2$ であるから，$z_1 = z_2 = 0$．

（ⅲ）たとえば，V_1, V_2, V_3, V_4 が直和条件を満たすとする．このとき
$$z_2 + z_3 + z_3 = 0, z_2 \in V_2, z_3 \in V_3, z_4 \in V_4,$$
とすると，
$$0 + z_2 + z_3 + z_3 = 0, 0 \in V_1, z_2 \in V_2, z_3 \in V_3, z_4 \in V_4,$$
であるから，$z_2 = z_2 = z_4 = 0$．したがって V_2, V_3, V_4 は直和条件を満たす．

（ⅳ）たとえば，$z \in (V_1 \oplus V_2) \cap (V_3 \oplus V_4)$ とすると，$z = z_1 + z_2 = z_3 + z_4$ $(z_j \in V_j)$ と表される．このとき，$z_1 + z_2 - z_3 - z_4 = 0$ であるから，直和条件により，$z_1 = z_2 = -z_3 = -z_4 = 0$．ゆえに $z = 0$．

（ⅴ）$z_1 + \cdots + z_r = 0, z_1 \in V_1, \cdots, z_r \in V_r$ とする．このとき，
$$-z_j = z_1 + \cdots z_{j-1} + z_{j+1} + \cdots z_r$$
が成り立つから，(7.9) が成り立てば，$-z_j = 0$ すなわち，$z_j = 0$ である．

証明終わり

問題 **7.15**
[証明] (ⅰ) は系 7.10, 系 7.13 より, 明らかである.
(ⅱ) 明らかに

$$\mathbb{R}^d \supset G_{\lambda_1}^{\mathbb{R}} \oplus \cdots \oplus G_{\lambda_p}^{\mathbb{R}} \oplus \Re G_{\mu_1} \oplus \cdots \oplus \Re G_{\mu_q}$$

である. 右辺の直和空間の次元は $\sum_{j=1}^{p} \ell_j + \sum_{k=1}^{q} 2m_k = d$ であるから, 右辺と左辺は一致する.
(ⅲ) $\mathbb{C}^d$ の A による直和分解を, $\mathbb{R}^d$ に適用すると, $\boldsymbol{x} \in \mathbb{R}^d$ に対して,

$$\boldsymbol{x} = \sum_{j=1}^{p} P_{\lambda_j} \boldsymbol{x} + \sum_{k=1}^{q} (P_{\mu_k} \boldsymbol{x} + \overline{P_{\mu_k}} \boldsymbol{x}) = \sum_{j=1}^{p} P_{\lambda_j} \boldsymbol{x} + \sum_{k=1}^{q} (2\Re P_{\mu_k}) \boldsymbol{x}.$$

この式より, 直和分解と単位行列の射影分解式が導き出される.   証明終わり

練習問題 略解

練習問題 **2.4**

1. (1) $y(x) \equiv 1$ は定常解である. その他の解は $y(x) = 1 + 1/(c-x)$

(2) $y(x) = -1, y(x) = 2$ は定常解である. その他の解は $\frac{dx}{dy} = \frac{1}{(y-2)(y+1)}$ より $\log|(y-2)/(y+1)| = 3(x-c)$. これより $-1 < y(x) < 2$ のとき,

$$y(x) = -\frac{-2 + e^{3(x-c)}}{1 + e^{3(x-c)}} = -1 + \frac{3}{1 + e^{3(x-c)}}.$$

$y(x) < -1$ または $y(x) > 2$ のとき,

$$y(x) = -\frac{2 + e^{3(x-c)}}{-1 + e^{3(x-c)}} = -1 + \frac{3}{1 - e^{3(x-c)}}.$$

(3) $\frac{dx}{dy} = y/\sqrt{y^2+1}$ より, $x - c = \sqrt{y^2+1}$. 右辺は 1 以上であるから, $x \geq c+1$ であり, xy 平面の双曲線の右半分をグラフとする関数である.

(4) $y(x) \equiv 0$ は定常解である. その他の解は $dx/dy = 1/\tan y = \cos y/\sin y$ より, $x - c = \log|\sin y|$, $|\sin y| = e^{x-c}$. $0 < y(x) < \pi/2$ のとき $\sin y = e^{x-c}$. このとき $0 < \sin y < 1$ であるから, $-\infty < x - c < 0$ したがって $y(x) = \arcsin(e^{x-c}), -\infty < x < c$. $-\pi/2 < y(x) < 0$ のとき $\sin y = -e^{x-c}$. このとき $-1 < \sin y < 0$ であるから, $-\infty < x - c < 0$ したがって $y(x) = \arcsin(-e^{x-c}), -\infty < x < c$.

2. (1) $y(x) = 1 + ce^{-x^2/2}$ (2) $y(x) = c(x-1)e^x$ (3) $y(x) = \tan(x - x^3/3 + c)$, $(-\pi/2 < x - x^3/3 + c < \pi/2)$ (4) $y(x) = 1, y(x) = -1$ は定常解. その他の解は次のようになる. $-1 < y < 1$ のとき,

238　問題の略解

$$y(x) = (e^{2x+2x^3/3+c}+1)/(e^{2x+2x^3/3+c}-1) = \tanh(x+x^3/3+c/2).$$

$y > 1$ または $y < -1$ のとき，$y = 1/\tanh(x+x^3/3+c/2)$．(5)　$y(x) = cxe^x$
(6)　$y+x = z$ とおくと，$dz/dx = dy/dx+1 = z^2+1$．$z(x) = \tan(x+c), y(x) = -x+\tan(x+c)$　(7)　$y(x) = 0$ は定常解．その他の解は $y(x) = 1/(c-xe^x)$
(8)　$y(x) = 1, y(x) = -1$ は定常解，その他の解は $y(x) = \sin(\mathrm{Tan}^{-1}x+c)$

3. (1) 変数変換 $y = xz$ により，$xdz/dx = (1-z^2)/(3+z)$ となる．この方程式より，$-2\log|z-1| + \log|z+1| = \log|x|+c$, $\log|z+1|/|z-1|^2 = \log|x|+c$, $(z+1)/(z-1)^2 = cx (c = \pm e^{c_1})$, $(y/x+1)/(y/x-1)^2 = cx$, と変形して，最終的に

$$(xy+x^2)/(y-x)^2 = cx.$$

(2) 変数変換 $y = xz$ により，$xdz/dx = (1-2z-2z^2)/(1+2z)$ となる．この方程式より，$-(1/2)\log|-1+2z+2z^2| = \log|x|+c_1$, $\log|-1+2z+2z^2||x|^2 = -2c_1$, $(-1+2z+2z^2)x^2 = c$ $(c = \pm e^{-2c_1})$ と変形して

$$-x^2+2xy+2y^2 = c.$$

(3) 変数変換 $y = xz$ により，$xdz/dx = -z^2$ となる．この方程式より，$1/z = \log|x|+c$, $z = 1/(\log|x|+c)$, と変形して，最終的に

$$y = x/(\log|x|+c).$$

(4) 変数変換 $y = xz$ により，$xdz/dx = z^2-z-2$ となる．この方程式より，$(1/3)(\log|z-2|-\log|z+1|) = \log|x|+c_1$, $\log|(z-2)/(z+1)| = 3\log|x|+3c_1$, $|(z-2)/(z+1)| = e^{3c_1}|x|^3$, $(z-2)/(z+1) = cx^3$, $(c = \pm e^{3c_1})$, $z = (2+cx^3)/(1-cx^3)$, と変形して，最終的に

$$y = x(2+cx^3)/(1-cx^3).$$

(5) 変数変換 $y = xz$ により，$xdz/dx = -z(2+z^2)/(1+z^2)$ となる．この方程式より，$-(1/4)\log(2+z^2) - (1/2)\log|z| = \log|x|+c_1$, $\log((2+z^2)z^2) = -\log x^4 - 4c_1$, $\log((2+z^2)z^2x^4) = -4c_1$, $(2+z^2)z^2x^4 = c$ $(c = e^{-4c_1})$ と変形して最終的に

$$(2x^2+y^2)y^2 = c.$$

(6) 変数変換 $y = xz$ により，$xdz/dx = -(1+z^2)/(3z-2)$ となる．この方程式より，$-(3/2)\log(1+z^2) + 2\mathrm{Tan}^{-1}z = \log|x|+c$, $-(3/2)\log(1+y^2/x^2) + 2\mathrm{Tan}^{-1}(y/x) = \log|x|+c$ と変形して最終的に，

$$-(3/2)\log((x^2+y^2)/x^2) + 2\mathrm{Tan}^{-1}(y/x) - \log|x| = c.$$

4. (1) $dz = (2x+4y+5)dx + (4x-2y+6)dy$ は,
$$\frac{\partial}{\partial y}(2x+4y+5) = 4 = \frac{\partial}{\partial x}(4x-2y+6)$$
であるから，完全積分可能で，その解は
$$z = \int_0^x (2s+5)ds + \int_0^y (4x-2t+6)dt = x^2 + 5x + 4xy - y^2 + 6y - c.$$
したがって $(2x+4y+5)dx+(4x-2y+6)dy = 0$ の解は $x^2+5x+4xy-y^2+6y = c$ から決まる陰関数である．

(2) $dz = (x^4 + 8x^3y + 3y^4)dx + (2x^4 + 12xy^3 - y^2)dy$ は,
$$\frac{\partial}{\partial y}(x^4 + 8x^3y + 3y^4) = 8x^3 + 12y^3 = \frac{\partial}{\partial x}(2x^4 + 12xy^3 - y^2)$$
であるから，完全積分可能で，その解は
$$z = \int_0^x s^4 ds + \int_0^y (2x^4 + 12xt^3 - t^2)dt = \frac{1}{5}x^5 + 2x^4y + 3xy^4 - \frac{1}{3}y^3 - c.$$
したがって $(x^4 + 8x^3y + 3y^4)dx + (2x^4 + 12xy^3 - y^2)dy = 0$ の解は $\frac{1}{5}x^5 + 2x^4y + 3xy^4 - \frac{1}{3}y^3 = c$ から決まる陰関数である．

(3) $dz = (x^2y - y^2 + 2x)e^{xy}dx + (x^3 - xy - 1)e^{xy}dy$ は,
$$\frac{\partial}{\partial y}((x^2y - y^2 + 2x)e^{xy}) = (x^2 - 2y + x^3y - xy^2 + 2x^2)e^{xy}$$
$$= \frac{\partial}{\partial x}((x^3 - xy - 1)e^{xy})$$
であるから，完全積分可能で，その解は
$$z = \int_0^x 2s\,ds + \int_0^y (x^3 - xt - 1)e^{xt}dt$$
$$= x^2 + x^2\left[e^{xt}\right]_{t=0}^y - \left[te^{xt}\right]_{t=0}^y + c = (x^2 - y)e^{xy} + c.$$
したがって $(x^2y-y^2+2x)e^{xy}dx+(x^3-xy-1)e^{xy}dy = 0$ の解は $(x^2-y)e^{xy} = c$ から決まる陰関数である．

(4) $dz = (y\cos(xy) + \sin(x-y))dx + (x\cos(xy) - \sin(x-y))dy$ は,
$$\frac{\partial}{\partial y}(y\cos(xy) + \sin(x-y)) = \cos(xy) - xy\sin(xy) - \cos(x-y)$$
$$= \frac{\partial}{\partial x}(x\cos(xy) - \sin(x-y))$$
であるから，完全積分可能で，その解は

$$z = \int_0^x \sin s\, ds + \int_0^y (x\cos(xt) - \sin(x-t))dt$$
$$= -\cos(x) + 1 + \sin(xy) - \cos(x-y) + \cos(x) + c$$
$$= \sin(xy) - \cos(x-y) + 1 + c.$$

(5) 完全積分可能条件を確かめる．
$$\frac{\partial}{\partial y}(3x^2 + 2xy - 2) = 2x = \frac{\partial}{\partial x}(x^2 + z^2 + 3),$$
$$\frac{\partial}{\partial z}(3x^2 + 2xy - 2) = 0 = \frac{\partial}{\partial x}(2yz - 1),$$
$$\frac{\partial}{\partial z}(x^2 + z^2 + 3) = 2z = \frac{\partial}{\partial y}(2yz - 1).$$

条件は成立している．解は
$$w = \int_0^x (3r^2 - 2)dr + \int_0^y (x^2 + 3)ds + \int_0^z (2yt - 1)dt$$
$$= x^3 - 2x + x^2 y + 3y + yz^2 - z + c$$

(6) 完全積分可能条件を確かめる．
$$\frac{\partial}{\partial y}(\sin(y-z) - y\sin(x-z)) = \cos(y-z) - \sin(x-z)$$
$$= \frac{\partial}{\partial x}(x\cos(y-z) + \cos(x-z)),$$

$$\frac{\partial}{\partial z}(\sin(y-z) - y\sin(x-z)) = -\cos(y-z) + y\cos(x-z)$$
$$= \frac{\partial}{\partial x}(-x\cos(y-z) + y\sin(x-z)),$$

$$\frac{\partial}{\partial z}(x\cos(y-z) + \cos(x-z)) = x\sin(y-z) + \sin(x-z)$$
$$= \frac{\partial}{\partial y}(-x\cos(y-z) + y\sin(x-z)).$$

条件は成立している．解は
$$w = \int_0^x 0\, dr + \int_0^y (x\cos s + \cos x)ds + \int_0^z (-x\cos(y-t) + y\sin(x-t))dt$$
$$= x\sin y + y\cos x + x\sin(y-z) - x\sin y + y\cos(x-z) - y\cos x + c$$
$$= x\sin(y-z) + y\cos(x-z) + c$$

練習問題 3.5

1. (1) $y(t) = 1 + ce^{-2t}$ (2) $y(t) = t - 1/2 + ce^{-2t}$ (3) $y(t) = t^2/2 - t/2 + 1/4 + ce^{-2t}$ (4) $y(t) = t^2/2 + ce^{-2t}$ (5) $y(t) = e^t/3 + e^{-t} + ce^{-2t}$ (6) $y(t) = -2t^2 + 2t + c/\sqrt{t}$ (7) $y(t) = (t+c)/\sqrt{1+t^2}$ (8) $y(t) = (t^2+c)(t^2+1)$ (9) $y(t) = (t^3/3 + t + c)(t^2+1)$ (10) $y(t) = (t+c)\sqrt{(1+t)/(1-t)}$ (11) $y(t) = -\cos t + ce^t$ (12) $y(t) = te^t + ce^{-t}$ (13) $y(t) = (1/2)e^{-t}\sin(2t) + ce^{-t}$ (14) $y(t) = (e^{-t} + c)(t-1)$

2. (1) $z(t) = y(t)^{-1}$ とおくと, $dz/dt + z = t^2 + 1$ に変換され, $y(t)^{-1} = z(t) = t^2 - 2t + 3 + ce^{-t}$. (2) $z(t) = y(t)^{-1}$ とおくと, $dz/dt - z = -2\sin t$ に変換され, $y(t)^{-1} = z(t) = \cos t + \sin t + ce^t$. (3) $z(t) = y(t)^{-1}$ とおくと, $dz/dt - tz = -t$ に変換され, $y(t)^{-1} = z(t) = 1 + ce^{t^2/2}$. (4) $z(t) = y(t)^{-1}$ とおくと, $dz/dt - z/t = -t^2$ に変換され, $y(t)^{-1} = z(t) = (c - t^2/2)t$. (5) $z(t) = y(t)^{-2}$ とおくと, $dz/dt - 2z = -2$ に変換され, $y(t)^{-2} = z(t) = 1 + ce^{2t}$. (6) $z(t) = y(t)^{-2}$ とおくと, $dz/dt + 2z = -10\cos t$ に変換され, $y(t)^{-2} = z(t) = -4\cos t - 2\sin t + ce^{-2t}$.

3. (1) $x(t) = c_1 e^{-3t} + c_2 e^{-2t}$. (2) $x(t) = c_1 e^{-2t} + c_2 e^t$. (3) $x(t) = (c_1 + c_2 t)e^{-3t}$. (4) $x(t) = (c_1 + c_2 t)e^{3t}$. (5) $x(t) = e^{-t}(c_1 \cos t + c_2 \sin t)$. (6) $x(t) = e^t(c_1 \cos t + c_2 \sin t)$. (7) $x(t) = c_1 \cos\sqrt{3}t + c_2 \sin\sqrt{3}t$. (8) $x(t) = c_1 e^{\sqrt{3}t} + c_2 e^{-\sqrt{3}t}$ あるいは $x(t) = c_1 \cosh\sqrt{3}t + c_2 \sinh\sqrt{3}t$. (9) $y(t) = -1/3 + t + c_1 e^{-t} + c_2 e^{-3t}$. (10) $y(t) = 1/7 + t^2 + c_1 e^{2t} + c_2 e^{-7t}$. (11) $y(t) = \cos t + 2\sin t + e^{-t}(c_1 \cos t + c_2 \sin t)$. (12) $y(t) = -(3/2)\sin 2t - (1/2)\cos 2t + c_1 e^t + c_2 e^{-2t}$. (13) $y(t) = 2t - 4/5 - \sin t + (1/2)\cos t + e^{-t}(c_1 \cos 2t + c_2 \sin 2t)$ (14) $y(t) = 2t + 4/5 + (1/2)\sin t - \cos t + e^t(c_1 \cos 2t + c_2 \sin 2t)$ (15) $y(t) = e^{-2t} + e^{-2t}(c_1 \cos 3t + c_2 \sin 3t)$ (16) $y(t) = t + (4t+1)e^{-2t} + c_1 e^{2t} + c_2 e^{-2t}$ (17) $y(t) = -3/2 + te^{-t} + c_1 e^{-t} + c_2 e^{-2t}$ (18) $y(t) = 5t^2 - 8t + 22/5 + 2e^{-t} + e^{-2t}(c_1 \cos t + c_2 \sin t)$ (19) $y(t) = \sin t - 2\cos t + e^{-t} + e^{-t}(c_1 \cos t + c_2 \sin t)$ (20) $y(t) = (2-3t)e^{-t} + c_1 e^t + c_2 e^{-2t}$ (21) $y(t) = (t^2 - 2t)e^{-t} + c_1 e^{-t} + c_2 e^{-2t}$ (22) $y(t) = -e^{3t}\cos t + e^{3t}(c_1 + c_2 t)$

4. (1) $x(t) = e^t$ (2) $x(t) = e^{-t}(\cos 2t + \sin 2t)$ (3) $x(t) = e^{-t}(1+2t)$ (4) $x(t) = e^{-(t-1)}(1+2(t-1)) = e^{-t+1}(-1+2t)$ (5) $x(t) = t + e^{-2t}/3 - e^t/3$ (6) $x(t) = t + e^{-2t}/3 + 2e^t/3$ (7) $x(t) = t - e^{t-1}$ (8) $x(t) = t + (e^2/(e^3-1))(-e^t + e^{-2t})$ (9) $x(t) = t - (e^2-1)e^t/(e^3-1) + e^2(e-1)e^{-2t}/(2e^3-2)$ (10) $x(t) = t$

練習問題 4.6

1. (1) $\Delta(\lambda) = \lambda^3 + 2\lambda^2 - \lambda - 2 = (\lambda - 1)(\lambda + 2)(\lambda + 1)$ であるから, $x(t) = c_1 e^t + c_2 e^{-2t} + c_3 e^{-t}$. (2) $\Delta(\lambda) = \lambda^3 + 6\lambda^2 + 11\lambda + 6 = (\lambda + 1)(\lambda + 2)(\lambda + 3)$ であるから, $x(t) = c_1 e^{-t} + c_2 e^{-2t} + c_3 e^{-3t}$. (3) $\Delta(\lambda) = \lambda^3 + 3\lambda^2 + \lambda - 5 =$

$(\lambda-1)((\lambda+2)^2+1)$ であるから,$x(t) = c_1 e^t + e^{-2t}(c_2 \cos t + c_3 \sin t)$. (4) $\Delta(\lambda) = \lambda^3 + 4\lambda^2 + 5\lambda + 2 = (\lambda+1)^2(\lambda+2)$ であるから,$x(t) = e^{-t}(c_1 + c_2 t) + c_3 e^{-2t}$. (5) $\Delta(\lambda) = \lambda^3 + \lambda^2 + \lambda = \lambda(\lambda^2 + \lambda + 1)$ であるから,$x(t) = c_1 + e^{-t/2}(c_2 \cos(\sqrt{3}t/2) + c_3 \sin(\sqrt{3}t/2))$. (6) $\Delta(\lambda) = \lambda^3 + \lambda^2 = \lambda^2(\lambda+1)$ であるから,$x(t) = c_1 + c_2 t + c_3 e^{-t}$. (7) $\Delta(\lambda) = (\lambda-1)(\lambda+1)(\lambda-2)(\lambda+2)$ であるから,$x(t) = c_1 e^t + c_2 e^{-t} + c_3 e^{2t} + c_4 e^{-2t}$. (8) $\Delta(\lambda) = (\lambda+1)^2(\lambda-2)(\lambda+2)$ であるから,$x(t) = (c_1 + c_2 t)e^{-t} + c_3 e^{2t} + c_4 e^{-2t}$. (9) $\Delta(\lambda) = (\lambda+1)^3(\lambda+2)$ であるから,$x(t) = (c_1 + c_2 t + c_3 t^2))e^{-t} + c_4 e^{-2t}$. (10) $\Delta(\lambda) = \lambda^3(\lambda+2)$ であるから,$x(t) = c_1 + c_2 t + c_3 t^2 + c_4 e^{-2t}$. (11) $\Delta(\lambda) = (\lambda+1)^2(\lambda^2+1)$ であるから,$x(t) = (c_1 + c_2 t)e^{-t} + c_3 \cos t + c_4 \sin t$. (12) $\Delta(\lambda) = (\lambda^2+1)^2$ であるから,$x(t) = (c_1 + c_2 t)\cos t + (c_3 + c_4)\sin t$. (13) $\Delta(\lambda) = (\lambda-1)^2(\lambda^2+2\lambda+2)$ であるから,$x(t) = (c_1 + c_2 t)e^t + e^{-t}(c_3 \cos t + c_4 \sin t)$. (14) $\Delta(\lambda) = \lambda(\lambda^2+2\lambda+2)^2$ であるから,$x(t) = c_1 + e^{-t}((c_2 + c_3 t)\cos t + (c_4 + c_5 t)\sin t)$.

2. (1) $1/\Delta(\lambda) = 1/(\lambda+1)(\lambda-1)(\lambda+2) = -(1/2)/(\lambda+1) + (1/6)/(\lambda-1) + (1/3)/(\lambda+2)$ であるから,

$$y(t) = -\frac{1}{2}\int_0^t e^{-(t-s)} s\,ds + \frac{1}{6}\int_0^t e^{(t-s)} s\,ds + \frac{1}{3}\int_0^t e^{-2(t-s)} s\,ds$$
$$= -\frac{1}{2}(e^{-t} + t - 1) + \frac{1}{6}(e^t - t - 1) + \frac{1}{3}(e^{-2t}/4 + t/2 - 1/4)$$
$$= -\frac{t}{2} + \frac{1}{4} - \frac{e^{-t}}{2} + \frac{e^t}{6} + \frac{e^{-2t}}{12}.$$

(2) $x''' + 2x'' - x' - 2x = 0, x(0) = 1, x'(0) = x''(0) = 0$ の解は $x(t) = e^{-t} + e^t/3 - e^{-2t}/3$. したがって求める解はこの解と (1) の解の和で表され,

$$y(t) = -\frac{t}{2} + \frac{1}{4} + \frac{e^{-t}}{2} + \frac{e^t}{2} - \frac{e^{-2t}}{4}.$$

(3) $y(t)$
$$= -\frac{1}{2}\int_0^t e^{-(t-s)} \sin s\,ds + \frac{1}{6}\int_0^t e^{(t-s)} \sin s\,ds + \frac{1}{3}\int_0^t e^{-2(t-s)} \sin s\,ds$$
$$= -\frac{1}{2}\left(\frac{e^{-t}}{2} - \frac{\cos t}{2} + \frac{\sin t}{2}\right) + \frac{1}{6}\left(\frac{e^t}{2} - \frac{\cos t}{2} - \frac{\sin t}{2}\right)$$
$$\quad + \frac{1}{3}\left(\frac{e^{-2t}}{5} - \frac{\cos t}{5} + \frac{2\sin t}{5}\right)$$
$$= \frac{\cos t}{10} - \frac{\sin t}{5} - \frac{e^{-t}}{4} + \frac{e^t}{12} + \frac{e^{-2t}}{15}.$$

(4) $x''' + 2x'' - x' - 2x = 0, x(0) = 0, x'(0) = x''(0) = 1$ の解は $x(t) = -e^{-t} + 2e^t/3 + e^{-2t}/3$. したがって求める解はこの解と (1) の解の和で表され,$y(t) = (\cos t)/10 - (\sin t)/5 - 5e^{-t}/4 + 3e^t/4 + 2e^{-2t}/5$.

あるいは次のようにしても解ける。$y(t) = A\sin t + B\cos t$ とおき $y''' + 2y'' - y' - 2y = \sin t$ に代入して特殊解をもとめる。代入した結果は $(-4A+2B)\sin t + (-2A-2B)\cos t = \sin t$ である。両辺の係数を比較して $-4A+2B = 1, -2A - 2B = 0$。ゆえに $A = -1/5, B = 1/10$ であり，$-(1/5)\sin t + (1/10)\cos t$ は特殊解である。一般解は $y(t) = -(1/5)\sin t + (1/10)\cos t + c_1 e^{-t} + c_2 e^t + c_3 e^{-2t}$ と表される。$y(0) = 0, y'(0) = y''(0) = 1$ より，$c_1 + c_2 + c_3 + 1/10 = 0, -c_1 + c_2 - 2c_3 - 1/5 = 1, c_1 + c_2 + 4c_3 - 1/10 = 1$, したがって $c_1 = -5/4, c_2 = 3/4, c_3 = 2/5$ となり，同じ結果を得る。

(5) $1/\Delta(\lambda) = 1/(\lambda+1)^2(\lambda+3) = (1/2)/(\lambda+1)^2 - (1/4)/(\lambda+1) + (1/4)/(\lambda+3)$ であるから，

$$y(t) = \frac{1}{2}\int_0^t (t-s)e^{-(t-s)}(1+s)ds - \frac{1}{4}\int_0^t e^{-(t-s)}(1+s)ds$$
$$+ \frac{1}{4}\int_0^t e^{-3(t-s)}(1+s)ds$$
$$= \frac{1}{2}(e^{-t} + t - 1) - \frac{1}{4}t + \frac{1}{4}\left(-\frac{2}{9}e^{-3t} + \frac{t}{3} + \frac{2}{9}\right)$$
$$= -\frac{4}{9} + \frac{t}{3} + \frac{1}{2}e^{-t} - \frac{1}{18}e^{-3t}.$$

(6)
$$y(t) = \frac{1}{2}\int_0^t (t-s)e^{-(t-s)}(1+e^{-s})ds - \frac{1}{4}\int_0^t e^{-(t-s)}(1+e^{-s})ds$$
$$+ \frac{1}{4}\int_0^t e^{-3(t-s)}(1+e^{-s})ds$$
$$= \frac{1}{2}((1/2)(-2t - 2 + t^2 + 2e^t)e^{-t}) - \frac{1}{4}(-1 + e^t + t)e^{-t}$$
$$+ \frac{1}{4}((1/6)(-5 + 2e^{3t} + 3e^{2t})e^{-3t})$$
$$= (t^2/4 - 3t/4 - 1/8)e^{-t} + 1/3 - (5/24)e^{-3t}.$$

(7) $1/\Delta(\lambda) = 1/(\lambda+1)(\lambda+1-i)(\lambda+1-i) = 1/(\lambda+1) - (1/2)/(\lambda+1-i) - (1/2)/(\lambda+1+i)$ であるから，

$$y(t)$$
$$= \int_0^t e^{-(t-s)}\cos s\, ds$$
$$- \frac{1}{2}\left(\int_0^t e^{(-1+i)(t-s)}\cos s\, ds + \int_0^t e^{(-1-i)(t-s)}\cos s\, ds\right)$$
$$= \int_0^t e^{-(t-s)}\cos s\, ds - \Re\int_0^t e^{(-1+i)(t-s)}\cos s\, ds$$

$$= \frac{1}{2}(-e^{-t} + \cos t + \sin t) - \Re \int_0^t e^{(-1+i)(t-s)} \cos s \, ds,$$

$$\int_0^t e^{(-1+i)(t-s)} \cos s \, ds$$
$$= \int_0^t e^{(-1+i)(t-s)} \frac{1}{2}(e^{is} + e^{-is}) ds = \frac{e^{(-1+i)t}}{2} \left(\int_0^t e^s ds + \int_0^t e^{(1-2i)s} ds \right)$$
$$= \frac{e^{(-1+i)t}}{2} \left(e^t - 1 + \frac{1}{1-2i}(e^{(1-2i)t} - 1) \right)$$
$$= \frac{1}{2} \left(e^{it} - \left(1 + \frac{1+2i}{5}\right) e^{(-1+i)t} + \frac{1+2i}{5} e^{-it} \right)$$
$$= \frac{1}{10} \left(6\cos t + 2\sin t + e^{-t}(-6\cos t + 2\sin t) \right)$$
$$+ \frac{i}{10} \left(2\cos t + 4\sin t + e^{-t}(-2\cos t - 6\sin t) \right).$$

ゆえに

$$y(t)$$
$$= \frac{1}{2}(-e^{-t} + \cos t + \sin t) - \frac{1}{10} \left(6\cos t + 2\sin t + e^{-t}(-6\cos t + 2\sin t) \right)$$
$$= -\frac{1}{10}\cos t + \frac{3}{10}\sin t - \frac{1}{2}e^{-t} + e^{-t}\left(\frac{3}{5}\cos t - \frac{1}{5}\sin t\right).$$

(8) $(D+1)(D^2+2D+2)x = 0, x(0) = 0, x'(0) = 0, x''(0) = 1$ の解は $x(t) = e^{-t} - e^{-t}\cos t$. したがって求める解はこの解と (7) の解の和で表され, $y(t) = -\frac{1}{10}\cos t + \frac{3}{10}\sin t + \frac{1}{2}e^{-t} + e^{-t}\left(-\frac{2}{5}\cos t - \frac{1}{5}\sin t\right).$

あとがき・参考図書

第1章
この章の内容に関して，下記の書籍を参考にした．
(1) 曽根 悟，檀 良，「電気回路の基礎」，昭晃堂，1986．
(2) E. クライツィグ（北原和夫・堀 素夫 訳），「常微分方程式」（原書第8版），培風館，1987．
(3) デヴィット・バージェス/モラグ・ボリー（垣田高夫・大町比佐栄 訳），「微分方程式で数学モデルを作ろう」，日本評論社，1990．
(4) 伊東敏雄，「な～るほど！の力学」，学術図書出版社，1994．
(5) 小磯憲史，「変分法」，共立出版，1998．
(6) 鎌倉友男，上 芳夫，渡辺好章，「電気回路」，培風館，1998．
(7) 定松 隆・猪狩勝寿，「常微分方程式の解法」，学術図書出版社，1999．
(8) 基礎物理教育研究会編，「やさしく学べる基礎物理」，森北出版，2000．
(9) 高桑昇一郎，「微分方程式と変分法」—微分積分で見えるいろいろな現象—共立出版，2003．
(10) 山口昌哉，「カオスとフラクタル」ちくま学芸文庫，筑摩書房，2010．

(11) マッハ（青木一郎 訳），「力学の発達とその歴史的批判的考察」，内田老鶴圃，1931.

(2) には理工学全般にわたる微分方程式の豊富な例が，解とともに収録されている．(3) は微分方程式に興味がわくように，自然科学，社会科学，日常生活から広範囲に微分方程式の例題を示している．(4) には力学関連の主要な微分方程式の例題が平易に解説してあり，雨滴の落下問題について参考にした．(5) に変分問題，ラグランジュ未定乗数法について本格的な数学的解説がある．電気回路については (1)，(6) を参照した．(7) にも理工学の種々応用例と解法が簡潔に記されている．(8) には基礎物理全般にわたり平易に解説してある．懸垂線問題のここで示した解法については (9) を参照した．(10) には，人口論の数理について詳しい記述がある．懸垂線に関するヨハン・ベルヌーイ，ヤコブ・ベルヌーイの考察（18 ページ）は，マッハ (11) の 66 ページから引用した．なお次の本も同書の訳と思われるが手近に無く確認していない：エルンスト・マッハ（岩野秀明 訳）「マッハ力学史」〈上〉，〈下〉，ちくま学芸文庫，2006.

なお物理学に関しては鈴木宜之氏，電気回路に関しては中田良平氏から有益な助言をいただいた．ここで両氏に感謝する．

第 2 章

この章の内容に関して次の書籍を参考にした．

(1) 木村俊房，「常微分方程式の解法」，培風館，1958.

(2) 原島 鮮，「力学」，裳華房，1958.

(3) 古屋 茂，「新版 微分方程式入門」，サイエンス社，1970.

(4) 柳原二郎，西尾和弘，佐藤シヅ子，御前憲廣，吉田克明，「常微分方程式の解き方」，理学書院，1997.

(5) 福原満洲雄，「微分方程式」上，朝倉書店，2004.

(6) E. L. Ince, "*Ordinary Differential Equations*", Dover Publications Inc., 1956.

いわゆる常微分方程式の解法の本は枚挙にいとまがないが，その中でも (1) はみかけは小冊子であるが，内容豊富な代表的な教科書である．(2) は定評のある力学の教科書で，単振り子の運動に関する詳細な記述がある．(3) も解法を始めとして，微分方程式全般に関する読みやすい教科書である．(4) は微積分の基礎事項と線形代数の必要事項から解説してある簡潔な教科書である．(6) により，求積法とともに古典的な微分方程式理論の全体を知ることができる．本書における全微分方程式の扱い方は限定的である．3 変数以上の場合の詳しい議論は (5) に掲載されている．

第3章

応用例題中の振動論に関しては，以下の専門書を参考にした．その他の内容は標準的で特に参考書を上げるまでもない．

(1) 鈴木浩平 編著 「ポイントを学ぶ振動工学」，丸善，1993.
(2) 近 圭一郎，「振動・波動」，裳華房，2006.

第4章

この章の内容は，次の書籍，論文と関連している．

(1) 木村俊房，「常微分方程式の解法」，培風館，1958
(2) 内藤敏機，申 正善，「初等常微分方程式の解法」，牧野書店，2005.
(3) 申 正善，内藤敏機，「線形微分方程式序説」第 1 巻 基礎理論，牧野書店．2007.
(4) M. Shibayama, "A determinant and its application to the theory of homogeneous linear differential equations," *Tô-*

hoku Math. J., 2(1912), 143-146.

(5) E. Goursat (translated by E.R. Hedrick and O. Dunkel), *A Course in Mathematical Analysis*, Volume II, Part Two, Differential Equations, Dover Publications Inc., p.119, 1959.

　高階の線形微分方程式の解については，(1) に非常に要領よく簡潔に書いてあり，本章はその内容を解きほぐしたものである．なお，(2) は同様の内容を含むが，本書では実ベクトル空間の複素化の観点から見直してある．また (2) には，本書では紙数の関係で省略したラプラス変換による解法も掲載されている．n が大きい場合，ロンスキアンの具体的計算はむずかしい．定理 4.18 の基底 $\mathcal{A}$ を基底変換した次のような $\phi_{jk}(t)$ も基本解を構成する．

$$\phi_{jk}(t) = \frac{t^k}{k!}e^{\lambda_j t}, j = 1, \cdots, r, k = 0, \cdots, m_j - 1.$$

この場合のロンスキアンは論文 (4) に計算してある．その結果と証明は (3) に紹介されている．なお，$\lambda_1, \cdots, \lambda_r$ が異なる数で，$P_1(t), \cdots, P_r(t)$ が多項式であるとき，$\{e^{\lambda_1 t}P_1(t), \cdots, e^{\lambda_r t}P_r(t)\}$ が 1 次独立であることは解析学の古典的教科書である (5) に丁寧に証明してあり，その内容が (3) に転載してある．

第 5 章

微分方程式の基礎定理を含む代表的教科書を列挙しておく．

(1) 藤原松三郎,「常微分方程式論」, 岩波書店, 1930.

(2) 木村俊房,「常微分方程式」, 共立出版, 1974.

(3) 福原満洲雄,「常微分方程式」第 2 版, 岩波全書 116, 1980.

(4) 岡村 博,「微分方程式序説（新しい解析学の流れ)」, 共立出版, 2003.

(5) 吉沢太郎,「微分方程式入門」, 朝倉書店, 2004.

(6) 福原満洲雄,「微分方程式　上，下」, 朝倉書店, 2004.

(7) ポントリヤーギン（木村俊房 校閲，千葉克裕 訳），「常微分方程式」，共立出版，2004.

(8) 藤田 宏 監訳「19 世紀の数学 III」，朝倉書店，2009.

(9) E. A. Coddington, "*An Introduction to Ordinary Differential Equations*", Dover Publications Inc., 1961.

いずれも古典的名著である．(1)，(2) は現在入手困難である．(3) の初版は 1950 年発行，(4) の初版は河出書房から 1950 年発行，森北出版株式会社から 1969 年発行，(5) の初版は 1967 年発行，(6) の上巻は 1951 年発行，下巻は 1952 年発行，(7) の初版は 1963 年発行で，いずれも入手可能である．(8) の第 2 章により，古典的常微分方程式論の概要を知ることができる．解析的微分方程式における優級数の方法については，(1)，(2)，(3) 等から知ることができる．また第 5 章でとりあげた 2 階線形微分方程式に対する優級数による証明は (9) にある．

第 6 章

この章の内容は下記の書籍の内容と関連している．

(1) 申 正善，内藤敏機，「線形微分方程式序説」第 1 巻 基礎理論，牧野書店，2007.

(2) 申 正善，内藤敏機，「線形微分方程式序説」第 2 巻 差分方程式による方法，牧野書店，2007.

(3) V. I. Arnol'd, "*Ordinarry Differential Equations*", Springer-Verlag, 1991.

定理 6.21 における e^{tA} の分解は (1) および類書に掲載されている．A が実行列の場合に実行列の範囲でのスペクトル分解は (1)，(2) からもれている．系 6.33 における $\Re\psi(t), \Im\psi(t)$ の表現は類書に掲載されているが，$\cos t, \sin t$ の係数の多項式の次数は $m-1$ 以下としてある場合が多い．なお実係数線形微分方程式の解空間を

実ベクトル空間の複素化として捉える方法は (3) からヒントを得た．第 6.4 節については，内容に関して申正善氏の助力をいただき，宮崎倫子氏の校正補助をいただいた．ここで両氏に感謝申し上げる．

　最後に，本書を書く機会を与え，原稿を精読して誤謬を訂正していただいた編集委員の諸兄にお礼を申し上げます．

索　引

■ 欧文

$\mathcal{C}^0$ 級　89
$\mathcal{C}^1$ 級　210
$\mathcal{C}^\infty$ 級　89
$\mathcal{C}^m$ 級　89
$\mathbb{C}$ 上 1 次独立　215
$f \in \mathcal{C}^m$　89
m 回連続微分可能　89
$\mathbb{R}$ 上 1 次独立　215

■ あ

アーベル（Abel）の等式　61
位相　12
位相差　83
1 次結合　215
1 次従属　215
1 次独立　215
1 階の微分方程式　2
一般解　20
一般固有空間　176, 219
演算子　59
オイラーの公式　52

■ か

解　20
解作用素　165
解作用素行列　164
概周期関数　201

階数降下法　50, 56
解析的　214
外力項　44
ガウスの誤差関数　49
核　218
各固有値　176
角周波数　15
角振動数　12
過減衰　80
重ね合せの原理　66, 161
ガリレイ　2
完全積分可能　31
完全微分方程式　32
擬周期関数　201
基本解　60, 101, 163
基本行列　164
既約　205
共振　84
強制項　44
行列の指数関数　173
局所リプシッツ条件 (local Lipschetz condition)　131
局所リプシッツ連続 (locally Lipschitz continuous)　131
グロンウォール・ベルマン (Gronwall-Bellmann) の補題　136
形式解　148

ケーリー・ハミルトン
    (Cayley-Hamilton) の定理
    219
原始関数　20
減衰振動　79
懸垂線 (Catenary)　16
減衰比　78
勾配　31
項別微分可能　213
固有空間　219
固有多項式　219
固有値　218
固有ベクトル　218
固有方程式　219

■ さ ────────────
作用素　59
実基底　101
実基本解　101
射影行列　217
周期　12, 15, 77
収束域　212
収束半径　212
周波数　15
昇数　188
常微分方程式　20
初期位相　12
初期条件　58
初期値問題　129
自励的な微分方程式　23
振動数　78
振幅　12
真分数　205
スペクトル　219
スペクトル分解　178
正規形　20
整級数　212
整級数展開　214

斉次形　44
積分　31
積分因数　37
絶対収束　212
漸化式　148
線形作用素　59, 161
線形微分方程式　44
線積分　33
全微分可能　31
全微分方程式　31
像　218
存在区間　129

■ た ────────────
第 1 積分　10
対数微分　3
単位行列　166
単位行列の射影分解　177, 217, 219
単振子　11
単独　44
単振り子の等時性　12
弾力定数　13
逐次近似解　138
逐次近似法　131
重複度　219
直和　216
直和条件　216
直和分解　217
直交系　156
定義域　20
定常解　9, 23
定数変化法　46, 62, 167
定数変化法の公式　47, 62, 167, 169, 175
ドゥ・モアヴル (de Moivre) の公式　54
同次形　29, 44

特殊解　67
特性多項式　55, 88, 176
特性値　55, 88
特性方程式　55, 88
トレース　166

■ な _____
ニュートンの運動方程式　8
ニュートンの法則　5

■ は _____
半減期　4
ピカール・リンデレフ
　　(Picard-Lindelöff) の定理
　　131
非斉次形　44
非同次形　44
微分演算子　88
微分作用素　88
微分多項式　88
微分方程式　20
標準的な基本解　57
標準的な基本行列　170
標数　176, 220
フェアフルスト (Verhulst)　7
複素化　70, 101, 163, 183, 221
不足減衰　79
不定積分　20
部分分数分解　94, 205
冪級数　212
ベルヌーイ (Bernoulli) の微分方程
　　式　7
ベルヌーイの微分方程式　48
ベルハルスト (Verhulst)　7
変数分離形　27
ポテンシャル　31

■ や _____
ヤコビ (Jacob) 行列　210
ヤコブ・ベルヌーイ　18
優級数　149
ユークリッドの互除法　205
ヨハン・ベルヌーイ　18

■ ら _____
リウヴィル・オストログラツキー
　　(Liouville・Ostrogradski) の
　　公式　123
リッカチ (Ricatti) の微分方程式
　　7
リプシッツ (Lipsichtz) 連続
　　210
リプシッツ条件　210
リプシッツ定数　210
留数　115
臨界減衰　80
臨界減衰係数　78
リンデレーフ (Lindelöff) の注意
　　141
ルジャンドル (Legendre) の方程式
　　152
ルジャンドルの n 次多項式　156
連続微分可能　210
連立線形微分方程式　158
ロジスティック方程式　7
ロトカ・ヴォルテラ
　　(Lotka-Volterra) の微分方程
　　式　9
ロンスキアン (Wronskian)　57,
　　121
ロンスキー (Wronski) 行列式
　　57, 121

■ わ _____
和空間　216

〈著者紹介〉

内藤　敏機（ないとう　としき）

略　歴
1944 年　愛知県八開村生まれ．
西枇杷島町立西枇杷島小学校卒業，同中学校卒業．
愛知県立旭丘高校卒業．
東京大学理学部数学科卒業，同大学院理学系研究科修士課程数学専攻修了．
東北大学理学部助手，
電気通信大学電気通信学部助教授，同教授を経て
2010 年から電気通信大学名誉教授．理学博士．
専門は遅れをもつ常微分方程式，線形常微分方程式の研究．

主要和文著書
『タイムラグをもつ微分方程式　関数微分方程式入門』（原　惟行，日野義之，宮崎倫子との共著），牧野書店，2002．
『初等常微分方程式の解法』（申　正善との共著），牧野書店，2005．
『線形微分方程式入門　第 1 巻　基礎理論』（申　正善との共著），牧野書店，2007．
『線形微分方程式入門　第 2 巻　差分方程式による方法』（申　正善との共著），牧野書店，2011．

数学のかんどころ 10 常微分方程式 (Ordinary Differential Equations) 2012 年 3 月 30 日　初版 1 刷発行	著　者　内藤　敏機　ⓒ 2012 発行者　南條光章 発行所　共立出版株式会社 　　　　東京都文京区小日向 4-6-19 　　　　電話　03-3947-2511（代表） 　　　　郵便番号　112-8700 　　　　振替口座　00110-2-57035 　　　　URL http://www.kyoritsu-pub.co.jp/
	印　刷　大日本法令印刷 製　本　協栄製本
検印廃止 NDC 413.61 ISBN 978-4-320-01990-4	NSPA　社団法人 　　　　自然科学書協会 　　　　会員 Printed in Japan

JCOPY ＜(社)出版者著作権管理機構委託出版物＞
本書の無断複写は著作権法上での例外を除き禁じられています．複写される場合は，そのつど事前に，(社)出版者著作権管理機構（電話 03-3513-6969, FAX 03-3513-6979, e-mail: info@jcopy.or.jp）の許諾を得てください．

≪編集委員会≫ 飯高　茂・中村　滋・岡部恒治・桑田孝泰

数学のかんどころ

ここがわかれば
数学は
こわくない！

ガウス
（イラスト：飯高 順）
オイラー

数学理解の要点(極意)ともいえる"かんどころ"を懇切丁寧にレクチャー。ワンテーマ完結＆コンパクト＆リーズナブル主義の現代的な新しい数学ガイドシリーズ。本シリーズの著者は、みな数学者として生き、講義経験豊かな執筆陣である。本シリーズによっておさえておきたい"数学のかんどころ"をつかむことができるであろう。

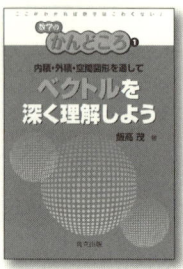

❶ 内積・外積・空間図形を通して
ベクトルを深く理解しよう
飯高　茂著‥‥‥‥‥‥122頁・定価1,575円

❷ 理系のための行列・行列式
めざせ！ 理論と計算の完全マスター
福間慶明著‥‥‥‥‥‥208頁・定価1,785円

❸ 知っておきたい幾何の定理
前原　潤・桑田孝泰著　三角形の五心／円／三角形と四角形／他‥‥‥‥176頁・定価1,575円

❹ 大学数学の基礎
酒井文雄著　数学の言葉／集合と写像／同値関係と順序関係／他‥‥‥‥148頁・定価1,575円

❺ あみだくじの数学
小林雅人著　あみだくじ数学入門／群と順序集合／コクセター関係式／他‥‥136頁・定価1,575円

❻ ピタゴラスの三角形とその数理
細矢治夫著　ピタゴラスの三角形とは何か／ピタゴラスの三角形の辺のもつ条件他 198頁・定価1,785円

❼ 円錐曲線　歴史とその数理
中村　滋著　円錐曲線の歴史概説／円錐を切る／円錐曲線（平面幾何）／他‥‥158頁・定価1,575円

❽ ひまわりの螺旋
来嶋大二著　葉序／斜列法／格子／ピックの定理／連分数／フィボナッチ数他 154頁・定価1,575円

❾ 不等式
大関清太著　不等式の基本的性質／初歩的な不等式／凸数列・凸関数／他‥‥200頁・定価1,785円

❿ 常微分方程式
内藤敏機著　微分方程式の具体例／求積法／線形微分方程式（1階と2階）他 264頁・定価1,995円

主な続刊テーマ＆著者

統計的推論‥‥‥‥‥‥‥‥‥‥松井　敬
確率微分方程式入門‥‥‥‥‥‥石村直之
複素数平面から射影幾何へ‥‥‥西山　享
統　　計‥‥‥‥‥‥‥‥‥‥‥鳥越規央
ガロア理論‥‥‥‥‥‥‥‥‥‥木村俊一
ラプラス変換‥‥‥‥‥‥‥‥‥國分雅敏
多変数関数論‥‥‥‥‥‥‥‥‥若林　功
二次体と整数論‥‥‥‥‥‥‥‥青木　昇
素数とゼータ関数入門‥‥‥‥‥黒川信重
ベクトル空間‥‥‥‥‥‥‥‥‥福間慶明
行列の標準化‥‥‥‥‥‥‥‥‥福間慶明
平面代数曲線入門‥‥‥‥‥‥‥酒井文雄
方程式と体論‥‥‥‥‥‥‥‥‥飯高　茂
トランプで学ぶ群論‥‥‥‥‥‥飯高　茂
環‥‥‥‥‥‥‥‥‥‥‥‥‥‥飯高　茂
数学史‥‥‥‥‥‥室井和男・中村　滋
マクローリン展開‥‥‥‥‥‥‥中村　滋
ベータ関数とガンマ関数‥‥‥‥中村　滋
円周率‥‥‥‥‥‥‥‥‥‥‥‥中村　滋
文系学生のための行列と行列式‥岡部恒治
知って得する求積法‥‥‥‥‥‥岡部恒治
不動点定理‥‥‥‥‥‥‥‥‥‥岡部恒治
微　　分‥‥‥‥‥‥‥‥‥‥‥岡部恒治
整　　数‥‥‥‥‥‥‥‥‥‥‥桑田孝泰
複素数と複素平面‥‥‥‥‥‥‥桑田孝泰

※書名・著者は変更される場合がございます※
【各巻：A5判・並製ソフトカバー（定価税込）】

（価格は変更される場合がございます）

共立出版　　http://www.kyoritsu-pub.co.jp/